锐捷 ICT 认证系列丛书

锐捷 RCNP
路由与交换高级技术

主　编◎黄君美　梁嘉伟　林嘉燕

副主编◎吕学松　汪双顶　欧阳绪彬

组　编◎正月十六工作室

U0299734

電子工業出版社·

Publishing House of Electronics Industry

北京·BEIJING

内 容 简 介

本书由锐捷金牌讲师、国家教学名师、全国技术能手、RCIE 认证讲师联合编写。本书的编写依托锐捷网络及其信息技术（IT）服务商在医疗、交通等多元关键场景中积累的海量网络建设与运维实例，遵循基于工作过程系统化的项目化体例，确保内容紧密贴合实际工作需求，兼具理论深度与实践指导价值。

本书由 5 个模块构成，内容全面实用，能满足读者在局域网高级技术、路由高级技术、安全高级技术、高可用高级技术等核心领域，以及 WLAN、IPv6、组播等技术领域的求知需求。本书通过 14 个项目，详细讲解了 VLAN、OSPF、BGP、路由信息控制工具（包括匹配工具和策略工具）、安全接入、VPN 隧道、MSTP、VRRP、VSU、WLAN、IPv6、组播等的原理与应用，全面融入 RCNP 认证标准，为读者在专业认证道路上提供精准导航，助力其在网络技术领域的职业发展道路上稳步前行。

为了更好地服务于教学与学习过程，本书配套了极为丰富的资源，其中不仅包含精心制作的 PPT、科学合理的教学大纲、详细周全的教学计划、贴合实际的实训项目，以及便捷实用的课程工具包等基础教学资源，还包含项目拓展等特色资源。这些资源为教师的课堂教学提供了全方位的支持，能够确保教学过程高效、有序地开展，可以满足项目化教学、职业资格认证培训、岗位技能培训等不同应用场景的需求。

本书有机地融入了党的二十大精神、职业规范、职业素质拓展、科技创新等，可作为网络技术相关专业的教材，也可作为网络系统从业人员的学习与实践指导用书。

图书在版编目（CIP）数据

锐捷 RCNP 路由与交换高级技术 / 黄君羡，梁嘉伟，林嘉燕主编 ；正月十六工作室组编． -- 北京 ：电子工业出版社，2025. 1． -- ISBN 978-7-121-49621-9

Ⅰ．TN915.05

中国国家版本馆 CIP 数据核字第 2025HQ7918 号

责任编辑：王　花
印　　刷：三河市良远印务有限公司
装　　订：三河市良远印务有限公司
出版发行：电子工业出版社
　　　　　北京市海淀区万寿路 173 信箱　　　邮编：100036
开　　本：787×1092　　1/16　　印张：19.75　　字数：456 千字
版　　次：2025 年 1 月第 1 版
印　　次：2025 年 1 月第 1 次印刷
定　　价：69.80 元

凡所购买电子工业出版社图书有缺损问题，请向购买书店调换。若书店售缺，请与本社发行部联系，联系及邮购电话：（010）88254888，88258888。

质量投诉请发邮件至 zlts@phei.com.cn，盗版侵权举报请发邮件至 dbqq@phei.com.cn。

本书咨询联系方式：（010）88254608，sunw@phei.com.cn。

前　言

在这个数字化时代，网络已经成为人们生活中不可或缺的一部分。锐捷作为中国领先的信息与通信解决方案供应商，一直致力于为客户提供高质量的网络产品和服务。本书将深入介绍 RCNP-Routing and Switching 技术，以帮助读者掌握企业网络的建设与运维技能。

本书由局域网高级技术、路由高级技术、安全高级技术、高可用高级技术、拓展项目 5 个模块构成，甄选 14 个企业网络建设项目，全面介绍企业网络建设的业务实施技能。

本书基于职业教育理念，按基于工作过程系统化的项目化体例设计。本书通过场景化的项目示例将理论与技术应用密切结合，让技术应用更具实用性；通过介绍典型业务实施流程，致力于提高读者的网络工程素养；通过项目拓展，切换不同行业部署场景，致力于培养读者跨行业、跨场景的网络工程实施技能。读者通过学习，应逐步掌握企业网络的建设与运维技能，为成为一名网络工程师打下坚实的基础。

本书极具职业特征，有如下特色。

1. 课证融通、校企双元开发

本书由锐捷金牌讲师、国家教学名师、全国技术能手、RCIE 认证讲师联合编写，全面融入 RCNP 认证标准的相关技术和知识点；通过项目导入 ICT 服务商的典型示例和业务实施流程；高校教师团队按职业教育专业人才培养要求和教学标准，根据学生的认知特点，对企业资源进行教学化改造，使本书内容符合网络工程师岗位技能培养要求。

2. 项目贯穿、课产融合

（1）通过递进式场景化项目重构课程序列。本书围绕网络工程师岗位对企业网络建设与运维的要求，基于工作过程系统化方法，按照企业网络建设的规律，设计了 14 个进阶式项目，并将相关知识融入各项目，让知识和应用场景紧密结合，希望读者能够学以致用。

（2）用业务流程驱动学习过程。本书将各项目按企业工程项目实施流程分解为若干个工作任务。通过项目描述、项目相关知识、项目规划设计为任务做铺垫；项目实践中的任务由任务描述、任务操作和任务验证构成，符合企业工程项目实施的一般规律。通过 14 个项目的渐进式学习，相信读者能够逐步熟悉企业网络建设与运维岗位的典型工作任务，熟练掌握企业工程项目实施流程，培养良好的网络工程素养。RCNP 认证学习示意图如下。

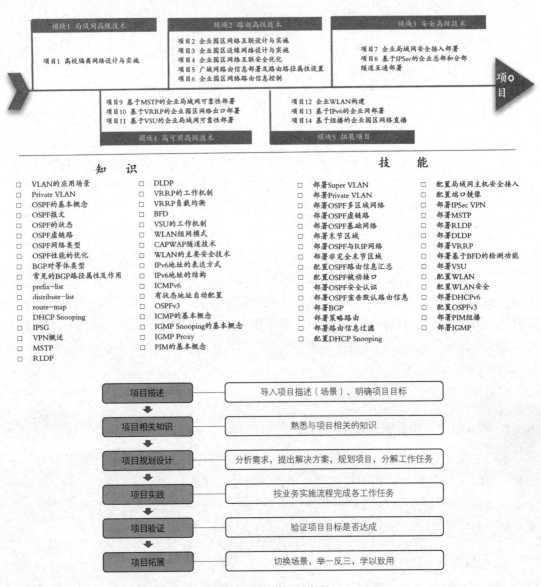

模块1 局域网高级技术	模块2 路由高级技术	模块3 安全高级技术
项目1 高校隔离网络设计与实施	项目2 企业园区网络互联设计与实施 项目3 企业园区边缘网络设计与实施 项目4 企业园区网络互联安全优化 项目5 广域网路由信息部署及路由路径属性设置 项目6 企业园区网络路由信息控制	项目7 企业局域网安全接入部署 项目8 基于IPSec的企业总部和分部隧道互通部署

项目9 基于MSTP的企业局域网可靠性部署
项目10 基于VRRP的企业园区网络出口部署
项目11 基于VSU的企业局域网可靠性部署

项目12 企业WLAN构建
项目13 基于IPv6的企业内部署
项目14 基于组播的企业园区网络直播

模块4 高可用高级技术　　　　模块5 拓展项目

知　识

- □ VLAN的应用场景
- □ Private VLAN
- □ OSPF的基本概念
- □ OSPF报文
- □ OSPF的状态
- □ OSPF虚链路
- □ OSPF网络类型
- □ OSPF性能的优化
- □ BGP对等体类型
- □ 常见的BGP路由路径属性及作用
- □ prefix-list
- □ distribute-list
- □ route-map
- □ DHCP Snooping
- □ IPSG
- □ VPN概述
- □ MSTP
- □ RLDP

- □ DLDP
- □ VRRP的工作机制
- □ VRRP负载均衡
- □ BFD
- □ VSU的工作机制
- □ WLAN组网模式
- □ CAPWAP隧道技术
- □ WLAN的主要安全技术
- □ IPv6地址的表达方式
- □ IPv6地址的结构
- □ ICMPv6
- □ 有状态地址自动配置
- □ OSPFv3
- □ ICMP的基本概念
- □ IGMP Snooping的基本概念
- □ IGMP Proxy
- □ PIM的基本概念

技　能

- □ 部署Super VLAN
- □ 部署Private VLAN
- □ 部署OSPF多区域网络
- □ 部署OSPF虚链路
- □ 部署OSPF基础网络
- □ 部署末节区域
- □ 部署OSPF与RIP网络
- □ 部署非完全末节区域
- □ 配置OSPF路由信息汇总
- □ 配置OSPF被动接口
- □ 部署OSPF安全认证
- □ 部署OSPF宣告默认路由信息
- □ 部署BGP
- □ 部署策略路由
- □ 部署路由信息过滤
- □ 配置DHCP Snooping

- □ 配置局域网主机安全接入
- □ 配置端口镜像
- □ 部署IPSec VPN
- □ 部署MSTP
- □ 部署RLDP
- □ 部署DLDP
- □ 部署VRRP
- □ 部署基于BFD的检测功能
- □ 部署VSU
- □ 配置WLAN
- □ 配置WLAN安全
- □ 部署DHCPv6
- □ 配置OSPFv3
- □ 部署PIM组播
- □ 部署IGMP

项目描述	导入项目描述（场景）、明确项目目标
项目相关知识	熟悉与项目相关的知识
项目规划设计	分析需求，提出解决方案，规划项目，分解工作任务
项目实践	按业务实施流程完成各工作任务
项目验证	验证项目目标是否达成
项目拓展	切换场景，举一反三，学以致用

RCNP 认证学习示意图

若选择本书作为教材，则参考学时为 64 学时，学时分配如下。

学时分配

模块	项目	学时
模块 1　局域网高级技术	项目 1 高校隔离网络设计与实施	2
模块 2　路由高级技术	项目 2 企业园区网络互联设计与实施	4
	项目 3 企业园区边缘网络设计与实施	4
	项目 4 企业园区网络互联安全优化	4
	项目 5 广域网路由信息部署及路由路径属性设置	6
	项目 6 企业园区网络路由信息控制	2

续表

模块	项目	学时
模块 3　安全高级技术	项目 7 企业局域网安全接入部署	4
	项目 8 基于 IPSec 的企业总部和分部隧道互通部署	4
模块 4　高可用高级技术	项目 9 基于 MSTP 的企业局域网可靠性部署	4
	项目 10 基于 VRRP 的企业园区网络出口部署	4
	项目 11 基于 VSU 的企业局域网可靠性部署	4
模块 5　拓展项目	项目 12 企业 WLAN 构建	8
	项目 13 基于 IPv6 的企业网部署	8
	项目 14 基于组播的企业园区网络直播	2
课程考核	综合项目实训 / 课程考评	4
学时总计		64

本书由黄君羡、梁嘉伟、林嘉燕担任主编，由吕学松、汪双顶、欧阳绪彬担任副主编，由正月十六工作室组编，相关参编单位和编者信息如下。

相关参编单位和编者信息

参编单位	编者
广东交通职业技术学院	黄君羡、莫乐群
福建信息职业技术学院	林嘉燕、周素青
中山市技师学院	梁嘉伟、张俊强
广州城市职业学院	吕学松、梁锦雄
锐捷网络	汪双顶、黎明
正月十六工作室	欧阳绪彬、卢金莲、何鹏辉

本书在编写过程中，得到了众多技术专家的支持与帮助，他们为本书的编写提供了宝贵的意见和建议。在此，对他们表示衷心感谢。同时，希望本书能够为广大读者带来启迪和帮助。

正月十六工作室
2025 年 1 月

目　　录

模块 1　局域网高级技术

模块 2　路由高级技术

模块 3　安全高级技术

模块 4 高可用高级技术

模块 5　拓展项目

模块 1 局域网高级技术

项目 1 高校隔离网络设计与实施

项目描述

某高校在教学楼 2 楼和 5 楼原有 201、202、501、502 共 4 个机房，每个机房都有 4 台接入交换机和 51 台计算机。现计划对 4 个机房进行改造，将 201 机房、202 机房、501 机房作为日常上课使用的机房，将 502 机房作为考试使用的机房。在原网络建设中，201 机房、202 机房使用同一个网段，501 机房、502 机房使用同一个网段。其具体要求如下。

（1）201 机房和 202 机房使用同一个网段，但不同机房中的计算机互相隔离，以防教师在广播投屏时互相影响。

（2）501 机房和 502 机房使用同一个网段，501 机房中的计算机可以互相通信，而 502 机房作为考试使用的机房，不同计算机之间互相隔离。

项目拓扑结构如图 1-1 所示。

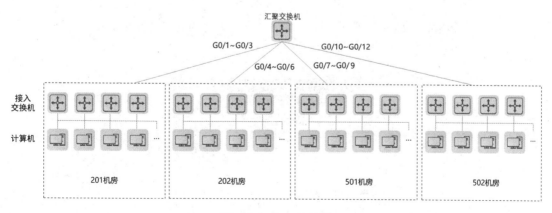

图 1-1 项目拓扑结构

项目相关知识

1.1　Super VLAN 的基本概念

Super VLAN 也称 VLAN 聚合（VLAN Aggregation），是指在一个物理网络中用多个 Sub VLAN 隔离广播域，并将这些 Sub VLAN 归属到一个逻辑 Super VLAN 中，这些 Sub VLAN 使用同一个 IP 子网和默认网关，进而达到节约 IP 地址的目的。Super VLAN 只创建三层 SVI（Switch Virtual Interface，交换机虚拟接口）并配置对应的子网网关 IP 地址，不包含具体的物理接口。Sub VLAN 只包含物理接口，不创建三层 SVI，用于隔离二层广播域，每个 Sub VLAN 中的主机与外部的三层通信或 Sub VLAN 之间的通信都依赖 Super VLAN 下的 ARP（Address Resolution Protocol，地址解析协议）代理功能实现。Super VLAN 结构如图 1-2 所示。

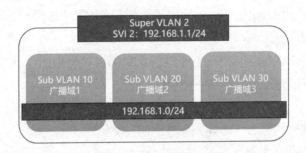

图 1-2　Super VLAN 结构

由于同一个 Sub VLAN 属于同一个广播域，因此相同 Sub VLAN 中的主机可以直接通信，如图 1-3 所示。

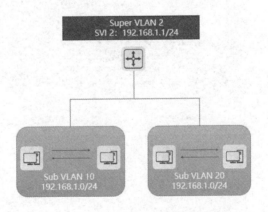

图 1-3　相同 Sub VLAN 中主机的通信

不同 Sub VLAN 中主机的通信需要借助网关 SVI 的代理功能，如图 1-4 所示。

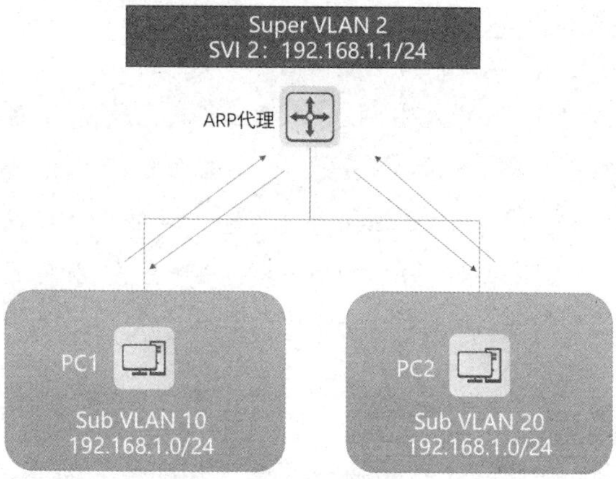

图 1-4 不同 Sub VLAN 中主机的通信

SVI 2 启用 ARP 代理功能之后，PC1 和 PC2 的通信过程如下。

（1）由于 PC1 发现 PC2 和自己处于同一个网段，且 ARP 表中无 PC2 的对应表项，因此发送 ARP 广播包请求 PC2 的 MAC 地址。

（2）作为网关的 Super VLAN 对应的 SVI 2 收到 PC1 的 ARP 请求，由于 SVI 2 启用了 ARP 代理功能，因此向 Super VLAN 2 中的所有 Sub VLAN 接口发送 ARP 广播包，请求 PC2 的 MAC 地址。

（3）PC2 收到网关发送的 ARP 广播包后，对此请求进行应答。

（4）网关收到 PC2 的应答后，把自己的 MAC 地址回应给 PC1。

（5）PC1 之后发送给 PC2 的报文都先发送给网关，由网关转发。

1.2 Super VLAN 的应用场景

随着企业网络规模的扩大和业务需求的增加，VLAN 的应用场景越来越广泛。然而，在实际应用中，VLAN 的管理和维护却面临着诸多挑战。为了解决这些问题，提高网络的稳定性和效率，Super VLAN 应运而生。在实际应用中，Super VLAN 的应用场景非常广泛，主要包括以下几个方面。

（1）在大型企业中，由于网络规模庞大、VLAN 数量众多，因此管理和维护起来非常困难。将多个 Sub VLAN 归属到一个逻辑 Super VLAN 中，可以减少 VLAN 的数量，降低管理难度。同时，使用 Super VLAN 可以更好地利用带宽资源，提高网络传输效率。

（2）在网络安全方面，Super VLAN 也发挥着重要的作用。将多个 Sub VLAN 归属到一个逻辑 Super VLAN 中，可以很好地实现网络隔离和访问控制，提高网络的安全性。同时，使用 Super VLAN 可以很好地支持安全策略（防火墙、入侵检测等）的实施。

1.3　Private VLAN

Private VLAN（私有 VLAN）采用两层 VLAN 隔离技术，实现一个 VLAN 中端口的隔离。在 Private VLAN 中，每个 VLAN 的二层广播域都被划分成多个子域，每个子域都由一对 VLAN 组成：主 VLAN（Primary VLAN）和辅助 VLAN（Secondary VLAN）。主 VLAN 是高级的 Private VLAN，每个 Private VLAN 中都只有一个主 VLAN；而辅助 VLAN 是 Private VLAN 中的子 VLAN，可以映射到一个主 VLAN 中。每台接入设备都会连接到辅助 VLAN。

辅助 VLAN 包含两种类型：Isolated VLAN（隔离 VLAN）和 Community VLAN（团体 VLAN）。同一个 Isolated VLAN 中的端口不能互相通信，而同一个 Community VLAN 中的端口可以互相通信，但不同 Community VLAN 之间的端口不能互相通信。

在 Private VLAN 中，交换机端口有 3 种类型：Isolated port、Community port 和 Promiscuous port。它们分别对应不同类型的 VLAN。

（1）Isolated port 对应 Isolated VLAN。

（2）Community port 对应 Community VLAN。

（3）Promiscuous port 对应 Primary VLAN。

在 Isolated VLAN 中，Isolated port 只能和 Promiscuous port 通信，两个 Isolated port 之间不能交换流量；在 Community VLAN 中，Community port 不仅可以和 Promiscuous port 通信，并且两个 Community port 之间可以交换流量。Private VLAN 流量传输如图 1-5 所示。

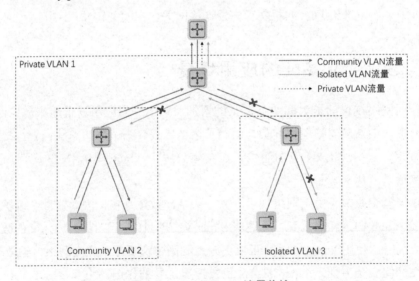

图 1-5　Private VLAN 流量传输

Private VLAN 主要用于解决通信安全、防止广播风暴和浪费 IP 地址等问题。Private VLAN 通常被应用于企业内部，用于防止连接到某些端口或端口组的网络设备之间互相通信，但允许与默认网关进行通信。即使在不同的 Private VLAN 中，设备也可以使用相同的 IP 子网。

项目规划设计

本项目计划在教学楼使用 1 台汇聚交换机、4 台接入交换机和 8 台主机搭建 4 个机房的隔离网络，各机房的主机分别接入机房中的交换机。

其具体配置步骤如下。

（1）部署 Super VLAN，实现 201 机房、202 机房的网络隔离，以防教师广播投屏时互相影响。

（2）部署 Private VLAN，实现 501 机房、502 机房的网络隔离，同时实现 502 机房中的计算机互相隔离。

项目实施拓扑结构如图 1-6 所示。

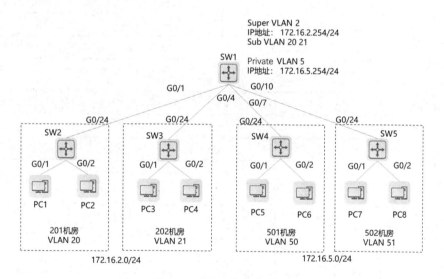

图 1-6　项目实施拓扑结构

根据图 1-6 进行项目 1 的所有规划。项目 1 的 VLAN 规划、IP 地址规划、端口规划如表 1-1～表 1-3 所示。

表 1-1　项目 1 的 VLAN 规划

VLAN ID	VLAN 类型	VLAN 名称	网段	用途
VLAN 2	Super VLAN	GW-2	172.16.2.0/24	VLAN2 网关
VLAN 5	private-vlan primary	GW-5	172.16.5.0/24	VLAN5 网关
VLAN 20	Sub VLAN	User-201	-	201 机房网段

VLAN ID	VLAN 类型	VLAN 名称	网段	用途
VLAN 21	Sub VLAN	User-202	-	202 机房网段
VLAN 50	private-vlan community	User-501	-	501 机房网段
VLAN 51	private-vlan isolated	User-502	-	502 机房网段

表 1-2 项目 1 的 IP 地址规划

设备	接口	IP 地址	用途
PC1	-	172.16.2.3/24	用户网段
PC2	-	172.16.2.4/24	用户网段
PC3	-	172.16.2.63/24	用户网段
PC4	-	172.16.2.64/24	用户网段
PC5	-	172.16.5.3/24	用户网段
PC6	-	172.16.5.4/24	用户网段
PC7	-	172.16.5.63/24	用户网段
PC8	-	172.16.5.64/24	用户网段
SW1	VLAN 2	172.16.2.254/24	用户网段网关
	VLAN 5	172.16.5.254/24	用户网段网关

表 1-3 项目 1 的端口规划

本端设备	本端端口	端口配置	对端设备	对端端口
SW1	G0/1	Access	SW2	G0/24
	G0/4	Access	SW3	G0/24
	G0/7	Trunk	SW4	G0/24
	G0/10	Trunk	SW5	G0/24
SW2	G0/24	Access	SW1	G0/1
	G0/1	Access	PC1	Eth1
	G0/2	Access	PC2	Eth1
SW3	G0/24	Access	SW1	G0/4
	G0/1	Access	PC3	Eth1
	G0/2	Access	PC4	Eth1
SW4	G0/24	Trunk	SW1	G0/7
	G0/1	private-vlan host	PC5	Eth1
	G0/2	private-vlan host	PC6	Eth1
SW5	G0/24	Trunk	SW1	G0/10
	G0/1	private-vlan host	PC7	Eth1
	G0/2	private-vlan host	PC8	Eth1

项目实践

任务 1-1　部署 Super VLAN

➤ 任务描述

实施本任务的目的是实现 201 机房中的主机和 202 机房中的主机不能互相通信，同一个机房中的主机能互相通信。本任务的配置包括以下内容。

（1）Super VLAN 配置：创建 VLAN，配置 Super VLAN 和 Sub VLAN。

（2）IP 地址配置：为交换机配置 IP 地址。

（3）端口配置：配置互联端口，并配置端口默认的 VLAN。

➤ 任务操作

1. Super VLAN 配置

（1）在 SW1 上创建 Super VLAN 和 Sub VLAN。

```
Ruijie>enable                              // 进入特权模式
Ruijie#config terminal                     // 进入全局模式
Ruijie(config)#hostname SW1                // 将交换机名称更改为 SW1
SW1(config)#vlan 20                        // 创建 VLAN 20
SW1(config-vlan)#name User-201             // 将 VLAN 命名为 User-201
SW1(config-vlan)#exit                      // 退出
SW1(config)#vlan 21                        // 创建 VLAN 21
SW1(config-vlan)#name User-202             // 将 VLAN 命名为 User-202
SW1(config-vlan)#exit                      // 退出
SW1(config)#vlan 2                         // 创建 VLAN 2
SW1(config-vlan)#name GW-2                 // 将 VLAN 命名为 GW-2
SW1(config-vlan)#supervlan                 // 配置 VLAN 2 为 Super VLAN
SW1(config-vlan)#subvlan 20,21             // 关联 VLAN 20、VLAN 21
SW1(config-vlan)#no proxy-arp              // 关闭 ARP 代理功能
SW1(config-vlan)#exit                      // 退出
```

（2）在 SW2 上创建 VLAN。

```
Ruijie>enable                              // 进入特权模式
Ruijie#config terminal                     // 进入全局模式
Ruijie(config)#hostname SW2                // 将交换机名称更改为 SW2
```

```
SW2(config)#vlan 20                                    // 创建 VLAN 20
SW2(config-vlan)#name User-201                         // 将 VLAN 命名为 User-201
SW2(config-vlan)#exit                                  // 退出
```

（3）在 SW3 上创建 VLAN。

```
Ruijie>enable                                          // 进入特权模式
Ruijie#config terminal                                 // 进入全局模式
Ruijie(config)#hostname SW3                            // 将交换机名称更改为 SW3
SW3(config)#vlan 21                                    // 创建 VLAN 21
SW3(config-vlan)#name User-202                         // 将 VLAN 命名为 User-202
SW3(config-vlan)#exit                                  // 退出
```

2. IP 地址配置

在 SW1 上配置 VLAN 2 的 IP 地址。

```
SW1(config)#interface vlan 2                           // 进入 VLAN 2 接口
SW1(config-if-VLAN 2)#ip address 172.16.2.254 255.255.255.0   // 配置 IP 地址
SW1(config-if-VLAN 2)#exit                             // 退出
```

3. 端口配置

（1）在 SW1 上配置与接入交换机互联的端口，并配置端口默认的 VLAN。

```
SW1(config)#interface range GigabitEthernet 0/1-3      // 批量进入端口
SW1(config-if-range)#switchport mode access            // 修改端口模式为 Access
SW1(config-if-range)#switchport access vlan 20         // 配置端口默认的 VLAN 为 VLAN 20
SW1(config-if-range)#exit                              // 退出
SW1(config)#interface range GigabitEthernet 0/4-6      // 批量进入端口
SW1(config-if-range)#switchport mode access            // 修改端口模式为 Access
SW1(config-if-range)#switchport access VLAN 21         // 配置端口默认的 VLAN 为 VLAN 21
SW1(config-if-range)#exit                              // 退出
```

（2）在 SW2 上配置与交换机和主机互联的端口，并配置端口默认的 VLAN。

```
SW2(config)#interface range GigabitEthernet 0/1-24     // 批量进入端口
SW2(config-if-range)#switchport mode access            // 修改端口模式为 Access
SW2(config-if-range)#switchport access vlan 20         // 配置端口默认的 VLAN 为 VLAN 20
SW2(config-if-range)#exit                              // 退出
```

（3）在 SW3 上配置与交换机和主机互联的端口，并配置端口默认的 VLAN。

```
SW3(config)#interface range GigabitEthernet 0/1-24     // 批量进入端口
SW3(config-if-range)#switchport mode access            // 修改端口模式为 Access
SW3(config-if-range)#switchport access vlan 21         // 配置端口默认的 VLAN 为 VLAN 21
SW3(config-if-range)#exit                              // 退出
```

➤ 任务验证

在 SW1 上使用【show supervlan】命令查看 Super VLAN 信息。

```
SW1(config)#show supervlan
supervlan id  supervlan arp-proxy  bcast vlan  subvlan id  subvlan arp-proxy  subvlan ip range
-----------   ------------------   ----------  ----------  ----------------   ---------------------
         2                   OFF                  20-21                   ON
```

可以看到，Super VLAN 2 下有 2 个 Sub VLAN。

任务 1-2　部署 Private VLAN

> ## 任务描述

实施本任务的目的是实现 501 机房中的不同主机之间能互相通信，502 机房中的不同主机之间不能互相通信。本任务的配置包括以下内容。

（1）Private VLAN 配置：创建 VLAN，配置主 VLAN 和辅助 VLAN。

（2）IP 地址配置：为交换机和主机配置 IP 地址。

（3）端口配置：配置互联端口，并配置端口默认的 VLAN。

> ## 任务操作

1. Private VLAN 配置

（1）在 SW1 上创建并配置 Private VLAN。

```
SW1(config)#vlan 50                              // 创建 VLAN 50
SW1(config-vlan)#name User-501                   // 将 VLAN 命名为 User-501
SW1(config-vlan)#private-vlan community          // 创建 Community VLAN 50
SW1(config-vlan)#exit                            // 退出
SW1(config)#vlan 51                              // 创建 VLAN 51
SW1(config-vlan)#name User-502                   // 将 VLAN 命名为 User-502
SW1(config-vlan)# private-vlan isolated          // 创建 Isolated VLAN 51
SW1(config-vlan)#exit                            // 退出
SW1(config)#vlan 5                               // 创建 VLAN 5
SW1(config-vlan)#name GW-5                        // 将 VLAN 命名为 GW-5
SW1(config-vlan)#private-vlan primary            // 创建主 VLAN
SW1(config-vlan)#private-vlan association 50，51   // 关联辅助 VLAN
SW1(config-vlan)#exit                            // 退出
SW1(config)#interface vlan 5                     // 进入 VLAN 5 接口
SW1(config-VLAN 5)# private-vlan mapping 50,51   // 将辅助 VLAN 映射到主 VLAN 中
SW1(config-VLAN 5)#exit                          // 退出
```

（2）在 SW4 上创建并配置 Private VLAN。

```
Ruijie>enable                                    // 进入特权模式
```

```
Ruijie#config terminal                                          // 进入全局模式
Ruijie(config)#hostname SW4                                     // 将交换机名称更改为 SW4
SW4(config)#vlan 50                                             // 进入 VLAN 50
SW4(config-vlan)#name User-501                                  // 将 VLAN 命名为 User-501
SW4(config-vlan)#private-vlan community                         // 创建 Community VLAN 50
SW4(config-vlan)#exit                                           // 退出
SW4(config)#vlan 51                                             // 进入 VLAN 51
SW4(config-vlan)#name User-502                                  // 将 VLAN 命名为 User-502
SW4(config-vlan)# private-vlan isolated                         // 创建 Isolated VLAN 51
SW4(config-vlan)#exit                                           // 退出
SW4(config)#vlan 5                                              // 创建 VLAN 5
SW1(config-vlan)#name GW-5                                      // 将 VLAN 命名为 GW-5
SW4(config-vlan)#private-vlan primary                           // 创建主 VLAN
SW4(config-vlan)#private-vlan association 50,51                 // 关联辅助 VLAN
SW4(config-vlan)#exit                                           // 退出
```

（3）在 SW5 上创建并配置 Private VLAN。

```
Ruijie>enable                                                  // 进入特权模式
Ruijie#config terminal                                         // 进入全局模式
Ruijie(config)#hostname SW5                                    // 将交换机名称更改为 SW5
SW5(config)#vlan 50                                            // 进入 VLAN 50
SW5(config-vlan)#name User-501                                 // 将 VLAN 命名为 User-501
SW5(config-vlan)#private-vlan community                        // 创建 Community VLAN 50
SW5(config-vlan)#exit                                          // 退出
SW5(config)#vlan 51                                            // 进入 VLAN 51
SW5(config-vlan)#name User-502                                 // 将 VLAN 命名为 User-502
SW5(config-vlan)# private-vlan isolated                        // 创建 Isolated VLAN 51
SW5(config-vlan)#exit                                          // 退出
SW5(config)#vlan 5                                             // 创建 VLAN 5
SW1(config-vlan)#name GW-5                                     // 将 VLAN 命名为 GW-5
SW5(config-vlan)#private-vlan primary                          // 创建主 VLAN
SW5(config-vlan)#private-vlan association 50,51                // 关联辅助 VLAN
SW5(config-vlan)#exit                                          // 退出
```

2. IP 地址配置

在 SW1 上配置 VLAN 5 的 IP 地址。

```
SW1(config)#interface vlan 5                                   // 进入 VLAN 5 接口
SW1(config-VLAN 5)# ip address 172.16.5.254 255.255.255.0      // 配置 IP 地址
SW1(config-VLAN 5)#exit                                        // 退出
```

3. 端口配置

（1）在 SW1 上配置与接入交换机互联的端口，并配置端口默认的 VLAN。

```
SW1(config)#interface range GigabitEthernet 0/7-9             // 批量进入端口
```

```
SW1(config-if-range)#switchport mode trunk                              // 修改端口模式为 Trunk
SW1(config-if-range)# switchport mode private-vlan promiscuous          // 配置混杂端口
// 配置端口允许 VLAN 5 和 VLAN 50 通过
SW1(config-if-range)#switchport trunk allowed vlan add 5,50
SW1(config-if-range)#exit                                               // 退出
SW1(config)#interface range GigabitEthernet 0/10-12                     // 批量进入端口
SW1(config-if-range)#switchport mode trunk                              // 修改端口模式为 Trunk
SW1(config-if-range)# switchport mode private-vlan promiscuous          // 配置混杂端口
// 配置端口允许 VLAN 5 和 VLAN 51 通过
SW1(config-if-range)#switchport trunk allowed vlan add 5,51
SW1(config-if-range)#exit                                               // 退出
```

（2）在 SW4 上配置接入交换机与主机互联的端口，并配置端口默认的 VLAN。

```
SW4(config)#interface range GigabitEthernet 0/1-23                      // 批量进入端口
SW4(config-if-range)# switchport mode private-vlan host    // 修改端口模式为 private-vlan host
SW4(config-if-range)# switchport private-vlan host-association 5 50     // 将 G0/1-23 端口加入
Community VLAN 50
SW4(config-if-range)#exit                                               // 退出
SW4(config)#interface g0/24                                             // 进入 G0/24 端口
SW4(config-if-GigabitEthernet 0/24)#switchport mode trunk              // 修改端口模式为 Trunk
// 修改端口模式为 private-vlan promiscuous
SW4(config-if-GigabitEthernet 0/24)#switchport mode private-vlan promiscuous
// 指明该端口的 Private VLAN 属性
SW4(config-if-GigabitEthernet 0/24)#switchport private-vlan mapping 5 add 50,51
SW4(config-if-GigabitEthernet 0/24)#exit                               // 退出
```

（3）在 SW5 上配置与汇聚交换机和主机互联的端口，并配置端口默认的 VLAN。

```
SW5(config)#interface range GigabitEthernet 0/1-23                      // 批量进入端口
SW5(config-if-range)# switchport mode private-vlan host    // 修改端口模式为 private-vlan host
// 将 G0/1-23 端口加入 Isolated VLAN 51
SW5(config-if-range)# switchport private-vlan host-association 5 51
SW5(config-if-range)#exit                                               // 退出
SW5(config)#interface g0/24                                             // 进入 G0/24 端口
SW5(config-if-GigabitEthernet 0/24)#switchport mode trunk              // 修改端口模式为 Trunk
// 修改端口模式为 private-vlan promiscuous
SW5(config-if-GigabitEthernet 0/24)#switchport mode private-vlan promiscuous
// 指明该端口的 Private VLAN 属性
SW5(config-if-GigabitEthernet 0/24)#switchport private-vlan mapping 5 add 50,51
SW5(config-if-GigabitEthernet 0/24)#exit                               // 退出
```

➢ 任务验证

在 SW1 上使用【show vlan private-vlan】命令查看 Private VLAN 信息。

```
SW1(config)#show vlan private-vlan
```

VLAN	Type	Status	Routed	Ports	Associated VLANs
5	primary	active	Enabled	Gi0/1, Gi0/2, Gi0/3 Gi0/4, Gi0/5, Gi0/6	50-51
50	community	active	Enabled		5
51	isolated	active	Enabled		5

项目验证

（1）使用 201 机房中的 PC1 Ping 本机房中的 PC2。

PC1>ping 172.16.2.4

正在 Ping 172.16.2.4 具有 32 字节的数据：
来自 172.16.2.4 的回复：字节 =32 时间 =2ms TTL=63
来自 172.16.2.4 的回复：字节 =32 时间 =2ms TTL=63
来自 172.16.2.4 的回复：字节 =32 时间 =2ms TTL=63
来自 172.16.2.4 的回复：字节 =32 时间 =2ms TTL=63

172.16.2.4 的 Ping 统计信息：
    数据包：已发送 = 4，已接收 = 4，丢失 = 0 (0% 丢失)，
往返行程的估计时间 (以毫秒为单位)：
    最短 = 2ms，最长 = 3ms，平均 = 2ms

可以看到，PC1 能 Ping 通 PC2。

（2）使用 201 机房中的 PC1 Ping 202 机房中的 PC3。

PC1>ping 172.16.2.63

正在 Ping 172.16.2.63 具有 32 字节的数据：
来自 172.16.2.3 的回复：无法访问目标主机
来自 172.16.2.3 的回复：无法访问目标主机
来自 172.16.2.3 的回复：无法访问目标主机
来自 172.16.2.3 的回复：无法访问目标主机

172.16.2.63 的 Ping 统计信息：
    数据包：已发送 = 4，已接收 = 4，丢失 = 0 (0% 丢失)，

可以看到，PC1 不能 Ping 通 PC3。

（3）使用 501 机房中的 PC5 Ping 本机房中的 PC6。

PC5>ping 172.16.5.4

正在 Ping 172.16.5.4 具有 32 字节的数据：
来自 172.16.5.4 的回复：字节 =32 时间 =2ms TTL=63
来自 172.16.5.4 的回复：字节 =32 时间 =2ms TTL=63
来自 172.16.5.4 的回复：字节 =32 时间 =2ms TTL=63
来自 172.16.5.4 的回复：字节 =32 时间 =2ms TTL=63

172.16.5.4 的 Ping 统计信息：
　　数据包：已发送 = 4，已接收 = 4，丢失 = 0 (0% 丢失)，
往返行程的估计时间 (以毫秒为单位)：
　　最短 = 2ms，最长 = 3ms，平均 = 2ms

可以看到，PC5 能 Ping 通 PC6。

（4）使用 502 机房中的 PC7 Ping 本机房中的 PC8。

PC7>ping 172.16.5.64

正在 Ping 172.16.5.64 具有 32 字节的数据：
来自 172.16.5.63 的回复：无法访问目标主机
来自 172.16.5.63 的回复：无法访问目标主机
来自 172.16.5.63 的回复：无法访问目标主机
来自 172.16.5.63 的回复：无法访问目标主机

172.16.5.64 的 Ping 统计信息：
　　数据包：已发送 = 4，已接收 = 4，丢失 = 0 (0% 丢失)，

可以看到，PC7 不能 Ping 通 PC8。

项目拓展

一、理论题

（1）Sub VLAN 的特点是（　　）。

　　A．能隔离二层网络

　　B．不同 Sub VLAN 属于同一个广播域

　　C．能隔离三层网络

　　D．相同 Sub VLAN 的主机不能互相通信

（2）以下对 Private VLAN 的描述错误的是（　　）。

　　A．Private VLAN 将一个三层广播域划分成了多个子域

　　B．Private VLAN 中有一个主 VLAN 和两个辅助 VLAN

　　C．Isolated VLAN 中的端口不能互相通信

    D．不同 Community VLAN 之间的端口不能互相通信

（3）在 Private VLAN 域中有 3 种端口，以下不是这 3 种端口的是（　　　）。

    A．混杂端口　　　　　　　　　　　　B．隔离端口

    C．阻塞备用端口　　　　　　　　　　D．群体端口

二、项目实训

1．实训背景

某企业需要通过二层交换机和三层交换机实现不同 VLAN 之间的通信。运维人员需要为生产部和销售部配置 Super VLAN，为财务部和信息部配置 Private VLAN，实现网络隔离。

实训拓扑结构如图 1-7 所示。

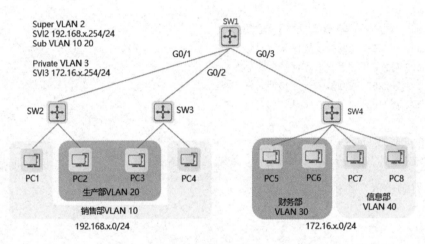

图 1-7　实训拓扑结构

2．实训规划表

根据实训背景，并参考本项目的项目规划设计，完成实训规划表，如表 1-4～表 1-6 所示。

表 1-4　VLAN 规划

VLAN ID	网段	用途

表 1-5　IP 地址规划

设备	接口	IP 地址	用途

表 1-6　端口规划

本端设备	本端端口	端口配置	对端设备	对端端口

3．实训要求

（1）根据实训拓扑结构及实训规划表在交换机上创建 VLAN 信息，并将端口划分到相应的 VLAN 中。

（2）根据 IP 地址规划表配置 IP 地址。

（3）根据实训拓扑结构，实现各部门网络隔离，信息部中的不同主机之间不能互相通信。

（4）按照以下要求操作并截图保存。

① 在 SW1 上使用【show supervlan】命令，查看 Super VLAN 信息。

② 在 SW2 上使用【show vlan private-vlan】命令，查看 Private VLAN 信息。

③ 在各部门主机之间使用【ping】命令测试各部门主机之间能否正常通信。

模块 2　路由高级技术

项目 2　企业园区网络互联设计与实施

项目描述

　　某企业将大部分业务迁移到一个新园区内，而在旧园区内还留有部分业务。在新园区内，有 1 号楼、2 号楼和 3 号楼共 3 栋大楼，分别使用不同网段的地址进行互联，计划使用 OSPF 维护路由信息，将楼宇路由器作为新园区网络的核心，将楼宇交换机作为新园区网络的边缘，因业务需要，为智能制造车间使用独立的路由器，目前需要实现园区内各栋楼网络的互联。

　　另外，由于该企业在旧园区内还留有部分业务，因此为了提高业务协同效率，确保业务顺利过渡，旧园区计划将智能制造车间使用的路由器接入新园区网络。

　　项目拓扑结构如图 2-1 所示。

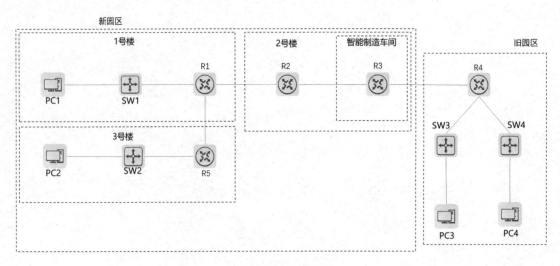

图 2-1　项目拓扑结构

项目相关知识

2.1　OSPF 的基本概念

OSPF（Open Shortest Path First，开放最短路径优先）是 IETF（Internet Engineering Task Force，因特网工程任务组）开发的一个基于链路状态的 IGP（Interior Gateway Protocol，内部网关协议），同一个 AS（Autonomous System，自治系统）中的设备之间通过交换链路状态信息来构建路由表。运行 OSPF 的设备会将自己拥有的链路状态信息，通过启用了 OSPF 的接口发送给其他 OSPF 路由器，同一个 OSPF 区域中的每台路由器都会参与链路状态信息的创建、发送、接收与转发，直到这个区域中的所有 OSPF 路由器都获得了相同的链路状态信息为止。OSPF 路由器采用周期更新与触发更新的方式同步链路状态信息，并从链路状态信息中计算路由信息。

OSPF 出现前，网络上广泛使用 RIP（Routing Information Protocol，路由信息协议）作为 IGP。由于 RIP 基于距离矢量路由协议，存在着收敛慢、环路、可扩展性差等问题，因此 RIP 逐渐被 OSPF 取代。使用 OSPF 能解决使用 RIP 面临的诸多问题。此外，OSPF 还有以下优点。

（1）OSPF 采用组播形式收发报文，这样可以减少对不运行 OSPF 路由器的影响。

（2）OSPF 支持区域划分、无环路、收敛快、拓展性好，适用于大规模网络。

（3）OSPF 支持无类别域间路由选择（Classless Inter-Domain Routing，CIDR）。

（4）OSPF 支持对等价路由进行负载分担。

（5）OSPF 支持报文加密。

2.2　OSPF 报文

OSPF 有 5 种报文，分别是 Hello 报文、DD（Database Description，数据库描述）报文、LSR（Link State Request，链路状态请求）报文、LSU（Link State Update，链路状态更新）报文、LSAck（Link State Acknowledgement，链路状态确认）报文，OSPF 通过这 5 种报文交互，建立邻居关系。OSPF 报文的交互过程如图 2-2 所示。

1. Hello 报文

Hello 报文用于建立和维护邻居关系。运行了 OSPF 功能的接口会周期性地向 OSPF 邻居发送 Hello 报文。Hello 报文中包括一些关键信息，如定时器的数值、本网段中的 DR（指定路由器）、BDR（备份指定路由器），以及已知的邻居等用于建立和维护邻居关系的信息。

图 2-2 OSPF 报文的交互过程

2. DD 报文

DD 报文中不包括完整的 LSDB（链路状态数据库）信息，只包括数据库中各条目的概要。两台路由器在初始化邻居关系时，使用 DD 报文可以协商主从关系，此时 DD 报文中不包括 LSA（Link State Advertisement，链路状态公告）头（Header）。在两台路由器交换 DD 报文的过程中，一台为 Master，另一台为 Slave。由 Master 规定初始序列号，每次发送一个 DD 报文，序列号都加 1，Slave 使用 Master 规定的初始序列号作为确认。

邻居关系建立之后，路由器使用 DD 报文描述本端路由器的 LSDB，进行数据库同步。DD 报文包括本地 LSDB 中的 LSA 头（LSA 头可以唯一标识 LSA），即所有 LSA 的摘要信息。对端路由器根据收到的 DD 报文包括的 LSA 头可以判断是否已有该 LSA。如果没有该 LSA，那么通过 LSR 报文向对方请求该 LSA。

3. LSR 报文

两台路由器互相交换 DD 报文之后，需要通过向对端 OSPF 邻居发送 LSR 报文请求对端有而本端没有的 LSA。LSR 报文包括所需要的 LSA 的摘要信息。

4. LSU 报文

LSU 报文是用来对收到的 LSR 报文响应的，向对端路由器发送对端在 LSR 报文中请求的 LSA，或主动向 OSPF 邻居泛洪本端 LSA，LSU 报文的内容是多条完整的 LSA 的集合。

5. LSAck 报文

为了实现 LSU 报文泛洪的可靠性传输，对端收到 LSU 报文后需要使用 LSAck 报文进行确认（内容是需要确认的 LSA 头）。没有收到 LSAck 报文的 LSA 需要在本端进行重传，重传的 LSA 直接被单播发送到对应的设备上。LSAck 报文用来对收到的 LSU 报文进行确认。一个 LSAck 报文可以对多个 LSA 进行确认。

2.3   OSPF 邻居关系建立阶段

OSPF 邻居关系建立的 3 个阶段为邻居关系建立阶段、数据库同步阶段、路由计算阶段。

1. 邻居关系建立阶段

邻居关系建立阶段主要通过双方交互 Hello 报文来实现邻居发现。路由器在开始时处于 Down 状态，表示没有从邻居收到任何信息。随后，路由器进入 Init 状态，此时它已经收到了来自邻居的 Hello 报文，但自己的 Router ID 尚未被包含在邻居的 Hello 报文中，意味着双向通信关系尚未建立。路由器一旦收到带有自己的 Router ID 的 Hello 报文，将进入 2-Way 状态，此时两台路由器已确认可以双向通信，但尚未形成邻居关系。

在 BMA 网络或 NBMA 网络的邻居关系建立阶段还会进行 DR 和 BDR 的选举。选举出 DR 和 BDR 后，其他路由器为 DR Other。

2. 数据库同步阶段

数据库同步阶段旨在实现同一个区域内所有路由器 LSDB 的同步。

进入 Exchange_start 状态后，通过选举主从路由器来解决 DD 报文可靠性低的问题，其中 Router ID 大的路由器为主路由器并控制 DD 报文的序列号。进入 Exchange（交换）状态后，路由器通过交换 DD 报文来描述自己的 LSDB 中的 LSA。进入 Loading 状态后，通过 LSR 报文向邻居请求 LSA，并使用 LSU 报文携带 LSA，同时使用 LSAck 报文对收到的 LSA 进行确认。最终所有路由器的 LSDB 都会达到完全相同的状态，即进入 Full 状态。

3. 路由计算阶段

LSDB 同步后，路由器进入路由计算阶段，根据 LSDB 中存储的网络拓扑信息，采用 SPF 算法计算路由信息，并将获取的路由信息添加到路由表中。

在链路状态发生变动（链路启动或关闭等）的情况下，相关路由器将生成一个新 LSA，并将其在全网范围内进行传播。路由器收到这些 LSA 后，会对 LSDB 进行更新，并重新计算其路由信息，以确保全网所有路由器均保持对网络拓扑结构的统一和准确认识。

2.4　SPF 算法

OSPF 采用 SPF（Shortest Path First，最短路径优先）算法计算路由信息，以达到快速收敛路由信息的目的。

OSPF 使用 LSA 描述网络拓扑结构。Router LSA 用于描述不同路由器之间的链接和链路属性。路由器由 LSDB 生成一个带权有向图，这张图便是对整个网络拓扑结构的真实反映。各路由器得到的有向图是完全相同的。由 LSDB 生成带权有向图如图 2-3 所示。

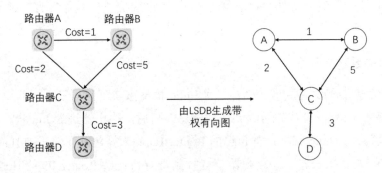

图 2-3　由 LSDB 生成带权有向图

每台路由器都可以根据带权有向图，使用 SPF 算法计算出一棵以自己为根的最短路径树，如图 2-4 所示。这棵最短路径树给出了到 AS 中各节点的路由信息。

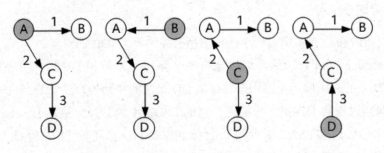

图 2-4　最短路径树

当 OSPF 的 LSDB 发生改变时，需要重新计算最短路径。如果 LSDB 每次发生改变都立即计算最短路径，那么将占用大量资源，并会影响路由器的运行效率，通过调节使用 SPF 算法计算的时间间隔，可以解决因网络频繁变化而带来的占用过多资源的问题。在默认情况下，使用 SPF 算法计算的时间间隔为 5 秒。

2.5　OSPF 的状态

OSPF 的状态随着邻居关系建立、数据库同步、路由计算 3 个阶段的进行发生变化。其中，Down、2-Way、Full 为稳定状态，其余为中间过渡状态。OSPF 的状态如图 2-5 所示。

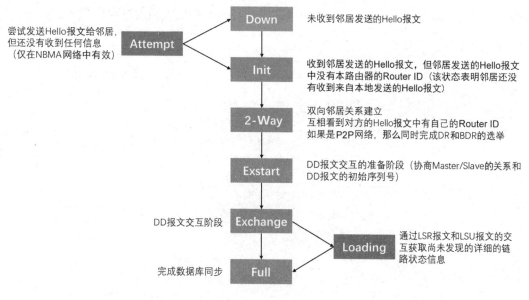

图 2-5　OSPF 的状态

（1）OSPF 路由器接口发送 Hello 报文（在 NBMA 网络中将进入 Attempt 状态）。

（2）OSPF 路由器接口收到 Hello 报文，进入 Init 状态，并将该 Hello 报文的发送者的 Router ID 添加到 Hello 报文（自己将要从该接口发送出去的 Hello 报文）的邻居表中。

（3）OSPF 路由器接口收到邻居表中含有本路由器的 Router ID 的 Hello 报文，进入 2-Way 状态，建立邻居关系，并把 OSPF 路由器的 Router ID 添加到自己的邻居表中。

（4）进入 2-Way 状态后，BMA 网络、NBMA 网络链路在 DR 的选举的等待时间内进行 DR 的选举。

（5）DR 的选举完成或跳过 DR 的选举后，建立邻居关系，进入 Exstart 状态，并选举 DD 报文交换主从路由器，以及由主路由器定义的 DD 报文的序列号，Router ID 大的路由器为主路由器。这样做的目的是解决 DD 报文可靠性低的问题。

（6）主从路由器选举完成后，进入 Exchange 状态，交互 DD 报文。

（7）DD 报文交互完成后，进入 Loading 状态，对 LSDB 和收到的 DD 报文的 LSA 头进行比较，若发现自己的数据库中没有 LSA，则向邻居发送 LSR，请求该 LSA，邻居收到 LSR 后，回应 LSU 报文，收到邻居回应的 LSU 报文后，存储 LSA 到自己的 LSDB 中，并发送 LSAck 报文确认。

（8）LSA 交互完成后，进入 Full 状态，所有建立邻居关系的 OSPF 路由器都拥有相同的 LSDB。

（9）定期发送 Hello 报文，维护邻居关系。

1. 在 BMA 网络中建立 OSPF 邻居关系

在 BMA 网络中，DR、BDR 和网段内的每台路由器都会建立邻居关系，但不同 DR Other 之间只形成邻居关系。在 BMA 网络中建立 OSPF 邻居关系的过程如图 2-6 所示。

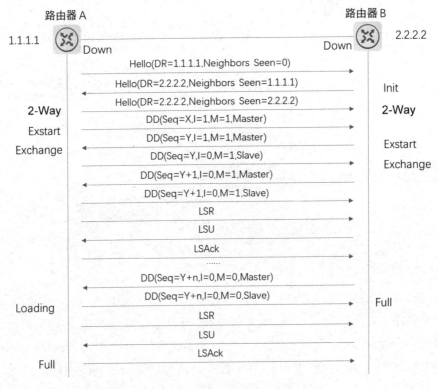

图 2-6　在 BMA 网络中建立 OSPF 邻居关系的过程

（1）建立 OSPF 邻居关系。

① 路由器 A 的一个连接到 BMA 网络的接口上激活了 OSPF，并发送了一个 Hello 报文（使用的组播地址为 224.0.0.5）。此时，路由器 A 认为自己是 DR（DR=1.1.1.1），但不确定邻居是哪台路由器（Neighbors Seen=0）。

② 路由器 B 收到路由器 A 发送的 Hello 报文后，发送一个 Hello 报文回应给路由器 A，在 Hello 报文的 Neighbors Seen 字段中填入路由器 A 的 Router ID（Neighbors Seen=1.1.1.1），表示已收到路由器 A 发送的 Hello 报文，并宣告 DR 是路由器 B（DR=2.2.2.2），将路由器 B 的邻居状态置为 Init。

③ 路由器 A 收到路由器 B 回应的 Hello 报文后，将邻居状态置为 2-Way，下一步双

方开始发送各自的 LSDB。

（2）协商主从关系，交互 DD 报文。

路由器 A 发送一个 DD 报文，宣称自己是 Master（M=1），并规定序列号（Seq=X）。I=1 表示这是第一个报文，DD 报文中不包含 LSA 的摘要，只是为了协商主从关系。M=1 表示这不是最后一个报文。

① 为了提高发送效率，路由器 A 和路由器 B 应先了解对端数据库中哪些 LSA 是需要更新的，如果某条 LSA 在 LSDB 中已经存在，那么无须请求更新。为了达到这个目的，路由器 A 和路由器 B 先发送 DD 报文，DD 报文中包含 LSA 的摘要（每条摘要都可以唯一标识一条 LSA）。为了保证在传输过程中报文传输的可靠性，在 DD 报文的发送过程中需要确定双方的主从关系，为作为 Master 的一方定义一个序列号 Seq，每次发送一个 DD 报文，序列号都加 1，对作为 Slave 的一方每次发送一个 DD 报文，都使用收到的上一个 Master 的 DD 报文中的序列号。

② 路由器 B 收到路由器 A 发送的 DD 报文后，将路由器 A 的邻居状态置为 Exstart，并回应了一个 DD 报文（该 DD 报文中同样不包含 LSA 的摘要）。由于路由器 B 的 Router ID 较大，因此在 DD 报文中，Router B 认为自己是 Master，并重新规定了序列号（Seq=Y）。

③ 路由器 A 收到路由器 B 发送的 DD 报文后，同意路由器 B 为 Master，并将路由器 B 的邻居状态置为 Exchange。路由器 A 使用路由器 B 的序列号（Seq=Y）发送 DD 报文，该 DD 报文开始正式传送 LSA 的摘要。在 DD 报文中，M=0 表示路由器 A 是 Slave。

④ 路由器 B 收到路由器 A 发送的 DD 报文后，将路由器 A 的邻居状态置为 Exchange，并发送 DD 报文用于描述 LSA 的摘要，此时路由器 B 修改 DD 报文的序列号（Seq=Y+1）。

上述过程持续进行，路由器 A 通过重复路由器 B 的序列号来确认已收到路由器 B 发送的 DD 报文。路由器 B 通过将序列号加 1 来确认已收到路由器 A 发送 DD 的报文。路由器 B 在发送最后一个 DD 报文时，在该 DD 报文中写上 M=0。

（3）同步 LSDB（LSA 请求、LSA 传输、LSA 应答）。

① 路由器 A 收到路由器 B 发送的最后一个 DD 报文后，发现路由器 B 的数据库中有许多 LSA 是自己没有的，将邻居状态置为 Loading。此时，路由器 B 也收到路由器 A 发送的最后一个 DD 报文，但因为路由器 B 已经有了路由器 A 的 LSA，不需要再请求，所以直接将路由器 A 的邻居状态置为 Full。

② 路由器 A 向路由器 B 发送 LSR 报文请求更新 LSA。路由器 B 使用 LSU 报文回应路由器 A 的请求。路由器 A 收到 LSU 报文后，发送 LSAck 报文确认。

上述过程持续到路由器 A 的 LSA 与路由器 B 的 LSA 完全同步为止，此时路由器 A 将路由器 B 的邻居状态置为 Full。当 DD 报文交互完成且所有 LSA 更新完成后，OSPF 邻居关系建立完成。

2. 在 NBMA 网络中建立 OSPF 邻居关系

NBMA 网络和 BMA 网络的邻居关系建立过程只在交互 DD 报文前不一致。在 NBMA 网络中建立 OSPF 邻居关系的过程如图 2-7 所示。在 NBMA 网络中，所有路由器都只与 DR 和 BDR 形成邻居关系。

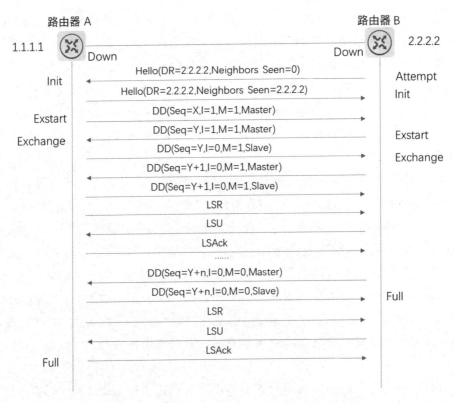

图 2-7 在 NBMA 网络中建立 OSPF 邻居关系的过程

（1）建立 OSPF 邻居关系。

① 路由器 B 向路由器 A 的一个状态为 Down 的接口发送 Hello 报文后，路由器 B 的邻居状态被置为 Attempt。此时，路由器 B 认为自己是 DR（DR=2.2.2.2），但不确定邻居是哪台路由器（Neighbors Seen=0）。

② 路由器 A 收到路由器 B 发送的 Hello 报文后，将邻居状态置为 Init，并回复一个 Hello 报文。此时，路由器 A 同意路由器 B 是 DR，并在 Neighbors Seen 字段中填入相邻路由器的 Router ID（Neighbors Seen=2.2.2.2）。

（2）协商主从关系，交互 DD 报文的过程与在 BMA 网络中建立 OSPF 邻居关系的过程中的协商主从关系交互 DD 报文的过程相同，此处不再赘述。

（3）同步 LSDB（LSA 请求、LSA 传输、LSA 应答）的过程与在 BMA 网络中建立 OSPF 邻居关系的过程中的同步 LSDB（LSA 请求、LSA 传输、LSA 应答）的过程相同，此处不再赘述。

3. 在 P2P 网络和 P2MP 网络中建立 OSPF 邻居关系

在 P2P 网络和 P2MP 网络中建立 OSPF 邻居关系的过程和在 BMA 网络中建立 OSPF 邻居关系的过程基本相同，唯一不同的是不需要选举 DR 和 BDR，DD 报文是单播发送的。

2.6　OSPF 虚链路

虚链路（Virtual-link）是骨干区域（Area 0）的一段延伸，能以对方的 Router ID 建立邻居关系，解决某个区域没有与骨干区域直接相连或骨干区域不连贯的问题。

当一个非骨干区域（Area 2 等）没有与骨干区域直接相连时，可以通过在非骨干区域和骨干区域之间的某个 ABR（Area Border Router，区域边界路由器）上配置虚链路，来建立非骨干区域与骨干区域之间的逻辑连接。虚链路允许 OSPF 路由器在不直接物理相连的情况下交换路由信息，从而解决了非骨干区域没有与骨干区域直接相连的问题。骨干区域与非骨干区域通过虚链路连接如图 2-8 所示。

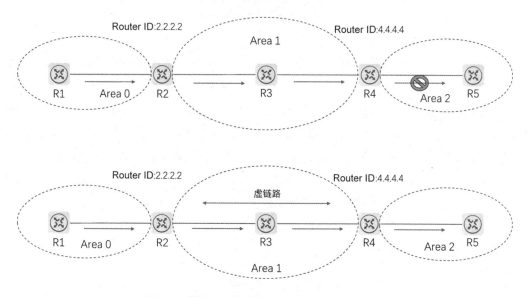

图 2-8　骨干区域与非骨干区域通过虚链路连接

当骨干区域因某些原因（物理链路故障、设备故障或配置错误等）而被分割成多个不连贯的部分时，非骨干区域将失去与骨干区域的连接，导致路由信息无法正常传播，进而影响网络的连通性和稳定性。通过配置虚链路，可以在非骨干区域与骨干区域之间建立逻辑连接，这样即使物理链路不存在或不可达，也能保证路由信息的正常传播。具体来说，虚链路通过在一个或多个中间区域的 ABR 上配置，来使原本不直接相连的区域之间建立逻辑连接。这样，即使骨干区域被分割，非骨干区域仍然可以通过虚链路与骨干区域进行通信，从而维持网络的连通性和稳定性。不连贯的骨干区域通过虚链路连接如图 2-9 所示。

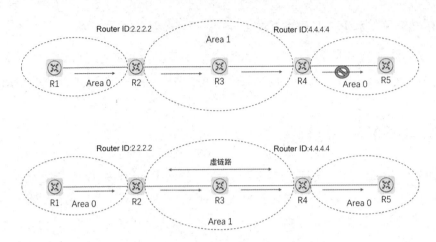

图 2-9　不连贯的骨干区域通过虚链路连接

项目规划设计

本项目计划使用 5 台路由器、4 台交换机和 4 台主机组成新园区与旧园区的网络。其中，R1、R2、R5 作为新园区网络的核心，计划使用骨干区域；智能制造车间中的 R3 与 2 号楼中的 R2 计划使用 Area 1；3 号楼中的 R5 与 SW2 计划使用 Area 2；1 号楼中的 R1 与 SW1 计划使用 Area 3。旧园区中原有的 R4、SW3 和 SW4 计划使用骨干区域，新园区的网络与旧园区的网络若要实现互联互通，则需要在 R2 和 R3 之间建立虚链路将两个骨干区域合并。

其具体配置步骤如下。

（1）部署 OSPF 多区域网络，实现新园区的网络互联。

（2）部署 OSPF 虚链路，实现新园区的网络与旧园区的网络互联。

项目实施拓扑结构如图 2-10 所示。

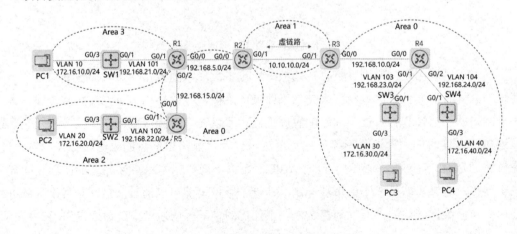

图 2-10　项目实施拓扑结构

根据图 2-10 进行项目 2 的所有规划。项目 2 的 VLAN 规划、IP 地址规划、端口规划如表 2-1～表 2-3 所示。

表 2-1　项目 2 的 VLAN 规划

VLAN ID	VLAN 名称	网段	用途
VLAN 10	Office-1	172.16.10.0/24	办公楼用户网段
VLAN 20	Production-1	172.16.20.0/24	生产车间用户网段
VLAN 30	Office-2	172.16.30.0/24	办公楼用户网段
VLAN 40	Production-2	172.16.40.0/24	生产车间用户网段
VLAN 101	Link-1	192.168.21.0/24	设备互联网段
VLAN 102	Link-2	192.168.22.0/24	设备互联网段
VLAN 103	Link-3	192.168.23.0/24	设备互联网段
VLAN 104	Link-4	192.168.24.0/24	设备互联网段

表 2-2　项目 2 的 IP 地址规划

设备	接口	IP 地址	用途
R1	G0/0	192.168.5.1/24	设备互联网段
	G0/1	192.168.21.254/24	设备互联网段
	G0/2	192.168.15.254/24	设备互联网段
R2	G0/0	192.168.5.254/24	设备互联网段
	G0/1	10.10.10.1/24	设备互联网段
R3	G0/0	192.168.10.254/24	设备互联网段
	G0/1	10.10.10.254/24	设备互联网段
R4	G0/0	192.168.10.1/24	设备互联网段
	G0/1	192.168.23.254/24	设备互联网段
	G0/2	192.168.24.254/24	设备互联网段
R5	G0/0	192.168.15.1/24	设备互联网段
	G0/1	192.168.22.254/24	设备互联网段
SW1	VLAN 10	172.16.10.254/24	用户网段网关
	VLAN 101	192.168.21.1/24	设备互联网段
SW2	VLAN 20	172.16.20.254/24	用户网段网关
	VLAN 102	192.168.22.1/24	设备互联网段
SW3	VLAN 30	172.16.30.254/24	用户网段网关
	VLAN 103	192.168.23.1/24	设备互联网段
SW4	VLAN 40	172.16.40.254/24	用户网段网关
	VLAN 104	192.168.24.1/24	设备互联网段

续表

设备	接口	IP 地址	用途
PC1	-	172.16.10.1/24	用户网段地址
PC2	-	172.16.20.1/24	用户网段地址
PC3	-	172.16.30.1/24	用户网段地址
PC4	-	172.16.40.1/24	用户网段地址

表 2-3 项目 2 的端口规划

本端设备	本端端口	端口配置	对端设备	对端端口
R1	G0/0	-	R2	G0/0
	G0/1	-	SW1	G0/1
	G0/2	-	R5	G0/0
R2	G0/0	-	R1	G0/0
	G0/1	-	R3	G0/1
R3	G0/0	-	R4	G0/0
	G0/1	-	R2	G0/1
R4	G0/0	-	R3	G0/0
	G0/1	-	SW3	G0/1
	G0/2	-	SW4	G0/1
R5	G0/0	-	R1	G0/2
	G0/1	-	SW2	G0/1
SW1	G0/1	Access	R1	G0/1
SW2	G0/1	Access	R5	G0/1
SW3	G0/1	Access	R4	G0/1
SW4	G0/1	Access	R4	G0/2

项目实践

任务 2-1 部署 OSPF 多区域网络

➢ 任务描述

实施本任务的目的是实现新园区中办公楼和生产车间网络的互联，需要在楼宇中规划

OSPF 区域，在楼宇之间实现 OSPF 多区域网络互联。本任务的配置包括以下内容。

（1）VLAN 配置：创建并配置 VLAN。

（2）IP 地址配置：为路由器和交换机配置 IP 地址。

（3）端口配置：配置互联端口，并配置端口默认的 VLAN。

（4）OSPF 多区域配置：启用 OSPF，实现 OSPF 多区域网络互联。

➤ 任务操作

1. VLAN 配置

（1）在 SW1 上创建并配置 VLAN。

```
Ruijie>enable                          // 进入特权模式
Ruijie#config terminal                 // 进入全局模式
Ruijie(config)#hostname SW1            // 将交换机名称更改为 SW1
SW1(config)#vlan 10                    // 创建 VLAN 10
SW1(config-vlan)#name Office-1         // 将 VLAN 命名为 Office-1
SW1(config-vlan)#exit                  // 退出
SW1(config)#vlan 101                   // 创建 VLAN 101
SW1(config-vlan)#name Link-1           // 将 VLAN 命名为 Link-1
SW1(config-vlan)#exit                  // 退出
```

（2）在 SW2 上创建并配置 VLAN。

```
Ruijie>enable                          // 进入特权模式
Ruijie#config terminal                 // 进入全局模式
Ruijie(config)#hostname SW2            // 将交换机名称更改为 SW2
SW2(config)#vlan 20                    // 创建 VLAN 20
SW2(config-vlan)#name Production-1     // 将 VLAN 命名为 Production-1
SW2(config-vlan)#exit                  // 退出
SW2(config)#vlan 102                   // 创建 VLAN 102
SW2(config-vlan)#name Link-2           // 将 VLAN 命名为 Link-2
SW2(config-vlan)#exit                  // 退出
```

2. IP 地址配置

（1）在 R1 上配置 IP 地址。

```
Ruijie>enable                          // 进入特权模式
Ruijie#config terminal                 // 进入全局模式
Ruijie(config)#hostname R1             // 将路由器名称更改为 R1
R1 (config)#interface GigabitEthernet 0/0          // 进入 G0/0 接口
R1 (config-if-GigabitEthernet 0/0)# ip address 192.168.5.1 255.255.255.0    // 配置 IP 地址
R1 (config-if-GigabitEthernet 0/0)#exit            // 退出
R1 (config)#interface GigabitEthernet 0/1          // 进入 G0/1 接口
R1 (config-if-GigabitEthernet 0/1)#ip address 192.168.21.254 255.255.255.0  // 配置 IP 地址
```

```
R1 (config-if-GigabitEthernet 0/2)#exit                            // 退出
R1 (config)#interface GigabitEthernet 0/2                          // 进入 G0/2 接口
R1 (config-if-GigabitEthernet 0/2)# ip address 192.168.15.254 255.255.255.0   // 配置 IP 地址
R1 (config-if-GigabitEthernet 0/2)#exit                            // 退出
```

（2）在 R2 上配置 IP 地址。

```
Ruijie>enable                                          // 进入特权模式
Ruijie#config terminal                                 // 进入全局模式
Ruijie(config)#hostname R2                             // 将路由器名称更改为 R2
R2 (config)#interface GigabitEthernet 0/0              // 进入 G0/0 接口
R2 (config-if-GigabitEthernet 0/0)#ip address 192.168.5.254 255.255.255.0   // 配置 IP 地址
R2 (config-if-GigabitEthernet 0/0)#exit                // 退出
R2 (config)#interface GigabitEthernet 0/1              // 进入 G0/1 接口
R2 (config-if-GigabitEthernet 0/1)#ip address 10.10.10.1 255.255.255.0   // 配置 IP 地址
R2 (config-if-GigabitEthernet 0/1)#exit                // 退出
```

（3）在 R5 上配置 IP 地址。

```
Ruijie>enable                                          // 进入特权模式
Ruijie#config terminal                                 // 进入全局模式
Ruijie(config)#hostname R5                             // 将路由器名称更改为 R5
R5 (config)#interface GigabitEthernet 0/0              // 进入 G0/0 接口
R5 (config-if-GigabitEthernet 0/0)#ip address 192.168.15.1 255.255.255.0   // 配置 IP 地址
R5 (config-if-GigabitEthernet 0/0)#exit                // 退出
R5 (config)#interface GigabitEthernet 0/1              // 进入 G0/1 接口
R5 (config-if-GigabitEthernet 0/1)#ip address 192.168.22.254 255.255.255.0   // 配置 IP 地址
R5 (config-if-GigabitEthernet 0/1)#exit                // 退出
```

（4）在 SW1 上配置 IP 地址。

```
SW1(config)#interface vlan 10                          // 进入 VLAN 10 接口
SW1(config-if-VLAN 10)#ip address 172.16.10.254 255.255.255.0    // 配置 IP 地址
SW1(config-if-VLAN 10)#exit                            // 退出
SW1(config)#interface vlan 101                         // 进入 VLAN 101 接口
SW1(config-if-VLAN 101)#ip address 192.168.21.1 255.255.255.0    // 配置 IP 地址
SW1(config-if-VLAN 101)#exit                           // 退出
```

（5）在 SW2 上配置 IP 地址。

```
SW2(config)#interface vlan 20                          // 进入 VLAN 20 接口
SW2(config-if-VLAN 20)#ip address 172.16.20.254 255.255.255.0    // 配置 IP 地址
SW2(config-if-VLAN 20)#exit                            // 退出
SW2(config)#interface vlan 102                         // 进入 VLAN 102 接口
SW2(config-if-VLAN 102)#ip address 192.168.22.1 255.255.255.0    // 配置 IP 地址
SW2(config-if-VLAN 102)#exit                           // 退出
```

3. 端口配置

（1）在 SW1 上配置与路由器和主机互联的端口，并配置端口默认的 VLAN。

```
SW1(config)#interface range GigabitEthernet 0/2-24      // 批量进入端口
SW1(config-if-range)#switchport mode access            // 修改端口模式为 Access
SW1(config-if-range)#switchport access vlan 10         // 配置端口默认的 VLAN 为 VLAN 10
SW1(config-if-range)#exit                              // 退出
SW1(config)#interface GigabitEthernet 0/1             // 进入 G0/1 端口
SW1(config-if-GigabitEthernet 0/1)#switchport mode access // 修改端口模式为 Access
// 配置端口默认的 VLAN 为 VLAN 101
SW1(config-if-GigabitEthernet 0/1)# switchport access vlan 101
SW1(config-if-GigabitEthernet 0/1)#exit              // 退出
```

（2）在 SW2 上配置与路由器和主机互联的端口，并配置端口默认的 VLAN。

```
SW2(config)#interface range GigabitEthernet 0/2-24      // 批量进入端口
SW2(config-if-range)#switchport mode access            // 修改端口模式为 Access
SW2(config-if-range)#switchport access vlan 20         // 配置端口默认的 VLAN 为 VLAN 20
SW2(config-if-range)#exit                              // 退出
SW2(config)#interface GigabitEthernet 0/1             // 进入 G0/1 端口
SW2(config-if-GigabitEthernet 0/1)#switchport mode access // 修改端口模式为 Access
// 配置端口默认的 VLAN 为 VLAN 102
SW2(config-if-GigabitEthernet 0/1)# switchport access vlan 102
SW2(config-if-GigabitEthernet 0/1)#exit              // 退出
```

4. OSPF 多区域配置

（1）在 R1 上配置 OSPF，并宣告网段。

```
R1(config)#router ospf 1                         // 创建进程号为 1 的 OSPF 进程
R1(config-router)#router-id 1.1.1.1              // 配置 OSPF 的 Router ID
R1(config-router)#network 192.168.5.0 0.0.0.255 area 0 // 宣告网段为 192.168.5.0/24，区域号为 0
R1(config-router)#network 192.168.15.0 0.0.0.255 area 0 // 宣告网段为 192.168.15.0/24，区域号为 0
R1(config-router)#network 192.168.21.0 0.0.0.255 area 3 // 宣告网段为 192.168.21.0/24，区域号为 3
R1(config-router)#exit                           // 退出
```

（2）在 R2 上配置 OSPF，并宣告网段。

```
R2(config)#router ospf 1                         // 创建进程号为 1 的 OSPF 进程
R2(config-router)#router-id 2.2.2.2              // 配置 OSPF 的 Router ID
R2(config-router)#network 192.168.5.0 0.0.0.255 area 0 // 宣告网段为 192.168.5.0/24，区域号为 0
R2(config-router)#network 10.10.10.0 0.0.0.255 area 1 // 宣告网段为 10.10.10.0/24，区域号为 1
R2 (config-router)#exit                          // 退出
```

（3）在 R5 上配置 OSPF，并宣告网段。

```
R2(config)#router ospf 1                         // 创建进程号为 1 的 OSPF 进程
R2(config-router)#router-id 5.5.5.5              // 配置 OSPF 的 Router ID
R2(config-router)#network 192.168.15.0 0.0.0.255 area 0 // 宣告网段为 192.168.15.0/24，区域号为 0
```

```
R2(config-router)#network 192.168.22.0 0.0.0.255 area 2    // 宣告网段为 192.168.22.0/24，区域号为 2
R2 (config-router)#exit                                    // 退出
```

（4）在 SW1 上配置 OSPF，并宣告网段。

```
SW1(config)#router ospf 1                                  // 创建进程号为 1 的 OSPF 进程
SW1(config-router)#router-id 6.6.6.6                       // 配置 OSPF 的 Router ID
SW1(config-router)#network 192.168.21.0 0.0.0.255 area 3  // 宣告网段为 192.168.21.0/24，区域号为 3
SW1(config-router)#network 172.16.10.0  0.0.0.255 area 3  // 宣告网段为 172.16.10.0/24，区域号为 3
SW1 (config-router)#exit                                   // 退出
```

（5）在 SW2 上配置 OSPF，并宣告网段。

```
SW2(config)#router ospf 1                                  // 创建进程号为 1 的 OSPF 进程
SW2(config-router)#router-id 7.7.7.7                       // 配置 OSPF 的 Router ID
SW2(config-router)#network 192.168.22.0 0.0.0.255 area 2  // 宣告网段为 192.168.22.0/24，区域号为 2
SW2(config-router)#network 172.16.20.0 0.0.0.255 area 2   // 宣告网段为 172.16.20.0/24，区域号为 2
SW2 (config-router)#exit                                   // 退出
```

➤ 任务验证

（1）在 R1 上使用【show ip ospf neighbor】命令查看邻居表。

```
R1#show ip ospf neighbor

OSPF process 1, 3 Neighbors, 3 is Full:
Neighbor ID   Pri   State      BFD State   Dead Time   Address          Interface
2.2.2.2       1     Full/DR    -           00:00:40    192.168.5.254    GigabitEthernet 0/0
5.5.5.5       1     Full/BDR   -           00:00:31    192.168.15.1     GigabitEthernet 0/2
6.6.6.6       1     Full/BDR   -           00:00:31    192.168.21.1     GigabitEthernet 0/1
```

可以看到，R1 与其他设备建立了邻居关系。

（2）在 R1 上使用【show ip ospf database】命令查看 LSDB。

```
R1#show ip ospf database

              OSPF Router with ID (1.1.1.1) (Process ID 1)


              Router Link States (Area 0.0.0.0)

Link ID         ADV Router      Age   Seq#         CkSum   Link count
1.1.1.1         1.1.1.1         139   0x80000007   0x392f  2
2.2.2.2         2.2.2.2         663   0x80000004   0x4321  1
5.5.5.5         5.5.5.5         137   0x80000003   0x59dd  1


              Network Link States (Area 0.0.0.0)

Link ID         ADV Router      Age   Seq#         CkSum
```

```
192.168.5.254      2.2.2.2           668   0x80000001 0xdcfb
192.168.15.254     1.1.1.1           139   0x80000001 0x3393


                Summary Link States (Area 0.0.0.0)

Link ID            ADV Router        Age   Seq#        CkSum   Route
10.10.10.0         2.2.2.2           708   0x80000001 0xcf66   10.10.10.0/24
172.16.10.0        1.1.1.1           289   0x80000001 0x6d23   172.16.10.0/24
172.16.20.0        5.5.5.5           128   0x80000001 0x86ef   172.16.20.0/24
192.168.21.0       1.1.1.1           719   0x80000001 0xbd1c   192.168.21.0/24
192.168.22.0       5.5.5.5           147   0x80000001 0x3a8e   192.168.22.0/24


                Router Link States (Area 0.0.0.3)

Link ID            ADV Router        Age   Seq#        CkSum   Link count
1.1.1.1            1.1.1.1           290   0x80000006  0xec5d   1
6.6.6.6            6.6.6.6           239   0x80000006  0xfa4e   2


                Network Link States (Area 0.0.0.3)

Link ID            ADV Router        Age   Seq#        CkSum
192.168.21.254     1.1.1.1           290   0x80000001  0x2399


                Summary Link States (Area 0.0.0.3)

Link ID            ADV Router        Age   Seq#        CkSum   Route
10.10.10.0         1.1.1.1           664   0x80000001 0xf741   10.10.10.0/24
172.16.20.0        1.1.1.1           128   0x80000001 0x097c   172.16.20.0/24
192.168.5.0        1.1.1.1           721   0x80000001 0x6e7b   192.168.5.0/24
192.168.15.0       1.1.1.1           721   0x80000001 0xffdf   192.168.15.0/24
192.168.22.0       1.1.1.1           137   0x80000001 0xbc1b   192.168.22.0/24
```

可以看到，R1 此时的链路状态信息。

（3）在 R1 上使用【show ip route】命令查看路由表。

```
R1#show ip route

Codes:  C - Connected, L - Local, S - Static
        R - RIP, O - OSPF, B - BGP, I - IS-IS, V - Overflow route
        N1 - OSPF NSSA external type 1, N2 - OSPF NSSA external type 2
        E1 - OSPF external type 1, E2 - OSPF external type 2
        SU - IS-IS summary, L1 - IS-IS level-1, L2 - IS-IS level-2
        IA - Inter area, EV - BGP EVPN, A - Arp to host
        LA - Local aggregate route
```

```
    * - candidate default

Gateway of last resort is no set
O IA   10.10.10.0/24 [110/2] via 192.168.5.254, 00:12:07, GigabitEthernet 0/0
O      172.16.10.0/24 [110/2] via 192.168.21.1, 00:05:54, GigabitEthernet 0/1
O IA   172.16.20.0/24 [110/3] via 192.168.15.1, 00:03:12, GigabitEthernet 0/2
C      192.168.5.0/24 is directly connected, GigabitEthernet 0/0
C      192.168.5.1/32 is local host.
C      192.168.15.0/24 is directly connected, GigabitEthernet 0/2
C      192.168.15.254/32 is local host.
C      192.168.21.0/24 is directly connected, GigabitEthernet 0/1
C      192.168.21.254/32 is local host.
O IA   192.168.22.0/24 [110/2] via 192.168.15.1, 00:03:21, GigabitEthernet 0/2
```

可以看到，R1 在 3 个接口上都运行了 OSPF，能收到其他区域的路由信息并将其更新到路由表中。

任务 2-2　部署 OSPF 虚链路

➤ 任务描述

实施本任务的目的是实现新园区与旧园区的网络互联，需要在旧园区中配置 OSPF，并通过虚链路使新园区与旧园区的网络互联。本任务的配置包括以下内容。

（1）VLAN 配置：创建并配置 VLAN。

（2）IP 地址配置：为路由器和交换机配置 IP 地址。

（3）端口配置：配置互联端口，并配置端口默认的 VLAN。

（4）OSPF 多区域配置：在路由器上配置 OSPF，通过虚链路使新园区与旧园区的网络互联。

（5）OSPF 虚链路配置：在 OSPF 上启用虚链路。

➤ 任务操作

1. VLAN 配置

（1）在 SW3 上创建并配置 VLAN。

```
Ruijie>enable                              // 进入特权模式
Ruijie#config terminal                     // 进入全局模式
Ruijie(config)#hostname SW3                // 将交换机名称更改为 SW3
SW3(config)#vlan 30                         // 创建 VLAN 30
SW3(config-vlan)#name Office-2             // 将 VLAN 命名为 Office-2
```

SW3(config-vlan)#exit	// 退出
SW3(config)#vlan 103	// 创建 VLAN 103
SW3(config-vlan)#name Link-3	// 将 VLAN 命名为 Link-3
SW3(config-vlan)#exit	// 退出

（2）在 SW4 上创建并配置 VLAN。

Ruijie>enable	// 进入特权模式
Ruijie#config terminal	// 进入全局模式
Ruijie(config)#hostname SW4	// 将交换机名称更改为 SW4
SW4(config)#vlan 40	// 创建 VLAN 40
SW4(config-vlan)#name Production-2	// 将 VLAN 命名为 Production-2
SW4(config-vlan)#exit	// 退出
SW4(config)#vlan 104	// 创建 VLAN 104
SW4(config-vlan)#name Link-4	// 将 VLAN 命名为 Link-4
SW4(config-vlan)#exit	// 退出

2. IP 地址配置

（1）在 R3 上配置 IP 地址。

R3 (config)#interface GigabitEthernet 0/0	// 进入 G0/0 接口	
R3 (config-if-GigabitEthernet 0/0)#ip address 192.168.10.254 255.255.255.0		// 配置 IP 地址
R3 (config-if-GigabitEthernet 0/0)#exit	// 退出	
R3 (config)#interface GigabitEthernet 0/1	// 进入 G0/1 接口	
R3 (config-if-GigabitEthernet 0/1)#ip address 10.10.10.254 255.255.255.0		// 配置 IP 地址
R3 (config-if-GigabitEthernet 0/1)#exit	// 退出	

（2）在 R4 上配置 IP 地址。

R4 (config)#interface GigabitEthernet 0/0	// 进入 G0/0 接口	
R4 (config-if-GigabitEthernet 0/0)#ip address 192.168.10.1 255.255.255.0		// 配置 IP 地址
R4 (config-if-GigabitEthernet 0/0)#exit	// 退出	
R4 (config)#interface GigabitEthernet 0/1	// 进入 G0/1 接口	
R4 (config-if-GigabitEthernet 0/1)# ip address 192.168.23.254 255.255.255.0		// 配置 IP 地址
R4 (config-if-GigabitEthernet 0/1)#exit	// 退出	
R4 (config)#interface GigabitEthernet 0/2	// 进入 G0/2 接口	
R4 (config-if-GigabitEthernet 0/2)# ip address 192.168.24.254 255.255.255.0		// 配置 IP 地址
R4 (config-if-GigabitEthernet 0/2)#exit	// 退出	

（3）在 SW3 上配置 IP 地址。

SW3(config)#interface vlan 30	// 进入 VLAN 30 接口	
SW3(config-if-VLAN 30)#ip address 172.16.30.254 255.255.255.0		// 配置 IP 地址
SW3(config-if-VLAN 30)#exit	// 退出	
SW3(config)#interface vlan 103	// 进入 VLAN 103 接口	
SW3(config-if-VLAN 103)#ip address 192.168.23.1 255.255.255.0		// 配置 IP 地址
SW3(config-if-VLAN 103)#exit	// 退出	

（4）在 SW4 上配置 IP 地址。

```
SW4(config)#interface vlan 40                          // 进入 VLAN 40 接口
SW4(config-if-VLAN 40)#ip address 172.16.40.254 255.255.255.0   // 配置 IP 地址
SW4(config-if-VLAN 40)#exit                            // 退出
SW4(config)#interface vlan 104                         // 进入 VLAN 104 接口
SW4(config-if-VLAN 104)#ip address 192.168.24.1 255.255.255.0   // 配置 IP 地址
SW4(config-if-VLAN 104)#exit                           // 退出
```

3. 端口配置

（1）在 SW3 上配置与路由器和主机互联的端口，并配置端口默认的 VLAN。

```
SW3(config)#interface range GigabitEthernet 0/2-24     // 批量进入端口
SW3(config-if-range)#switchport mode access            // 修改端口模式为 Access
SW3(config-if-range)#switchport access vlan 30         // 配置端口默认的 VLAN 为 VLAN 30
SW3(config-if-range)#exit                              // 退出
SW3(config)#interface GigabitEthernet 0/1              // 进入 G0/1 端口
SW3(config-if-GigabitEthernet 0/1)#switchport mode access // 修改端口模式为 Access
// 配置端口默认的 VLAN 为 VLAN 103
SW3(config-if-GigabitEthernet 0/1)# switchport access vlan 103
SW3(config-if-GigabitEthernet 0/1)#exit               // 退出
```

（2）在 SW4 上配置与路由器和主机互联的端口，并配置端口默认的 VLAN。

```
SW4(config)#interface range GigabitEthernet 0/2-24     // 批量进入端口
SW4(config-if-range)#switchport mode access            // 修改端口模式为 Access
SW4(config-if-range)#switchport access vlan 40         // 配置端口默认的 VLAN 为 VLAN 40
SW4(config-if-range)#exit                              // 退出
SW4(config)#interface GigabitEthernet 0/1              // 进入 G0/1 端口
SW4(config-if-GigabitEthernet 0/1)#switchport mode access // 修改端口模式为 Access
// 配置端口默认的 VLAN 为 VLAN 104
SW4(config-if-GigabitEthernet 0/1)# switchport access vlan 104
SW4(config-if-GigabitEthernet 0/1)#exit               // 退出
```

4. OSPF 多区域配置

（1）在 R3 上配置 OSPF，并宣告网段。

```
R3(config)#router ospf 1                               // 创建进程号为 1 的 OSPF 进程
R3(config-router)#router-id 3.3.3.3                    // 配置 OSPF 的 Router ID
R3(config-router)#network 192.168.10.0 0.0.0.255 area 0 // 宣告网段为 192.168.10.0/24，区域号为 0
R3(config-router)#network 10.10.10.0 0.0.0.255 area 1  // 宣告网段为 10.10.10.0/24，区域号为 1
R3(config-router)#exit                                 // 退出
```

（2）在 R4 上配置 OSPF，并宣告网段。

```
R4(config)#router ospf 1                               // 创建进程号为 1 的 OSPF 进程
R4(config-router)#router-id 4.4.4.4                    // 配置 OSPF 的 Router ID
R4(config-router)#network 192.168.10.0 0.0.0.255 area 0 // 宣告网段为 192.168.10.0/24，区域号为 0
```

```
R4(config-router)#network 192.168.23.0 0.0.0.255 area 0  // 宣告网段为 192.168.23.0/24，区域号为 0
R4(config-router)#network 192.168.24.0 0.0.0.255 area 0  // 宣告网段为 192.168.24.0/24，区域号为 0
R4(config-router)#exit                                   // 退出
```

（3）在 SW3 上配置 OSPF，并宣告网段。

```
SW3(config)#router ospf 1                               // 创建进程号为 1 的 OSPF 进程
SW3(config-router)#router-id 8.8.8.8                    // 配置 OSPF 的 Router ID
SW3(config-router)#network 192.168.23.0 0.0.0.255 area 0// 宣告网段为 192.168.23.0/24，区域号为 0
SW3(config-router)#network 172.16.30.0 0.0.0.255 area 0 // 宣告网段为 172.16.30.0/24，区域号为 0
SW3 (config-router)#exit                                // 退出
```

（4）在 SW4 上配置 OSPF，并宣告网段。

```
SW4(config)#router ospf 1                               // 创建进程号为 1 的 OSPF 进程
SW4(config-router)#router-id 9.9.9.9                    // 配置 OSPF 的 Router ID
SW4(config-router)#network 192.168.24.0 0.0.0.255 area 0 // 宣告网段为 192.168.24.0/24，区域号为 0
SW4(config-router)#network 172.16.40.0 0.0.0.255 area 0 // 宣告网段为 172.16.40.0/24，区域号为 0
SW4 (config-router)#exit                                // 退出
```

5. OSPF 虚链路配置

（1）在 R2 上配置 OSPF 虚链路。

```
R2(config-router)#area 1 virtual-link 3.3.3.3          // 配置 OSPF 虚链路对端的 Router ID
```

（2）在 R3 上配置 OSPF 虚链路。

```
R3(config-router)#area 1 virtual-link 2.2.2.2          // 配置 OSPF 虚链路对端的 Router ID
```

➢ 任务验证

（1）在 R2 上使用【show ip ospf neighbor】命令查看邻居表。

```
R2#show ip ospf neighbor

OSPF process 1, 3 Neighbors, 3 is Full:
Neighbor ID    Pri   State      BFD State   Dead Time   Address         Interface
3.3.3.3         1    Full/BDR      -        00:00:37    10.10.10.254    GigabitEthernet 0/1
1.1.1.1         1    Full/DR       -        00:00:34    192.168.5.1     GigabitEthernet 0/0
3.3.3.3         1    Full/ -       -        00:00:36    10.10.10.254    VLINK0
```

可以看到，R2 和 R3 成功建立了虚链路。

（2）在 R2 上使用【show ip ospf virtual-links】命令查看虚链路的信息。

```
R2#show ip ospf virtual-links
Virtual Link VLINK0 to router 3.3.3.3 is up
  Transit area 0.0.0.1 via interface GigabitEthernet 0/1
  Local address 10.10.10.1/32
  Remote address 10.10.10.254/32
  Transmit Delay is 1 sec, State Point-To-Point,
```

```
Timer intervals configured, Hello 10, Dead 40, Wait 40, Retransmit 5
   Hello due in 00:00:00
   Adjacency state Full
```

可以看到，R2 上虚链路的具体信息。

项目验证

（1）使用【ping】命令验证 PC1 与 PC2 能否正常通信。

```
PC1>ping 172.16.20.1

正在 Ping 172.16.20.1 具有 32 字节的数据：
来自 172.16.20.1 的回复：字节 =32 时间 =2ms TTL=64
来自 172.16.20.1 的回复：字节 =32 时间 =2ms TTL=64
来自 172.16.20.1 的回复：字节 =32 时间 =2ms TTL=64
来自 172.16.20.1 的回复：字节 =32 时间 =2ms TTL=64

172.16.20.1 的 Ping 统计信息：
    数据包：已发送 = 4，已接收 = 4，丢失 = 0 (0% 丢失 )，
往返行程的估计时间 ( 以毫秒为单位 )：
    最短 = 2ms，最长 = 3ms，平均 = 2ms
```

可以看到，PC1 与 PC2 能正常通信。

（2）使用【ping】命令验证 PC1 与 PC3 能否正常通信。

```
PC1>ping 172.16.30.1

正在 Ping 172.16.30.1 具有 32 字节的数据：
来自 172.16.30.1 的回复：字节 =32 时间 =2ms TTL=64
来自 172.16.30.1 的回复：字节 =32 时间 =2ms TTL=64
来自 172.16.30.1 的回复：字节 =32 时间 =2ms TTL=64
来自 172.16.30.1 的回复：字节 =32 时间 =2ms TTL=64

172.16.30.1 的 Ping 统计信息：
    数据包：已发送 = 4，已接收 = 4，丢失 = 0 (0% 丢失 )，
往返行程的估计时间 ( 以毫秒为单位 )：
    最短 = 2ms，最长 = 3ms，平均 = 2ms
```

可以看到，PC1 与 PC3 能正常通信。

（3）使用【ping】命令验证 PC1 与 PC4 能否正常通信。

```
PC1>ping 172.16.40.1
```

正在 Ping 172.16.40.1 具有 32 字节的数据：
来自 172.16.40.1 的回复：字节 =32 时间 =2ms TTL=63
来自 172.16.40.1 的回复：字节 =32 时间 =2ms TTL=63
来自 172.16.40.1 的回复：字节 =32 时间 =2ms TTL=63
来自 172.16.40.1 的回复：字节 =32 时间 =2ms TTL=63

172.16.40.1 的 Ping 统计信息：
　　数据包：已发送 = 4，已接收 = 4，丢失 = 0 (0% 丢失)，
往返行程的估计时间 (以毫秒为单位)：
　　最短 = 2ms，最长 = 3ms，平均 = 2ms

可以看到，PC1 与 PC4 能正常通信。

项目拓展

一、理论题

（1）OSPF 属于（　　）路由协议。

　　A. 静态　　　　　　　　　　　　B. 动态

　　C. 距离矢量　　　　　　　　　　D. 链路状态

（2）OSPF 使用（　　）报文进行路由信息的交换。

　　A. LSA　　　　　　　　　　　　B. LSP

　　C. Hello　　　　　　　　　　　D. DD

（3）要建立 OSPF 邻居关系需要满足的条件为（　　）。

　　A. 两台路由器必须属于同一个区域

　　B. 两台路由器必须具有相同的子网掩码

　　C. 两台路由器之间必须存在物理链路

　　D. 以上所有条件

二、项目实训

1. 实训背景

某企业租了一栋楼（共四层）作为新办公地点，打算将一楼建成服务大厅和产品展示厅，将二楼的一部分建成机房，二楼的另一部分与三楼、四楼均用于办公。该企业希望以 OSPF 为基础建立局域网。

实训拓扑结构如图 2-11 所示。

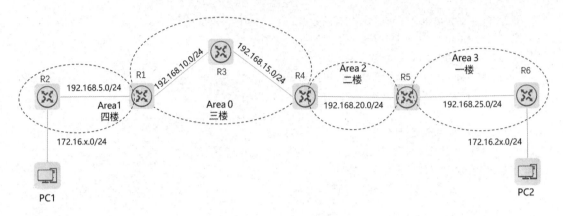

图 2-11　实训拓扑结构

2. 实训规划表

根据实训背景，并参考本项目的项目规划设计，完成实训规划表，如表 2-4 和表 2-5
所示。

表 2-4　端口规划

本端设备	本端端口	端口配置	对端设备	对端端口

表 2-5　IP 地址规划

设备	接口	IP 地址	用途

3. 实训要求

（1）根据 IP 地址规划表配置 IP 地址。

（2）在路由器上配置 OSPF。

（3）在 R4 和 R5 之间建立 OSPF 虚链路。

（4）按照以下要求操作并截图保存。

① 在 R1 上使用【show ip route】命令查看路由表。

② 在 R4 上使用【show ip ospf neighbor】命令查看邻居表。

③ 在 R3 上使用【show ip ospf database】命令查看 LSDB。

④ 使用【ping】命令验证 PC1 与 PC2 能否正常通信。

项目 3　企业园区边缘网络设计与实施

项目描述

鉴于业务发展的需要，某企业计划对综合楼、1 号办公楼和 2 号办公楼的网络系统进行全面升级与重建。新网络架构将采用 OSPF，以实现综合楼与两个办公楼的网络互联。同时，2 号办公楼与 3 号办公楼的原有网络将采用 RIP 进行连接。

鉴于 1 号办公楼与 2 号办公楼各自独特的定位与实际需求，该企业决定将 1 号办公楼的网络配置为边缘网络，其出口链路仅连接到综合楼，以减少路由器所需处理的路由信息量，提高网络效率；而将 2 号办公楼在作为边缘网络的同时，引入必要的外部区域路由信息，以确保 3 号办公楼的网络能正常接入新网络。

项目拓扑结构如图 3-1 所示。

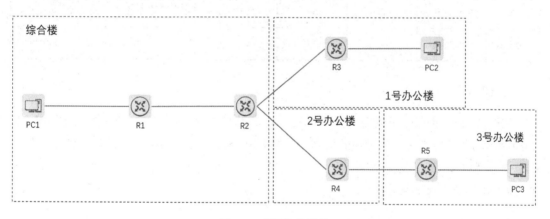

图 3-1　项目拓扑结构

项目相关知识

3.1 OSPF 网络类型

OSPF 定义了 4 种网络类型：BMA（Broadcast Multiple Access，广播多路访问）、NBMA（Non-Broadcast Multiple Access，非广播多路访问）、P2P（Point-to-Point，点对点）、P2MP（Point-to-Multiple Point，点对多点）。在默认情况下，OSPF 会根据接口的数据链路层封装协议自动调整接口的 OSPF 网络类型。而在不同类型的网络上，OSPF 的运行机制存在着一些差异，如表 3-1 所示。

表 3-1　不同类型的网络上 OSPF 的运行机制的差异

网络类型	接口的封装类型	DR/BDR 的选举	Hello 间隔	邻居发现方式	在直连链路中允许存在的路由器个数	Dead 时间
BMA	以太网	是	10 秒	自动发现	≥2	40 秒
NBMA	帧中继	是	30 秒	手动配置	=2	120 秒
P2P	PPP、HDLC	否	10 秒	自动发现	≥2	40 秒
P2MP	手动配置	否	30 秒	自动发现	≥2	120 秒

1. BMA

当路由器接口的封装类型为以太网时，在默认情况下，OSPF 网络类型是 BMA。在 BMA 网络中，DR 通常以单播形式发送 DD 报文和 LSR 报文，以组播形式发送 Hello 报文、LSU 报文和 LSAck 报文。其中，所有 OSPF 路由器都会侦听组播地址 224.0.0.5，仅 DR 和 BDR 侦听组播地址 224.0.0.6。

2. NBMA

当路由器接口的封装类型为帧中继时，在默认情况下，OSPF 网络类型是 NBMA。在 NBMA 网络中，不能发送广播报文和组播报文，所有报文都以单播形式发送，且需要手动配置 OSPF 邻居。

3. P2P

当路由器接口的封装类型为 PPP（Point to Point Protocol，点对点协议）和 HDLC

（High-level Data Link Control，高级数据链路控制）时，在默认情况下，OSPF 网络类型是 P2P。在 P2P 网络中，不用进行 DR 和 BDR 的选举，相连的路由器能直接建立邻居关系。OSPF 的所有报文都以组播形式（组播地址为 224.0.0.5）发送，在默认情况下，会以 10 秒为周期发送 Hello 报文。

4. P2MP

P2MP 网络比较特殊，必须是由其他类型的网络强制更改而来的。通常将 NBMA 网络改为 P2MP 网络。在 P2MP 网络中，通常以组播形式（组播地址为 224.0.0.5）发送 Hello 报文，以单播形式发送 DD 报文、LSR 报文、LSU 报文、LSAck 报文。

3.2　LSA 类型

OSPF 中的 LSA 是用于交换路由信息的核心部分。LSA 允许路由器了解整个网络的拓扑结构，并根据这些信息计算出最优路径。LSA 有以下几种类型。

1. 类型 1：Router LSA（路由器 LSA）

功能：描述生成它的路由器的接口和邻居关系。

范围：在一个区域内传播。

生成：除了末节区域网络和虚链路，每个 OSPF 路由器都会为自己的接口生成 Router LSA。

结构：包括路由器的接口数量、各接口的 IP 地址和子网掩码，以及与相邻路由器之间的链路状态。

2. 类型 2：Network LSA（网络 LSA）

功能：描述一个多接入网络和连接到该网络的所有路由器。

范围：在一个区域内传播。

生成：由该网络的 DR 生成。

结构：包括网络的 IP 地址、子网掩码，以及连接到该网络的路由器的 Router ID。

3. 类型 3：Summary LSA（汇总 LSA）

功能：在多个 OSPF 区域之间传播路由信息。

范围：在多个区域之间传播，但不跨越整个 AS。

生成：由 ABR 生成。

结构：包括目标网络的 IP 地址和子网掩码、到达目的地的成本，以及生成 LSA 的 ABR 的 Router ID。

4. 类型 4：ASBR Summary LSA（ASBR 汇总 LSA）

功能：指示到达 ASBR（自治系统边界路由器）的路径。

范围：在多个区域之间传播，但不跨越整个 AS。

生成：由 ABR 生成。

结构：包括 ASBR 的 IP 地址、到达 ASBR 的成本，以及生成 LSA 的 ABR 的 Router ID。

5. 类型 5：External LSA（外部 LSA）

功能：在 OSPF 的 AS 中传播外部路由。

范围：在整个 AS 中传播。

生成：由 ASBR 生成。

结构：包括外网的 IP 地址和子网掩码、到达外网的成本、ASBR 的 Router ID，以及外部路由的来源。

6. 类型 6：MOSPF LSA（Multicast OSPF LSA，组播 OSPF LSA）

功能：用于 OSPF 组播路由信息的传递。

范围：在一个区域内传播。

生成：由支持组播路由信息的路由器生成。

结构：包括组播组的 IP 地址和子网掩码、相关的接口信息等。

7. 类型 7：NSSA External LSA（NSSA 外部 LSA）

功能：在非完全末节区域内传播外部路由。

范围：在非完全末节区域内传播，不进入标准区域。

生成：由非完全末节区域内的 ASBR 生成。

结构：与 Type 5 LSA 类似，但包括额外的非完全末节区域的特定信息。

8. 类型 8：Link LSA（链路 LSA）

功能：在 OSPFv3（OSPF for IPv6）中描述路由器的接口和邻居关系。

范围：在一个区域内传播。

生成：由支持 OSPFv3 的路由器生成。

结构：与 IPv4 的 Router LSA 类似，但用于 IPv6 地址。

9. 类型 9：Intra–Area–Prefix LSA

功能：在 OSPFv3 中用于传播 IPv6 网络的前缀信息。

范围：在一个区域内传播。

生成：由支持 OSPFv3 的路由器生成。

结构：包括 IPv6 网络的前缀信息和相关的链路状态信息。

注意，上述类型 8 和类型 9 是专门为 OSPFv3 定义的，而其他类型则用于 OSPFv2（OSPF for IPv4）。每种 LSA 都包含特定信息，这些信息对于理解路由器和构建网络拓扑结构至关重要。通过了解 LSA 类型，网络工程师可以有效地进行 OSPF 网络的故障排除和优化。

3.3　路由类型

AS 的区域内路由和区域间路由描述的是 AS 内的网络结构，AS 的外部路由则描述的是应该如何选择到 AS 以外目的 IP 地址的路由信息。OSPF 将引入的 AS 的外部路由分为 Type1 和 Type2 两类。下面按路由类型优先级从高到低分别介绍。

区域内路由（Intra Area Route）：区域内路由指的是路由器根据区域内泛洪的 Type-1、Type-2 LSA 计算得到的路由。使用这类路由，路由器可以到达其直连区域的网段。

区域间路由（Inter Area Route）：区域间路由指的是路由器根据 Type-3 LSA 计算得到的路由。使用这类路由，路由器可以到达其他区域的网段。

第一类外部路由（Type1 External Route）：第一类外部路由指的是路由器根据 Type-5 LSA（Metric-Type-1）计算得到的外部路由。因为第一类外部路由的可信度较高，所以其计算出的外部路由的开销与 AS 中路由的开销是相当的，且和 OSPF 自身路由的开销具有可比性。因此，第一类外部路由的开销 = 本设备到相应的 ASBR 的开销 +ASBR 到该路由目的 IP 地址的开销。

第二类外部路由（Type2 External Route）：第二类外部路由指的是路由器根据 Type-5 LSA（Metric-Type-2）计算得到的外部路由。因为第二类外部路由的可信度较低，所以 OSPF 认为从 ASBR 到 AS 外的开销远远大于在 AS 中到 ASBR 的开销。因此，OSPF 计算路由的开销时只考虑从 ASBR 到 AS 外的开销，即到第二类外部路由的开销 =ASBR 到该路由目的 IP 地址的开销。

3.4　OSPF 特殊区域

1. 末节区域

在 OSPF 网络中，若某个区域位于整个 AS 的边缘，且不运行其他路由协议，则可以将该区域配置为末节（Stub）区域。末节区域的 ABR 仅允许发布区域内路由和区域间路由，而不允许发布所接收的 AS 外的路由信息。这种配置可以显著减小末节区域内路由表的规模及减少路由信息的传递数量。为了确保 AS 外的路由信息的可达性，末节区域的 ABR 会采用 Summary LSA 生成并发布一条默认路由信息，供末节区域内的其他非 ABR 使用。以下是末节区域的主要特点。

（1）不允许 External LSA 在该区域内泛洪（该区域内没有 External LSA）。

（2）不会产生 ASBR Summary LSA。

（3）存在 Summary LSA，ABR 会自动产生一条 Summary LSA 的默认路由信息，用于访问外网。

（4）外部路由振荡不会波及末节区域。

2. 完全末节区域

在末节区域的基础上，完全末节区域（Totally Stub）的 IR（Internal Router，内部路由器）处理 LSA 的数量得到了进一步优化。在完全末节区域内只允许出现 Router LSA 和 Network LSA，不允许出现 Summary LSA、ASBR Summary LSA 和 External LSA。同时，ABR 会向本区域发送一条默认路由信息，以确保其他区域的路由信息的可达性。

3. 非完全末节区域

非完全末节区域（Not-So-Stubby Area，NSSA）是特殊的末节区域。在非完全末节区域内，会阻挡 OSPF 的其他区域传递过来的 ASBR Summary LSA 和 External LSA，但是允许在本区域内的路由器上进行路由信息的重分布，被引入的外部路由会以 NSSA External LSA 描述。

非完全末节区域有以下特点。

（1）不允许 External LSA 泛洪，即没有 External LSA。

（2）不会产生 ASBR Summary LSA。

（3）存在 Summary LSA，且不会生成默认的 Summary LSA。

（4）与末节区域相比，允许 ASBR 引入外部路由，但是引入的外部路由会以 NSSA External LSA 描述。

（5）产生一条 NSSA External LSA 的默认路由信息去访问外网。

4. 完全非完全末节区域

与非完全末节区域相比，完全非完全末节区域（Totally NSSA）增加了一条限制，即在本区域内不允许产生 Summary LSA，会自动生成一条默认的 Summary LSA。

项目规划设计

本项目计划使用 5 台路由器和 3 台主机构建企业局域网。其中，R1 与 R2 作为园区网络的核心，计划使用骨干区域，R1 与 PC1 计划使用 Area 1；R3 与 R2 计划使用 Area 2；R4 与 R2 计划使用 Area 3；R4 与 R5 计划使用 RIP 互联。此外，计划将 Area 2 配置为末节区域,确保不受其他区域路由信息的干扰;计划将 Area 3 配置为非完全末节区域,仅引入必要的外部区域路由信息。

其具体配置步骤如下。

(1) 部署 OSPF 基础网络,实现综合楼与 1 号办公楼的网络互联。

(2) 部署末节区域,实现综合楼与 1 号办公楼的路由信息简化,提高路由器的工作效率。

(3) 部署 OSPF 与 RIP 网络,实现 2 号办公楼与 3 号办公楼的网络互联。

(4) 部署非完全末节区域,实现综合楼和 2 号办公楼、3 号办公楼的网络互联。

项目实施拓扑结构如图 3-2 所示。

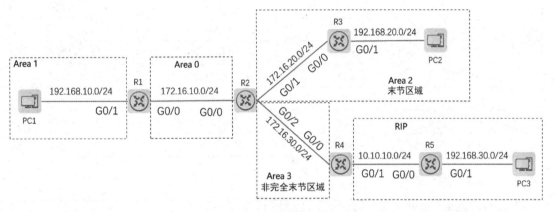

图 3-2 项目实施拓扑结构

根据图 3-2 进行项目 3 的所有规划。项目 3 的端口规划、IP 地址规划、Router ID 规划如表 3-2~表 3-4 所示。

表 3-2 项目 3 的端口规划

本端设备	本端端口	端口配置	对端设备	对端端口
R1	G0/0	-	R2	G0/0
R1	G0/1	-	PC1	Eth1
R2	G0/0	-	R1	G0/0
R2	G0/1	-	R3	G0/0
R2	G0/2	-	R4	G0/0
R3	G0/0	-	R2	G0/1
R3	G0/1	-	PC2	Eth1
R4	G0/0	-	R2	G0/2
R4	G0/1	-	R5	G0/0
R5	G0/0	-	R4	G0/1
R5	G0/1	-	PC3	Eth1

表 3-3　项目 3 的 IP 地址规划

设备	接口	IP 地址	用途
R1	G0/0	172.16.10.2/24	设备互联网段
	G0/1	192.168.10.254/24	用户网段网关
R2	G0/0	172.16.10.1/24	设备互联网段
	G0/1	172.16.20.1/24	设备互联网段
	G0/2	172.16.30.1/24	设备互联网段
R3	G0/0	172.16.20.2/24	设备互联网段
	G0/1	192.168.20.254/24	用户网段网关
R4	G0/0	172.16.30.2/24	设备互联网段
	G0/1	10.10.10.1/24	设备互联网段
R5	G0/0	10.10.10.2/24	设备互联网段
	G0/1	192.168.30.254/24	用户网段网关
PC1	Eth1	192.168.10.1/24	用户网段地址
PC2	Eth1	192.168.20.1/24	用户网段地址
PC3	Eth1	192.168.30.1/24	用户网段地址

表 3-4　项目 3 的 Router ID 规划

设备	Router ID	用途
R1	1.1.1.1	R1 的 Router ID
R2	2.2.2.2	R2 的 Router ID
R3	3.3.3.3	R3 的 Router ID
R4	4.4.4.4	R4 的 Router ID
R5	5.5.5.5	R5 的 Router ID

项目实践

任务 3-1　部署 OSPF 基础网络

➤ 任务描述

实施本任务的目的是实现综合楼与 1 号办公楼的网络互联。本任务的配置包括以下内容。

（1）IP 地址配置：为路由器配置 IP 地址。

（2）OSPF 多区域配置：在路由器上配置 OSPF，使园区网络互联。

➢ 任务操作

1. IP 地址配置

（1）在 R1 上配置 IP 地址。

```
Ruijie>enable                                        // 进入特权模式
Ruijie#config terminal                               // 进入全局模式
Ruijie(config)#hostname R1                           // 将路由器名称更改为 R1
R1(config)#interface GigabitEthernet 0/0             // 进入 G0/0 接口
R1(config-if-GigabitEthernet 0/0)#ip address 172.16.10.2 255.255.255.0      // 配置 IP 地址
R1(config-if-GigabitEthernet 0/0)#exit               // 退出
R1(config)#interface GigabitEthernet 0/1             // 进入 G0/1 接口
R1(config-if-GigabitEthernet 0/1)#ip address 192.168.10.254 255.255.255.0   // 配置 IP 地址
R1(config-if-GigabitEthernet 0/1)#exit               // 退出
R1(config)#interface loopback 0                      // 进入 Loopback 0 接口
R1(config-if-Loopback 0)#ip address 1.1.1.1 255.255.255.255                 // 配置 IP 地址
R1(config-if-Loopback 0)#exit                        // 退出
```

（2）在 R2 上配置 IP 地址。

```
Ruijie>enable                                        // 进入特权模式
Ruijie#config terminal                               // 进入全局模式
Ruijie(config)#hostname R2                           // 将路由器名称更改为 R2
R2(config)#interface GigabitEthernet 0/0             // 进入 G0/0 接口
R2(config-if-GigabitEthernet 0/0)#ip address 172.16.10.1 255.255.255.0      // 配置 IP 地址
R2(config-if-GigabitEthernet 0/0)#exit               // 退出
R2(config)#interface GigabitEthernet 0/1             // 进入 G0/1 接口
R2(config-if-GigabitEthernet 0/1)#ip address 172.16.20.1 255.255.255.0      // 配置 IP 地址
R2(config-if-GigabitEthernet 0/1)#exit               // 退出
R2(config)#interface GigabitEthernet 0/2             // 进入 G0/2 接口
R2(config-if-GigabitEthernet 0/2)#ip address 172.16.30.1 255.255.255.0      // 配置 IP 地址
R2(config-if-GigabitEthernet 0/2)#exit               // 退出
R2(config)#interface loopback 0                      // 进入 Loopback 0 接口
R2(config-if-Loopback 0)#ip address 2.2.2.2 255.255.255.255                 // 配置 IP 地址
R2(config-if-Loopback 0)#exit                        // 退出
```

（3）在 R3 上配置 IP 地址。

```
Ruijie>enable                                        // 进入特权模式
Ruijie#config terminal                               // 进入全局模式
Ruijie(config)#hostname R3                           // 将路由器名称更改为 R3
```

```
R3(config)#interface GigabitEthernet 0/0                    // 进入 G0/0 接口
R3(config-if-GigabitEthernet 0/0)#ip address 172.16.20.2 255.255.255.0     // 配置 IP 地址
R3(config-if-GigabitEthernet 0/0)#exit                      // 退出
R3(config)#interface GigabitEthernet 0/1                    // 进入 G0/1 接口
R3(config-if-GigabitEthernet 0/1)#ip address 192.168.20.254 255.255.255.0  // 配置 IP 地址
R3(config-if-GigabitEthernet 0/1)#exit                      // 退出
R3(config)#interface loopback 0                             // 进入 Loopback 0 接口
R3(config-if-Loopback 0)#ip address 3.3.3.3 255.255.255.255            // 配置 IP 地址
R3(config-if-Loopback 0)#exit                               // 退出
```

（4）在 R4 上配置 IP 地址。

```
Ruijie>enable                                               // 进入特权模式
Ruijie#config terminal                                      // 进入全局模式
Ruijie(config)#hostname R4                                  // 将路由器名称更改为 R4
R4(config)#interface GigabitEthernet 0/0                    // 进入 G0/0 接口
R4(config-if-GigabitEthernet 0/0)#ip address 172.16.30.2 255.255.255.0     // 配置 IP 地址
R4(config-if-GigabitEthernet 0/0)#exit                      // 退出
R4(config)#interface GigabitEthernet 0/1                    // 进入 G0/1 接口
R4(config-if-GigabitEthernet 0/1)#ip address 10.10.10.1 255.255.255.0      // 配置 IP 地址
R4(config-if-GigabitEthernet 0/1)#exit                      // 退出
R4(config)#interface loopback 0                             // 进入 Loopback 0 接口
R4(config-if-Loopback 0)#ip address 4.4.4.4 255.255.255.255            // 配置 IP 地址
R4(config-if-Loopback 0)#exit                               // 退出
```

（5）在 R5 上配置 IP 地址。

```
Ruijie>enable                                               // 进入特权模式
Ruijie#config terminal                                      // 进入全局模式
Ruijie(config)#hostname R5                                  // 将路由器名称更改为 R5
R5(config)#interface GigabitEthernet 0/0                    // 进入 G0/0 接口
R5(config-if-GigabitEthernet 0/0)#ip address 10.10.10.2 255.255.255.0      // 配置 IP 地址
R5(config-if-GigabitEthernet 0/0)#exit                      // 退出
R5(config)#interface GigabitEthernet 0/1                    // 进入 G0/1 接口
R5(config-if-GigabitEthernet 0/1)#ip address 192.168.30.254 255.255.255.0  // 配置 IP 地址
R5(config-if-GigabitEthernet 0/1)#exit                      // 退出
R5(config)#interface loopback 0                             // 进入 Loopback 0 接口
R5(config-if-Loopback 0)#ip address 5.5.5.5 255.255.255.255            // 配置 IP 地址
R5(config-if-Loopback 0)#exit                               // 退出
```

2. OSPF 多区域配置

（1）在 R1 上配置 OSPF，并宣告网段。

```
R1(config)#router ospf 1                                    // 创建进程号为 1 的 OSPF 进程
R1(config-router)#router-id 1.1.1.1                         // 配置 Router ID
R1(config-router)#network 192.168.10.0 0.0.0.255 area 1     // 宣告网段为 192.168.10.0/24，区域号为 1
R1(config-router)#network 172.16.10.0 0.0.0.255 area 0      // 宣告网段为 172.16.10.0/24，区域号为 0
```

```
R1(config-router)#network 1.1.1.1 0.0.0.0 area 1
R1(config-router)#exit                                    // 退出
```

（2）在 R2 上配置 OSPF，并宣告网段。

```
R2(config)#router ospf 1                                  // 创建进程号为 1 的 OSPF 进程
R2(config-router)#router-id 2.2.2.2                       // 配置 Router ID
R2(config-router)#network 172.16.10.0 0.0.0.255 area 0    // 宣告网段为 172.16.10.0/24，区域号为 0
R2(config-router)#network 172.16.20.0 0.0.0.255 area 2    // 宣告网段为 172.16.20.0/24，区域号为 2
R2(config-router)#network 172.16.30.0 0.0.0.255 area 3    // 宣告网段为 172.16.30.0/24，区域号为 3
R2(config-router)#network 2.2.2.2 0.0.0.0 area 0
R2(config-router)#exit                                    // 退出
```

（3）在 R3 上配置 OSPF，并宣告网段。

```
R3(config)#router ospf 1                                  // 创建进程号为 1 的 OSPF 进程
R3(config-router)#router-id 3.3.3.3                       // 配置 Router ID
R3(config-router)#network 192.168.20.0 0.0.0.255 area 2   // 宣告网段为 192.168.20.0/24，区域号为 2
R3(config-router)#network 172.16.20.0 0.0.0.255 area 2    // 宣告网段为 172.16.20.0/24，区域号为 2
R3(config-router)#network 3.3.3.3 0.0.0.0 area 2
R3(config-router)#exit                                    // 退出
```

➤ 任务验证

（1）在 R2 上使用【show ip route】命令查看路由表。

```
R2#show ip route

Codes:  C - Connected, L - Local, S - Static
        R - RIP, O - OSPF, B - BGP, I - IS-IS, V - Overflow route
        N1 - OSPF NSSA external type 1, N2 - OSPF NSSA external type 2
        E1 - OSPF external type 1, E2 - OSPF external type 2
        SU - IS-IS summary, L1 - IS-IS level-1, L2 - IS-IS level-2
        IA - Inter area, EV - BGP EVPN, A - Arp to host
        LA - Local aggregate route
        * - candidate default

Gateway of last resort is no set
O IA   1.1.1.1/32 [110/1] via 172.16.10.2, 00:42:33, GigabitEthernet 0/0
C      2.2.2.2/32 is local host.
O      3.3.3.3/32 [110/1] via 172.16.20.2, 00:42:17, GigabitEthernet 0/1
C      172.16.10.0/24 is directly connected, GigabitEthernet 0/0
C      172.16.10.1/32 is local host.
C      172.16.20.0/24 is directly connected, GigabitEthernet 0/1
C      172.16.20.1/32 is local host.
C      172.16.30.0/24 is directly connected, GigabitEthernet 0/2
C      172.16.30.1/32 is local host.
```

```
O IA    192.168.10.0/24 [110/2] via 172.16.10.2, 00:42:33, GigabitEthernet 0/0
O       192.168.20.0/24 [110/2] via 172.16.20.2, 00:42:17, GigabitEthernet 0/1
```

可以看到，R2 的路由表中记录的路由信息。

（2）在 R3 上使用【show ip route】命令查看路由表。

```
R3#show ip route

Codes:  C - Connected, L - Local, S - Static
        R - RIP, O - OSPF, B - BGP, I - IS-IS, V - Overflow route
        N1 - OSPF NSSA external type 1, N2 - OSPF NSSA external type 2
        E1 - OSPF external type 1, E2 - OSPF external type 2
        SU - IS-IS summary, L1 - IS-IS level-1, L2 - IS-IS level-2
        IA - Inter area, EV - BGP EVPN, A - Arp to host
        LA - Local aggregate route
        * - candidate default

Gateway of last resort is no set
O IA    1.1.1.1/32 [110/2] via 172.16.20.1, 00:41:47, GigabitEthernet 0/0
O IA    2.2.2.2/32 [110/1] via 172.16.20.1, 00:41:47, GigabitEthernet 0/0
C       3.3.3.3/32 is local host.
O IA    172.16.10.0/24 [110/2] via 172.16.20.1, 00:41:47, GigabitEthernet 0/0
C       172.16.20.0/24 is directly connected, GigabitEthernet 0/0
C       172.16.20.2/32 is local host.
O IA    172.16.30.0/24 [110/2] via 172.16.20.1, 00:00:14, GigabitEthernet 0/0
O IA    192.168.10.0/24 [110/3] via 172.16.20.1, 00:41:47, GigabitEthernet 0/0
C       192.168.20.0/24 is directly connected, GigabitEthernet 0/1
C       192.168.20.254/32 is local host.
```

可以看到，R3 的路由表中记录的路由信息。

（3）在 R2 上使用【show ip route ospf】命令查看 OSPF 路由表。

```
R2#show ip route ospf
O IA    1.1.1.1/32 [110/1] via 172.16.10.2, 00:03:58, GigabitEthernet 0/0
O       3.3.3.3/32 [110/1] via 172.16.20.2, 00:03:56, GigabitEthernet 0/1
O IA    192.168.10.0/24 [110/2] via 172.16.10.2, 00:03:58, GigabitEthernet 0/0
O       192.168.20.0/24 [110/2] via 172.16.20.2, 00:03:56, GigabitEthernet 0/1
```

可以看到，R2 的路由表中记录的 OSPF 路由信息。

（4）在 R3 上使用【show ip route ospf】命令查看 OSPF 路由表。

```
R3#show ip route ospf
O IA    1.1.1.1/32 [110/2] via 172.16.20.1, 00:05:54, GigabitEthernet 0/0
O IA    2.2.2.2/32 [110/1] via 172.16.20.1, 00:05:59, GigabitEthernet 0/0
O IA    172.16.10.0/24 [110/2] via 172.16.20.1, 00:05:59, GigabitEthernet 0/0
O IA    172.16.30.0/24 [110/2] via 172.16.20.1, 00:05:59, GigabitEthernet 0/0
O IA    192.168.10.0/24 [110/3] via 172.16.20.1, 00:05:54, GigabitEthernet 0/0
```

可以看到，R3 的路由表中记录的 OSPF 路由信息。

任务 3-2　部署末节区域

➢ 任务描述

实施本任务的目的是实现综合楼与 1 号办公楼的路由信息简化，提高路由器的工作效率。本任务的配置包括以下内容。

在 R2 和 R3 上配置 OSPF 的末节区域。

➢ 任务操作

（1）在 R2 上配置 OSPF 的末节区域。

```
R2(config)#router ospf 1                          // 创建进程号为 1 的 OSPF 进程
R2(config-router)#area 2 stub                     // 将 Area 2 配置为末节区域
R2(config-router)#network 172.16.20.0 0.0.0.255 area 2   // 宣告网段为 172.16.20.0/24，区域号为 2
R2(config-router)#exit                            // 退出
```

（2）在 R3 上配置 OSPF 的末节区域。

```
R3(config)#router ospf 1                          // 创建进程号为 1 的 OSPF 进程
R3(config-router)#area 2 stub                     // 将 Area 2 配置为末节区域
R3(config-router)#network 192.168.20.0 0.0.0.255 area 2   // 宣告网段为 192.168.20.0/24，区域号为 2
R3(config-router)#network 172.16.20.0 0.0.0.255 area 2   // 宣告网段为 172.16.20.0/24，区域号为 2
R3(config-router)#network 3.3.3.3 0.0.0.0 area 2
R3(config-router)#exit                            // 退出
```

➢ 任务验证

（1）在 R3 上使用【show ip route ospf】命令查看 OSPF 路由表。

```
R3(config-router)#show ip route ospf
O*IA  0.0.0.0/0 [110/2] via 172.16.20.1, 00:06:52, GigabitEthernet 0/0
O IA  1.1.1.1/32 [110/2] via 172.16.20.1, 00:06:52, GigabitEthernet 0/0
O IA  2.2.2.2/32 [110/1] via 172.16.20.1, 00:06:52, GigabitEthernet 0/0
O IA  172.16.10.0/24 [110/2] via 172.16.20.1, 00:06:52, GigabitEthernet 0/0
O IA  172.16.30.0/24 [110/2] via 172.16.20.1, 00:06:52, GigabitEthernet 0/0
O IA  192.168.10.0/24 [110/3] via 172.16.20.1, 00:06:52, GigabitEthernet 0/0
```

可以看到，R3 的 OSPF 路由表中多了一条 OIA 的默认路由信息。

（2）在 R2 上使用【show ip route ospf】命令查看 OSPF 路由表。

```
R2#show ip route ospf
O IA  1.1.1.1/32 [110/1] via 172.16.10.2, 00:27:42, GigabitEthernet 0/0
```

```
O      3.3.3.3/32 [110/1] via 172.16.20.2, 00:18:26, GigabitEthernet 0/1
O IA   192.168.10.0/24 [110/2] via 172.16.10.2, 00:27:42, GigabitEthernet 0/0
O      192.168.20.0/24 [110/2] via 172.16.20.2, 00:18:26, GigabitEthernet 0/1
```

可以看到，R2 的 OSPF 路由表无变化。

任务 3-3　部署 OSPF 与 RIP 网络

➤ 任务描述

实施本任务的目的是实现 2 号办公楼与 3 号办公楼的网络互联。本任务的配置包括以下内容。

在 R4 上配置 OSPF 和 RIP，在 R5 上配置 RIP。

➤ 任务操作

（1）在 R4 上配置 OSPF 和 RIP。

```
R4(config)#router ospf 1                                      // 创建进程号为 1 的 OSPF 进程
R4(config-router)#router-id 4.4.4.4                           // 配置 Router ID
R4(config-router)#network 172.16.30.0 0.0.0.255 area 3       // 宣告网段为 172.16.30.0/24，区域号为 3
R4(config-router)#network 4.4.4.4 0.0.0.0 area 3
R4(config-router)#redistribute rip subnets                   // 把 RIP 路由信息重分布到 OSPF 中
R4(config-router)#exit                                        // 退出
R4(config)#router rip                                         // 创建 RIP 进程
R4(config-router)#version 2                                   // 启用 RIPv2
R4(config-router)#no auto-summary                             // 关闭自动汇总功能
R4(config-router)#network 10.0.0.0                            // 宣告网段为 10.0.0.0
R4(config-router)#redistribute ospf 1                         // 把 OSPF 路由信息重分布到 RIP 中
R4(config-router)#exit                                        // 退出
```

（2）在 R5 上配置 RIP。

```
R5(config)#router rip                                         // 创建 RIP 进程
R5(config-router)#version 2                                   // 启用 RIPv2
R5(config-router)#no auto-summary                             // 关闭自动汇总功能
R5(config-router)#network 10.0.0.0                            // 宣告网段为 10.0.0.0
R5(config-router)#network 192.168.30.0                        // 宣告网段为 192.168.30.0
R5(config-router)#exit                                        // 退出
```

➤ 任务验证

（1）在 R4 上使用【show ip route】命令查看路由表。

```
R4#show ip route
```

```
Codes:  C - Connected, L - Local, S - Static
        R - RIP, O - OSPF, B - BGP, I - IS-IS, V - Overflow route
        N1 - OSPF NSSA external type 1, N2 - OSPF NSSA external type 2
        E1 - OSPF external type 1, E2 - OSPF external type 2
        SU - IS-IS summary, L1 - IS-IS level-1, L2 - IS-IS level-2
        IA - Inter area, EV - BGP EVPN, A - Arp to host
        LA - Local aggregate route
        * - candidate default


Gateway of last resort is no set
O  IA   1.1.1.1/32 [110/2] via 172.16.30.1, 00:04:34, GigabitEthernet 0/0
O  IA   2.2.2.2/32 [110/1] via 172.16.30.1, 00:04:34, GigabitEthernet 0/0
O  IA   3.3.3.3/32 [110/2] via 172.16.30.1, 00:04:34, GigabitEthernet 0/0
C       4.4.4.4/32 is local host.
C       10.10.10.0/24 is directly connected, GigabitEthernet 0/1
C       10.10.10.1/32 is local host.
O  IA   172.16.10.0/24 [110/2] via 172.16.30.1, 00:04:34, GigabitEthernet 0/0
O  IA   172.16.20.0/24 [110/2] via 172.16.30.1, 00:04:34, GigabitEthernet 0/0
C       172.16.30.0/24 is directly connected, GigabitEthernet 0/0
C       172.16.30.2/32 is local host.
O  IA   192.168.10.0/24 [110/3] via 172.16.30.1, 00:04:34, GigabitEthernet 0/0
O  IA   192.168.20.0/24 [110/3] via 172.16.30.1, 00:04:34, GigabitEthernet 0/0
R       192.168.30.0/24 [120/1] via 10.10.10.2, 00:04:40, GigabitEthernet 0/1
```

可以看到，R4 的路由表中记录的路由信息。

（2）在 R5 上使用【show ip route】命令查看路由表。

```
R5#show ip route

Codes:  C - Connected, L - Local, S - Static
        R - RIP, O - OSPF, B - BGP, I - IS-IS, V - Overflow route
        N1 - OSPF NSSA external type 1, N2 - OSPF NSSA external type 2
        E1 - OSPF external type 1, E2 - OSPF external type 2
        SU - IS-IS summary, L1 - IS-IS level-1, L2 - IS-IS level-2
        IA - Inter area, EV - BGP EVPN, A - Arp to host
        LA - Local aggregate route
        * - candidate default


Gateway of last resort is no set
R       1.1.1.1/32 [120/1] via 10.10.10.1, 00:05:51, GigabitEthernet 0/0
R       2.2.2.2/32 [120/1] via 10.10.10.1, 00:05:51, GigabitEthernet 0/0
R       3.3.3.3/32 [120/1] via 10.10.10.1, 00:05:51, GigabitEthernet 0/0
R       4.4.4.4/32 [120/1] via 10.10.10.1, 00:05:57, GigabitEthernet 0/0
```

```
C     5.5.5.5/32 is local host.
C     10.10.10.0/24 is directly connected, GigabitEthernet 0/0
C     10.10.10.2/32 is local host.
R     172.16.10.0/24 [120/1] via 10.10.10.1, 00:05:51, GigabitEthernet 0/0
R     172.16.20.0/24 [120/1] via 10.10.10.1, 00:05:51, GigabitEthernet 0/0
R     172.16.30.0/24 [120/1] via 10.10.10.1, 00:05:57, GigabitEthernet 0/0
R     192.168.10.0/24 [120/1] via 10.10.10.1, 00:05:51, GigabitEthernet 0/0
R     192.168.20.0/24 [120/1] via 10.10.10.1, 00:05:51, GigabitEthernet 0/0
C     192.168.30.0/24 is directly connected, GigabitEthernet 0/1
C     192.168.30.254/32 is local host.
```

可以看到，R5 的路由表中记录的路由信息。

任务 3-4　部署非完全末节区域

➤ 任务描述

实施本任务的目的是实现综合楼和 2 号办公楼、3 号办公楼的网络互联。本任务的配置包括以下内容。

在 R2 和 R4 上配置 OSPF 的非完全末节区域。

➤ 任务操作

（1）在 R2 上配置 OSPF 的非完全末节区域。

```
R2(config)#router ospf 1                          // 创建进程号为 1 的 OSPF 进程
R2(config-router)#area 3 nssa                     // 将 Area 3 配置为非完全末节区域
network 172.16.30.0 0.0.0.255 area 3              // 宣告网段为 172.16.30.0/24，区域号为 3
R2(config-router)#exit                            // 退出
```

（2）在 R4 上配置 OSPF 的非完全末节区域。

```
R4(config)#router ospf 1                          // 创建进程号为 1 的 OSPF 进程
R4(config-router)#area 3 nssa                     // 将 Area 3 配置为非完全末节区域
R4(config-router)#network 172.16.30.0 0.0.0.255 area 3   // 宣告网段为 172.16.30.0/24，区域号为 3
R4(config-router)#network 4.4.4.4 0.0.0.0 area 3
R4(config-router)#exit                            // 退出
```

➤ 任务验证

（1）在 R2 上使用【show ip route ospf】命令查看 OSPF 路由表。

```
R2(config-router)#show ip route ospf
O IA   1.1.1.1/32 [110/1] via 172.16.10.2, 00:17:28, GigabitEthernet 0/0
O      3.3.3.3/32 [110/1] via 172.16.20.2, 00:17:22, GigabitEthernet 0/1
```

```
O       4.4.4.4/32 [110/1] via 172.16.30.2, 00:04:16, GigabitEthernet 0/2
O N2    10.10.10.0/24 [110/20] via 172.16.30.2, 00:04:16, GigabitEthernet 0/2
O IA    192.168.10.0/24 [110/2] via 172.16.10.2, 00:17:28, GigabitEthernet 0/0
O       192.168.20.0/24 [110/2] via 172.16.20.2, 00:17:22, GigabitEthernet 0/1
O N2    192.168.30.0/24 [110/20] via 172.16.30.2, 00:04:16, GigabitEthernet 0/2
```

可以看到，OSPF 路由表中多了两条从 OSPF 区域外引入的路由信息。

（2）在 R4 上使用【show ip route】命令查看路由表。

```
R4#show ip route

Codes:  C - Connected, L - Local, S - Static
        R - RIP, O - OSPF, B - BGP, I - IS-IS, V - Overflow route
        N1 - OSPF NSSA external type 1, N2 - OSPF NSSA external type 2
        E1 - OSPF external type 1, E2 - OSPF external type 2
        SU - IS-IS summary, L1 - IS-IS level-1, L2 - IS-IS level-2
        IA - Inter area, EV - BGP EVPN, A - Arp to host
        LA - Local aggregate route
        * - candidate default

Gateway of last resort is no set
O IA    1.1.1.1/32 [110/2] via 172.16.30.1, 00:17:38, GigabitEthernet 0/0
O IA    2.2.2.2/32 [110/1] via 172.16.30.1, 00:17:38, GigabitEthernet 0/0
O IA    3.3.3.3/32 [110/2] via 172.16.30.1, 00:17:38, GigabitEthernet 0/0
C       4.4.4.4/32 is local host.
C       10.10.10.0/24 is directly connected, GigabitEthernet 0/1
C       10.10.10.1/32 is local host.
O IA    172.16.10.0/24 [110/2] via 172.16.30.1, 00:17:38, GigabitEthernet 0/0
O IA    172.16.20.0/24 [110/2] via 172.16.30.1, 00:17:38, GigabitEthernet 0/0
C       172.16.30.0/24 is directly connected, GigabitEthernet 0/0
C       172.16.30.2/32 is local host.
O IA    192.168.10.0/24 [110/3] via 172.16.30.1, 00:17:38, GigabitEthernet 0/0
O IA    192.168.20.0/24 [110/3] via 172.16.30.1, 00:17:38, GigabitEthernet 0/0
R       192.168.30.0/24 [120/1] via 10.10.10.2, 00:26:26, GigabitEthernet 0/1
```

可以看到，R4 的路由表无变化。

项目验证

（1）使用【ping】命令验证 PC1 与 PC2 能否正常通信。

```
PC1>ping 192.168.20.1
```

正在 Ping 192.168.20.1 具有 32 字节的数据：
来自 192.168.20.1 的回复：字节 =32 时间 =2ms TTL=64
来自 192.168.20.1 的回复：字节 =32 时间 =3ms TTL=64
来自 192.168.20.1 的回复：字节 =32 时间 =2ms TTL=64
来自 192.168.20.1 的回复：字节 =32 时间 =2ms TTL=64

192.168.20.1 的 Ping 统计信息：
　　数据包：已发送 = 4，已接收 = 4，丢失 = 0 (0% 丢失)，
往返行程的估计时间 (以毫秒为单位)：
　　最短 = 2ms，最长 = 3ms，平均 = 2ms

可以看到，PC1 与 PC2 能正常通信。

（2）使用【ping】命令验证 PC1 与 PC3 能否正常通信。

PC1>ping 192.168.30.1

正在 Ping 192.168.30.1 具有 32 字节的数据：
来自 192.168.30.1 的回复：字节 =32 时间 =2ms TTL=64
来自 192.168.30.1 的回复：字节 =32 时间 =3ms TTL=64
来自 192.168.30.1 的回复：字节 =32 时间 =3ms TTL=64
来自 192.168.30.1 的回复：字节 =32 时间 =3ms TTL=64

192.168.30.1 的 Ping 统计信息：
　　数据包：已发送 = 4，已接收 = 4，丢失 = 0 (0% 丢失)，
往返行程的估计时间 (以毫秒为单位)：
　　最短 = 2ms，最长 = 3ms，平均 = 3ms

可以看到，PC1 与 PC3 能正常通信。

项目拓展

一、理论题

（1）以下对于 OSPF 特殊区域的说法不正确的是（　　）。

    A．末节区域内的每台路由器都需要配置 Stub 属性

    B．NSSA External LSA 只能在非完全末节区域内泛洪，不能进入骨干区域

    C．在完全末节区域内，所有路由器都要配置 area X stub no-summary 命令

    D．ASBR 不能成为完全末节区域的一部分

（2）以下属于将某个区域配置为完全末节区域的命令是（　　）。

    A．area X stub   B．area X stub no-summary

C．area X nssa　　　　　　　　　D．area X nssa no-summary

（3）以下说法正确的是（　　）。

A．在末节区域内，不能学习 Summary LSA

B．末节区域与非完全末节区域能被配置到同一个区域内

C．在任何情况下，均不能将骨干区域配置为末节区域和非完全末节区域

D．允许其他区域的 Summary LSA 路由信息进入完全非完全末节区域

二、项目实训

1．实训背景

某企业使用一段时间的局域网后，发现总路由器的资源消耗过大。经研究，运维人员决定将仓储部和生产部的网络设置为边缘网络，以减少不必要的 LSA，降低总路由器的负担，同时提高网络的稳定性。基于此，运维人员需要在仓储部和生产部分别配置 OSPF 的末节区域和非完全末节区域，建立边缘网络。

实训拓扑结构如图 3-3 所示。

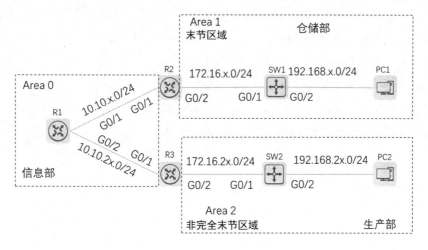

图 3-3　实训拓扑结构

2．实训规划表

根据实训背景，并参考本项目的项目规划设计，完成实训规划表，如表 3-5～表 3-7 所示。

表 3-5　VLAN 规划

VLAN ID	网段	用途

表 3-6　端口规划

本端设备	本端端口	端口配置	对端设备	对端端口

表 3-7　IP 地址规划

设备	接口	IP 地址	用途

3. 实训要求

（1）根据实训拓扑结构及实训规划表在交换机上创建 VLAN 信息，并将端口划分到相应的 VLAN 中。

（2）根据 IP 地址规划表配置 IP 地址。

（3）在路由器和交换机上配置 OSPF。

（4）根据实训拓扑结构建立 OSPF 特殊区域。

（5）按照以下要求操作并截图保存。

① 在 R1 上使用【show ip route】命令查看路由表。

② 在 R2 上使用【show ip route】命令查看路由表。

③ 在 R3 上使用【show ip route】命令查看路由表。

④ 使用【ping】命令验证 PC1 与 PC2 能否正常通信。

项目 4　企业园区网络互联安全优化

项目描述

对园区网络经过一段时间的使用后，运维人员发现两个园区网络互联后，时常出现网络连接不上的问题。针对此情况，企业运维人员迅速响应，对问题进行深入调查。经过仔细排查，运维人员发现园区网络在 OSPF 配置完成后，并未同步实施路由信息优化措施，这导致路由器学习到的路由信息过多，影响路由器的转发效率。此外，缺少安全管理措施导致用户的 VLAN 中出现非法路由器接入的情况，且这些非法路由器发布了错误的路由信息。

为了确保网络连接的稳定性和安全性，运维人员决定对现有的 OSPF 进行优化。通过对 OSPF 路由器实施严格的安全认证机制，力求杜绝非法路由器的接入，并修正所有错误的路由信息。

（1）通过路由信息汇总的方式对路由信息进行优化，减少路由信息。

（2）拒绝通过用户的 VLAN 建立 OSPF 邻居关系，以有效防范非法路由器的接入。

（3）对 OSPF 路由器实施严格的安全认证机制，并对 OSPF 进行全面的安全管理。

（4）在已接入互联网的路由器上进行配置管理，以确保园区网络与外网之间有效通信。

项目拓扑结构如图 4-1 所示。

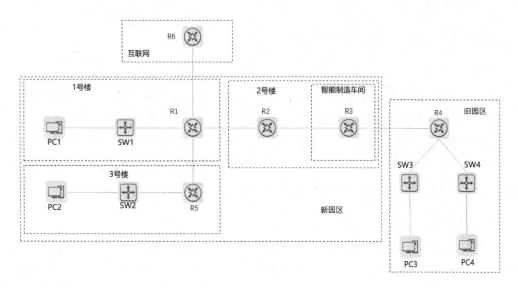

图 4-1　项目拓扑结构

项目相关知识

4.1　OSPF 路由信息的发布和接收

在 OSPF 中,路由信息的发布主要通过 LSA 来实现。当路由器的接口状态发生变化时,它会生成相应的 LSA,并通过 OSPF 将其广播到整个网络中。这些 LSA 包括路由器的接口状态、邻居关系等关键信息,是 OSPF 进行路由信息计算的基础。

路由信息的接收,是指路由器收到 LSA 后,将其解析并存储到本地 LSDB 中。通过不断更新和维护 LSDB,路由器能实时掌握整个网络的拓扑结构和链路状态。基于这些信息,路由器采用 SPF 算法独立地计算到达任意目的地的最优路径。

OSPF 支持区域划分,每个区域内的路由器都只保存该区域的链路状态信息,这有助于减少路由信息计算的时间和报文的数量。同时,通过配置合适的路由信息发布策略,可以精细化地控制路由信息,确保网络中的设备获得所需的最新路由信息。

4.2　OSPF 安全认证的配置

OSPF 提供了 2 种认证机制和 3 种认证方式,使用这些认证机制和认证方式可以提高 OSPF 的安全性,确保只有经过授权的设备才能接入网络。

1. 认证机制

认证机制分为接口认证和区域认证。

1)接口认证

接口认证是指仅针对路由器上的特定链路进行认证。在 OSPF 网络中,每个接口均可以被独立配置密码,以确保路由器在通过特定接口与相邻路由器建立连接时,实现身份认证。在建立邻居关系的过程中,不同路由器之间会交换包含接口密码的 Hello 报文,只有收到的密码与本地配置的密码完全匹配,才能成功建立邻居关系。使用这种认证机制能有效防止未授权设备接入 OSPF 网络,确保网络的安全性和稳定性。

2)区域认证

区域认证是指能激活区域内所有接口的相应认证。在 OSPF 网络中,每个区域均可以被独立配置密码。当路由器与相邻路由器在该区域内建立邻居关系时,必须进行相应的区域认证。在建立邻居关系的过程中,不同路由器之间交换的 Hello 报文包括区域密码,只有收到的密码与本地配置的密码完全匹配，才能成功建立邻居关系。使用这种认证机制能确保知道密码的合法路由器接入 OSPF 网络。

2. 认证方式

认证方式分为无认证、明文认证和密文认证。

1）无认证

无认证是指不进行任何认证，设备可以直接接入 OSPF 网络。这种认证方式的安全性最低，这是因为它不对任何信息进行加密或验证。因此，无认证通常只适用于对安全性要求不高的网络环境。

2）明文认证

明文认证是指在进行认证时，密码在报文中未进行加密处理，可以被直接查询到。这种认证方式的安全性相对较低，这是因为攻击者可以通过截获报文来获取密码。然而，明文认证仍然比无认证更安全，这是因为它至少提供了一种认证机制。

3）密文认证

密文认证是指在进行认证时，密码在报文中进行了加密处理，无法被直接查询到，仅能查询到一串乱码。这种认证方式的安全性最高，可以有效地防止密码被窃取。在密文认证中，通常使用加密算法对密码进行加密，以确保只有拥有相应加密算法密钥的设备才能解密密码。

需要注意的是，当 OSPF 区域中已配置虚链路时，接口认证与区域认证也需要相应的配置才可建立邻居关系。

4.3 OSPF 性能的优化

OSPF 性能的优化主要涉及优化网络中的路由信息发现、计算及传播的过程，以确保网络能快速、准确地达到稳定状态。以下是一些用于优化 OSPF 网络性能的建议。

1. 调整 Hello 间隔和 Dead 时间

通过调整 Hello 间隔（即 Hello 报文的发送间隔）和 Dead 时间，可以影响邻居发现的速度和拓扑收敛的速度。较短的 Hello 间隔可以加快邻居发现和 DR 选举的过程，而合适的 Dead 时间则有助于 OSPF 路由器快速感知邻居失效的状态。

2. 调整 OSPF 的定时器

除了可以修改 OSPF 网络类型，还可以通过调整 OSPF 的定时器来提高收敛速度。例如，增加 Hello 报文的发送次数可以减少邻居发现的时间，从而提高收敛速度。同时，合理设置 Dead 时间也可以帮助路由器快速感知邻居失效的状态，并相应地更新路由表。

3. 合理划分 OSPF 区域

合理划分 OSPF 区域可以降低网络的复杂性，提高路由信息的传播效率。将网络划分为不同的区域，并确保各区域的大小和复杂性适中，有助于减少收敛时间。

4. 实施路由信息汇总

在大型网络中，为了减少路由信息的数量，可以通过实施路由信息汇总来实现。实施路由信息汇总可以减少网络中路由信息的传播量，减轻路由器的处理负担，从而提高收敛速度。

5. 将 OSPF 网络类型更改为 P2P

如果网络中只有两台直接相连的路由器，那么可以将 OSPF 网络类型更改为 P2P。使用这种类型不需要进行 DR 和 BDR 的选举，可以快速地建立邻居关系，从而提高收敛速度。

项目规划设计

本项目基于项目 2 进行优化，计划将旧园区的 OSPF 区域更改为 Area 4，在 OSPF 网络的交换机上配置被动接口，防止用户的 VLAN 中接入非法路由器；在 R3 上配置路由信息汇总，减少新园区收到的路由信息的条数；将 R1 作为核心出口路由器，通过 OSPF 宣告默认路由信息；为了确保 OSPF 网络安全，在运行 OSPF 的设备上启用安全认证。

其具体配置步骤如下。

（1）配置 OSPF 路由信息汇总，实现旧园区中 OSPF 区域的变更，并对路由信息进行汇总。

（2）配置 OSPF 被动接口，防止用户的 VLAN 中接入非法路由器。

（3）部署 OSPF 安全认证，实现新园区与旧园区网络的安全认证。

（4）部署 OSPF 宣告默认路由信息，实现园区网络与外网的通信。

项目实施拓扑结构如图 4-2 所示。

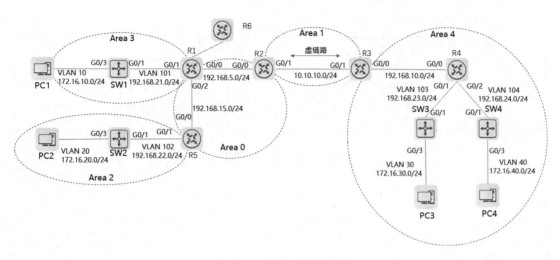

图 4-2　项目实施拓扑结构

根据图 4-2 进行项目 4 的所有规划。项目 4 的 VLAN 规划、端口规划、IP 地址规划如表 4-1～表 4-3 所示。

表 4-1　项目 4 的 VLAN 规划

VLAN ID	VLAN 名称	网段	用途
VLAN 10	Office-1	172.16.10.0/24	办公楼用户网段
VLAN 20	Production-1	172.16.20.0/24	生产车间用户网段
VLAN 30	Office-2	172.16.30.0/24	办公楼用户网段
VLAN 40	Production-2	172.16.40.0/24	生产车间用户网段
VLAN 101	Link-1	192.168.21.0/24	设备互联网段
VLAN 102	Link-2	192.168.22.0/24	设备互联网段
VLAN 103	Link-3	192.168.23.0/24	设备互联网段
VLAN 104	Link-4	192.168.24.0/24	设备互联网段

表 4-2　项目 4 的端口规划

本端设备	本端端口	端口配置	对端设备	对端端口
R1	G0/0	-	R2	G0/0
	G0/1	-	SW1	G0/1
	G0/2	-	R5	G0/0
	G0/3	-	R6	G0/0
R2	G0/0	-	R1	G0/0
	G0/1	-	R3	G0/1
R3	G0/0	-	R4	G0/0
	G0/1	-	R2	G0/1

本端设备	本端端口	端口配置	对端设备	对端端口
R4	G0/0	-	R3	G0/0
	G0/1	-	SW3	G0/1
	G0/2	-	SW4	G0/1
R5	G0/0	-	R1	G0/2
	G0/1	-	SW2	G0/1
R6	G0/0	-	R1	G0/3
SW1	G0/1	Access	R1	G0/1
SW2	G0/1	Access	R5	G0/1
SW3	G0/1	Access	R4	G0/1
SW4	G0/1	Access	R4	G0/2

表 4-3　项目 4 的 IP 地址规划

设备	接口	IP 地址	用途
R1	G0/0	192.168.5.1/24	设备互联网段
	G0/1	192.168.21.254/24	设备互联网段
	G0/2	192.168.15.254/24	设备互联网段
R2	G0/0	192.168.5.254/24	设备互联网段
	G0/1	10.10.10.1/24	设备互联网段
R3	G0/0	192.168.10.254/24	设备互联网段
	G0/1	10.10.10.254/24	设备互联网段
R4	G0/0	192.168.10.1/24	设备互联网段
	G0/1	192.168.23.254/24	设备互联网段
	G0/2	192.168.24.254/24	设备互联网段
R5	G0/0	192.168.15.1/24	设备互联网段
	G0/1	192.168.22.254/24	设备互联网段
SW1	VLAN 10	172.16.10.254/24	用户网段网关
	VLAN 101	192.168.21.1/24	设备互联网段
SW2	VLAN 20	172.16.20.254/24	用户网段网关
	VLAN 102	192.168.22.1/24	设备互联网段
SW3	VLAN 30	172.16.30.254/24	用户网段网关
	VLAN 103	192.168.23.1/24	设备互联网段
SW4	VLAN 40	172.16.40.254/24	用户网段网关
	VLAN 104	192.168.24.1/24	设备互联网段

设备	接口	IP 地址	用途
PC1	-	172.16.10.1/24	用户网段地址
PC2	-	172.16.20.1/24	用户网段地址
PC3	-	172.16.30.1/24	用户网段地址
PC4	-	172.16.40.1/24	用户网段地址

项目实践

任务 4-1　配置 OSPF 路由信息汇总

➤ 任务描述

实施本任务的目的是实现旧园区中 OSPF 区域的变更，并对路由信息进行汇总。本任务的配置包括以下内容。

（1）配置路由协议：更改旧园区的区域号。

（2）配置路由信息汇总：在 R3 上对路由信息进行汇总。

➤ 任务操作

1. 路由协议配置

（1）在 R3 上配置 OSPF 区域的区域号为 4。

```
R3(config)#router ospf 1                              // 创建进程号为 1 的 OSPF 进程
R3(config-router)#network 192.168.10.0 0.0.0.255 area 4 // 宣告网段为 192.168.10.0/24，区域号为 4
R3(config-router)#exit                                // 退出
```

（2）在 R4 上配置 OSPF 区域的区域号为 4。

```
R4(config)#router ospf 1                              // 创建进程号为 1 的 OSPF 进程
R4(config-router)#network 192.168.10.0 0.0.0.255 area 4// 宣告网段为 192.168.10.0/24，区域号为 4
R4(config-router)#network 192.168.23.0 0.0.0.255 area 4// 宣告网段为 192.168.23.0/24，区域号为 4
R4(config-router)#network 192.168.24.0 0.0.0.255 area 4// 宣告网段为 192.168.24.0/24，区域号为 4
R4(config-router)#exit                                // 退出
```

（3）在 SW3 上配置 OSPF 区域的区域号为 4。

```
SW3(config)# router ospf 1                            // 创建进程号为 1 的 OSPF 进程
```

```
SW3(config-router)#network 172.16.30.0  0.0.0.255  area  4// 宣告网段为 172.16.30.0/24，区域号为 4
SW3(config-router)#network 192.168.23.0  0.0.0.255  area  4// 宣告网段为 192.168.23.0/24，区域号为 4
SW3(config-router)#exit                                // 退出
```

（4）在 SW4 上配置 OSPF 区域的区域号为 4。

```
SW4(config)# router ospf 1                           // 创建进程号为 1 的 OSPF 进程
SW4(config-router)#network 172.16.40.0  0.0.0.255  area  4// 宣告网段为 172.16.40.0/24，区域号为 4
SW4(config-router)#network 192.168.24.0  0.0.0.255  area  4// 宣告网段为 192.168.24.0/24，区域号为 4
SW4(config-router)#exit                                // 退出
```

2. 路由信息汇总

在 R3 上进行 Area 4 内的路由信息汇总。

```
R3(config)#router ospf 1                             // 创建进程号为 1 的 OSPF 进程
R3(config-router)#area 4 range 172.16.0.0 255.255.0.0 cost 10   // 对 Area 4 内的路由信息进行汇总
R3(config-router)#exit                               // 退出
```

➤ 任务验证

在 R1 上使用【show ip route】命令查看路由表。

```
R1#show ip route

Codes:  C - Connected, L - Local, S - Static
        R - RIP, O - OSPF, B - BGP, I - IS-IS, V - Overflow route
        N1 - OSPF NSSA external type 1, N2 - OSPF NSSA external type 2
        E1 - OSPF external type 1, E2 - OSPF external type 2
        SU - IS-IS summary, L1 - IS-IS level-1, L2 - IS-IS level-2
        IA - Inter area, EV - BGP EVPN, A - Arp to host
        LA - Local aggregate route
        * - candidate default

Gateway of last resort is no set
O IA    10.10.10.0/24 [110/2] via 192.168.5.254, 00:09:51, GigabitEthernet 0/0
O IA    172.16.0.0/16 [110/12] via 192.168.5.254, 00:02:55, GigabitEthernet 0/0
O       172.16.10.0/24 [110/2] via 192.168.21.1, 00:01:20, GigabitEthernet 0/1
O IA    172.16.20.0/24 [110/3] via 192.168.15.1, 00:00:48, GigabitEthernet 0/2
C       192.168.5.0/24 is directly connected, GigabitEthernet 0/0
C       192.168.5.1/32 is local host.
O IA    192.168.10.0/24 [110/3] via 192.168.5.254, 00:04:57, GigabitEthernet 0/0
C       192.168.15.0/24 is directly connected, GigabitEthernet 0/2
C       192.168.15.254/32 is local host.
C       192.168.21.0/24 is directly connected, GigabitEthernet 0/1
C       192.168.21.254/32 is local host.
O IA    192.168.22.0/24 [110/2] via 192.168.15.1, 00:09:38, GigabitEthernet 0/2
```

```
O IA   192.168.23.0/24 [110/4] via 192.168.5.254, 00:03:59, GigabitEthernet 0/0
O IA   192.168.24.0/24 [110/4] via 192.168.5.254, 00:04:01, GigabitEthernet 0/0
```

可以看到，路由信息汇总为 172.16.0.0/16。

任务 4-2　配置 OSPF 被动接口

➤ 任务描述

实施本任务的目的是减少新园区与旧园区的网络对主机发送 Hello 报文的数量，防止用户的 VLAN 中接入非法路由器。本任务的配置包括以下内容。

在交换机上配置被动接口。

➤ 任务操作

（1）在 SW1 上配置被动接口。

```
SW1(config)#router ospf 1                       // 创建进程号为 1 的 OSPF 进程
SW1(config-router)#passive-interface default    // 配置被动接口
SW1(config-router)#no passive-interface vlan 101 // 取消被动接口特性
SW1(config-router)#exit                         // 退出
```

（2）在 SW2 上配置被动接口。

```
SW2(config)#router ospf 1                       // 创建进程号为 1 的 OSPF 进程
SW2(config-router)#passive-interface default    // 配置被动接口
SW2(config-router)#no passive-interface vlan 102 // 取消被动接口特性
SW2(config-router)#exit                         // 退出
```

（3）在 SW3 上配置被动接口。

```
SW3(config)#router ospf 1                       // 创建进程号为 1 的 OSPF 进程
SW3(config-router)#passive-interface default    // 配置被动接口
SW3(config-router)#no passive-interface vlan 103 // 取消被动接口特性
SW3(config-router)#exit                         // 退出
```

（4）在 SW4 上配置被动接口。

```
SW4(config)#router ospf 1                       // 创建进程号为 1 的 OSPF 进程
SW4(config-router)#passive-interface default    // 配置被动接口
SW4(config-router)#no passive-interface vlan 104 // 取消被动接口特性
SW4(config-router)#exit                         // 退出
```

➤ 任务验证

在 SW1 上使用【show ip ospf interface】命令查看 OSPF 中的接口状态。

```
SW1#show ip ospf interface
```

```
VLAN 10 is up, line protocol is up
  Internet Address 172.16.10.254/24, Ifindex 4106, Area 0.0.0.3, MTU 1500
  Matching network config: 172.16.10.0/24
  Process ID 1, Router ID 6.6.6.6, Network Type BROADCAST, Cost: 1
  Transmit Delay is 1 sec, State DROther, Priority 1
  No designated router on this network
  No backup designated router on this network
  Timer intervals configured, Hello 10, Dead 40, Wait 40, Retransmit 5
     No Hellos (Passive interface)
  Neighbor Count is 0, Adjacent neighbor count is 0
  Crypt Sequence Number is 386
  Hello received 0 sent 36, DD received 0 sent 0
  LS-Req received 0 sent 0, LS-Upd received 0 sent 0
  LS-Ack received 0 sent 0, Discarded 0
VLAN 101 is up, line protocol is up
  Internet Address 192.168.21.1/24, Ifindex 4197, Area 0.0.0.3, MTU 1500
  Matching network config: 192.168.21.0/24
  Process ID 1, Router ID 6.6.6.6, Network Type BROADCAST, Cost: 1
  Transmit Delay is 1 sec, State BDR, Priority 1
  Designated Router (ID) 1.1.1.1, Interface Address 192.168.21.254
  Backup Designated Router (ID) 6.6.6.6, Interface Address 192.168.21.1
  Timer intervals configured, Hello 10, Dead 40, Wait 40, Retransmit 5
     Hello due in 00:00:06
  Neighbor Count is 1, Adjacent neighbor count is 1
  Crypt Sequence Number is 484
  Hello received 240 sent 246, DD received 8 sent 6
  LS-Req received 0 sent 4, LS-Upd received 22 sent 4
  LS-Ack received 4 sent 21, Discarded 0
```

可以看到，在 SW1 上 VLAN 10 未接收 Hello 报文，而 VLAN 101 接收了 Hello 报文。

任务 4-3 部署 OSPF 安全认证

➢ 任务描述

实施本任务的目的是实现新园区与旧园区网络的安全认证。本任务的配置包括以下内容。

（1）IP 地址配置：在 R1 及 R6 上配置 IP 地址。

（2）OSPF 安全认证：在路由器及交换机上配置 OSPF 区域间密文认证。

➤ 任务操作

1. IP 地址配置

（1）在 R1 上配置 IP 地址。

```
R1(config)#interface GigabitEthernet 0/3          // 进入 G0/3 接口
R1(config-if-GigabitEthernet 0/3)#ip address 100.1.1.1 255.255.255.0          // 配置 IP 地址
R1(config-if-GigabitEthernet 0/3)#exit          // 退出
```

（2）在 R6 上配置 IP 地址。

```
Ruijie>enable          // 进入特权模式
Ruijie#config terminal          // 进入全局模式
Ruijie(config)#hostname R6          // 将路由器名称更改为 R6
R6(config)#interface GigabitEthernet 0/0          // 进入 G0/0 接口
R6(config-if-GigabitEthernet 0/0)#ip address 100.1.1.2 255.255.255.0          // 配置 IP 地址
R6(config-if-GigabitEthernet 0/0)#exit          // 退出
```

2. OSPF 安全认证

（1）在 R1 上配置 OSPF 区域间密文认证。

```
R1>enable          // 进入特权模式
R1#config terminal          // 进入全局模式
R1(config)#interface range GigabitEthernet 0/0-2          // 批量进入接口
R1(config-if-range)#ip ospf message-digest-key 1 md5 ruijie // 配置密文认证密码
R1(config-if-range)#exit          // 退出
R1(config)#router ospf 1          // 创建进程号为 1 的 OSPF 进程
R1(config-router)#area 0 authentication message-digest          // 配置区域间认证为密文认证
R1(config-router)#exit          // 退出
```

（2）在 R2 上配置 OSPF 区域间密文认证。

```
R2>enable          // 进入特权模式
R2#config terminal          // 进入全局模式
R2(config)#interface GigabitEthernet 0/0          // 进入 G0/0 接口
R2(config-if-GigabitEthernet 0/0)#ip ospf message-digest-key 1 md5 ruijie          // 配置密文认证密码
R2(config-if-GigabitEthernet 0/0)#exit          // 退出
R2(config)#router ospf 1          // 创建进程号为 1 的 OSPF 进程
R2(config-router)#area 0 authentication message-digest          // 配置区域间认证为密文认证
R2(config-router)# area 1 virtual-link 3.3.3.3 authentication-key ruijie          // 配置虚链路密文认证密码
// 配置虚链路区域间认证为密文认证
R2(config-router)# area 1 virtual-link 3.3.3.3 authentication message-digest
R2(config-router)#exit          // 退出
```

（3）在 R3 上配置 OSPF 区域间密文认证。

```
R3>enable                                              // 进入特权模式
R3#config terminal                                     // 进入全局模式
R3(config)#interface GigabitEthernet 0/0               // 进入 G0/0 接口
R3(config-if-GigabitEthernet 0/0)#ip ospf message-digest-key 1 md5 ruijie      // 配置密文认证密码
R3(config-if-GigabitEthernet 0/0)#exit                 // 退出
R3(config)#router ospf 1                               // 创建进程号为 1 的 OSPF 进程
R3(config-router)#area 0 authentication message-digest      // 配置区域间认证为密文认证
R3(config-router)# area 1 virtual-link 2.2.2.2 authentication-key ruijie    // 配置虚链路密文认证密码
// 配置虚链路区域间认证为密文认证
R3(config-router)# area 1 virtual-link 2.2.2.2 authentication message-digest
R3(config-router)#exit                                 // 退出
```

（4）在 R4 上配置 OSPF 区域间密文认证。

```
R4>enable                                              // 进入特权模式
R4#config terminal                                     // 进入全局模式
R4(config)#interface range GigabitEthernet 0/0-2       // 批量进入接口
R4(config-if-range)#ip ospf message-digest-key 1 md5 ruijie  // 配置密文认证密码
R4(config-if-range)#exit                               // 退出
R4(config)#router ospf 1                               // 创建进程号为 1 的 OSPF 进程
R4(config-router)#area 0 authentication message-digest      // 配置区域间认证为密文认证
R4(config-router)#exit                                 // 退出
```

（5）在 R5 上配置 OSPF 区域间密文认证。

```
R5>enable                                              // 进入特权模式
R5#config terminal                                     // 进入全局模式
R5(config)#interface GigabitEthernet 0/0               // 批量进入接口
R5(config-if-GigabitEthernet 0/0)#ip ospf message-digest-key 1 md5 ruijie     // 配置密文认证密码
R5(config-if-GigabitEthernet 0/0)#exit                 // 退出
R5(config)#router ospf 1                               // 创建进程号为 1 的 OSPF 进程
R5(config-router)#area 0 authentication message-digest      // 配置区域间认证为密文认证
R5(config-router)#exit                                 // 退出
R5(config)# interface GigabitEthernet 0/1              // 进入 G0/1 接口
R5(config-if-GigabitEthernet 0/1)# ip ospf message-digest-key 1 md5 ruijie    // 配置密文认证密码
R5(config-if-GigabitEthernet 0/1)# ip ospf authentication message-digest
R5(config-if-GigabitEthernet 0/1)#exit                 // 退出
```

（6）在 SW1 上配置 OSPF 区域间密文认证。

```
SW1(config)#interface vlan 10                          // 进入 VLAN 10 接口
SW1(config-if-VLAN 10)#ip ospf message-digest-key 1 md5 ruijie          // 配置密文认证密码
SW1(config-if-VLAN 10)#exit                            // 退出
SW1(config)#interface vlan 101                         // 进入 VLAN 101 接口
SW1(config-if-VLAN 101)#ip ospf message-digest-key 1 md5 ruijie         // 配置密文认证密码
SW1(config-if-VLAN 101)#exit                           // 退出
SW1(config)#router ospf 1                              // 创建进程号为 1 的 OSPF 进程
```

```
SW1(config-router)#area 0 authentication message-digest      // 配置区域间认证为密文认证
SW1(config-router)#exit                                       // 退出
```

（7）在 SW2 上配置 OSPF 区域间密文认证。

```
SW2(config)#interface vlan 20                                 // 进入 VLAN 20 接口
SW2(config-if-VLAN 20)#ip ospf message-digest-key 1 md5 ruijie     // 配置密文认证密码
SW2(config-if-VLAN 20)#exit                                   // 退出
SW2(config)#interface vlan 102                                // 进入 VLAN 102 接口
SW2(config-if-VLAN 102)#ip ospf message-digest-key 1 md5 ruijie    // 配置密文认证密码
SW2(config-if-VLAN 102)#exit                                  // 退出
SW2(config)#router ospf 1                                     // 创建进程号为 1 的 OSPF 进程
SW2(config-router)#area 0 authentication message-digest       // 配置区域间认证为密文认证
SW2(config-router)#exit                                       // 退出
```

（8）在 SW3 上配置 OSPF 区域间密文认证。

```
SW3(config)#interface vlan 30                                 // 进入 VLAN 30 接口
SW3(config-if-VLAN 30)#ip ospf message-digest-key 1 md5 ruijie     // 配置密文认证密码
SW3(config-if-VLAN 30)#exit                                   // 退出
SW3(config)#interface vlan 103                                // 进入 VLAN 103 接口
SW3(config-if-VLAN 103)#ip ospf message-digest-key 1 md5 ruijie    // 配置密文认证密码
SW3(config-if-VLAN 103)#exit                                  // 退出
SW3(config)#router ospf 1                                     // 创建进程号为 1 的 OSPF 进程
SW3(config-router)#area 0 authentication message-digest       // 配置区域间认证为密文认证
SW3(config-router)#exit                                       // 退出
```

（9）在 SW4 上配置 OSPF 区域间密文认证。

```
SW4(config)#interface vlan 40                                 // 进入 VLAN 40 接口
SW4(config-if-VLAN 40)#ip ospf message-digest-key 1 md5 ruijie     // 配置密文认证密码
SW4(config-if-VLAN 40)#exit                                   // 退出
SW4(config)#interface vlan 104                                // 进入 VLAN 104 接口
SW4(config-if-VLAN 104)#ip ospf message-digest-key 1 md5 ruijie    // 配置密文认证密码
SW4(config-if-VLAN 104)#exit                                  // 退出
SW4(config)#router ospf 1                                     // 创建进程号为 1 的 OSPF 进程
SW4(config-router)#area 0 authentication message-digest       // 配置区域间认证为密文认证
SW4(config-router)#exit                                       // 退出
```

➢ 任务验证

（1）当 R1、R2 上已配置安全认证，而 R5 上未配置安全认证时，在 R1 上使用【show ip ospf neighbor】命令查看邻居表。

```
R1(config)#show ip ospf neighbor

OSPF process 1, 2 Neighbors, 2 is Full:
Neighbor ID      Pri    State        BFD State  Dead Time    Address          Interface
```

| 2.2.2.2 | 1 | Full/DR | - | 00:00:36 | 192.168.5.254 | GigabitEthernet 0/0 |
| 6.6.6.6 | 1 | Full/BDR | - | 00:00:32 | 192.168.21.1 | GigabitEthernet 0/1 |

可以看到，R1 与 R5 未建立邻居关系。

（2）当 R1、R2 上已配置安全认证，而 R5 上未配置安全认证时，在 R1 上查看提示信息。

```
R1(config)#*Jun 13 02:44:09: %OSPF-4-AUTH_ERR: Received [Hello] packet from 2.2.2.2 via
GigabitEthernet 0/0:192.168.5.1: Authentication type mismatch.
R1(config)#*Jun 13 02:44:21: %OSPF-4-AUTH_ERR: Received [Hello] packet from 5.5.5.5 via
GigabitEthernet 0/2:192.168.15.254: Authentication type mismatch.
```

可以看到，提示 OSPF 其他区域的验证类型不匹配。

（3）当 R1、R2、R5 上已配置安全认证时，在 R1 上使用【show ip ospf neighbor】命令查看邻居表。

```
R1#show ip ospf neighbor

OSPF process 1, 3 Neighbors, 2 is Full:
```

Neighbor ID	Pri	State	BFD State	Dead Time	Address	Interface
2.2.2.2	1	Full/DR	-	00:00:34	192.168.5.254	GigabitEthernet 0/0
5.5.5.5	1	Init/DROther	-	00:00:36	192.168.15.1	GigabitEthernet 0/2
6.6.6.6	1	Full/BDR	-	00:00:39	192.168.21.1	GigabitEthernet 0/1

可以看到，R1 与 R5 已建立邻居关系。

任务 4-4　部署 OSPF 宣告默认路由信息

➢ 任务描述

实施本任务的目的是实现园区网络与外网的通信，本任务的配置包括以下内容。
在 R1 上宣告默认路由信息。

➢ 任务操作

在 R1 上宣告默认路由信息。

```
R1(config)#router ospf 1                              // 创建进程号为 1 的 OSPF 进程
R1(config-router)#default-information originate always // 强制宣告默认路由信息
R1(config-router)#exit                                // 退出
```

➢ 任务验证

在 R2 上使用【show ip route ospf】命令查看 OSPF 路由表。

```
R2#show ip route ospf
O*E2   0.0.0.0/0 [110/1] via 192.168.5.1, 00:24:23, GigabitEthernet 0/0
O IA   172.16.0.0/16 [110/11] via 10.10.10.254, 00:02:18, GigabitEthernet 0/1
O IA   172.16.10.0/24 [110/3] via 192.168.5.1, 00:02:03, GigabitEthernet 0/0
O IA   172.16.20.0/24 [110/4] via 192.168.5.1, 00:02:09, GigabitEthernet 0/0
O IA   192.168.10.0/24 [110/2] via 10.10.10.254, 00:44:25, GigabitEthernet 0/1
O      192.168.15.0/24 [110/2] via 192.168.5.1, 00:30:20, GigabitEthernet 0/0
O IA   192.168.21.0/24 [110/2] via 192.168.5.1, 00:30:20, GigabitEthernet 0/0
O IA   192.168.22.0/24 [110/3] via 192.168.5.1, 00:29:13, GigabitEthernet 0/0
O IA   192.168.23.0/24 [110/3] via 10.10.10.254, 00:43:19, GigabitEthernet 0/1
O IA   192.168.24.0/24 [110/3] via 10.10.10.254, 00:43:19, GigabitEthernet 0/1
```

可以看到，OSPF 路由表中出现了一条指向 R1 的默认路由信息。

项目验证

（1）在 R1 上使用【show ip route ospf】命令查看 OSPF 路由表。

```
R1#show ip route ospf
O IA   10.10.10.0/24 [110/2] via 192.168.5.254, 00:30:58, GigabitEthernet 0/0
O IA   172.16.0.0/16 [110/12] via 192.168.5.254, 00:02:57, GigabitEthernet 0/0
O      172.16.10.0/24 [110/2] via 192.168.21.1, 00:02:41, GigabitEthernet 0/1
O IA   172.16.20.0/24 [110/3] via 192.168.15.1, 00:02:47, GigabitEthernet 0/2
O IA   192.168.10.0/24 [110/3] via 192.168.5.254, 00:30:58, GigabitEthernet 0/0
O IA   192.168.22.0/24 [110/2] via 192.168.15.1, 00:29:51, GigabitEthernet 0/2
O IA   192.168.23.0/24 [110/4] via 192.168.5.254, 00:30:58, GigabitEthernet 0/0
O IA   192.168.24.0/24 [110/4] via 192.168.5.254, 00:30:58, GigabitEthernet 0/0
```

可以看到，R1 学习到的路由信息。

（2）在 R2 上使用【show ip route ospf】命令查看 OSPF 路由表。

```
R2#show ip route ospf
O*E2   0.0.0.0/0 [110/1] via 192.168.5.1, 00:26:10, GigabitEthernet 0/0
O IA   172.16.0.0/16 [110/11] via 10.10.10.254, 00:04:05, GigabitEthernet 0/1
O IA   172.16.10.0/24 [110/3] via 192.168.5.1, 00:03:50, GigabitEthernet 0/0
O IA   172.16.20.0/24 [110/4] via 192.168.5.1, 00:03:56, GigabitEthernet 0/0
O IA   192.168.10.0/24 [110/2] via 10.10.10.254, 00:46:12, GigabitEthernet 0/1
O      192.168.15.0/24 [110/2] via 192.168.5.1, 00:32:07, GigabitEthernet 0/0
O IA   192.168.21.0/24 [110/2] via 192.168.5.1, 00:32:07, GigabitEthernet 0/0
O IA   192.168.22.0/24 [110/3] via 192.168.5.1, 00:31:00, GigabitEthernet 0/0
O IA   192.168.23.0/24 [110/3] via 10.10.10.254, 00:45:06, GigabitEthernet 0/1
O IA   192.168.24.0/24 [110/3] via 10.10.10.254, 00:45:06, GigabitEthernet 0/1
```

可以看到，R2 学习到的路由信息。

（3）在 R3 上使用【show ip route ospf】命令查看 OSPF 路由表。

```
R3#show ip route ospf
O*E2    0.0.0.0/0 [110/1] via 10.10.10.1, 00:26:12, GigabitEthernet 0/1
O       172.16.0.0/16 [110/0] via 0.0.0.0, 00:04:08, Null 0
O IA    172.16.10.0/24 [110/4] via 10.10.10.1, 00:03:52, GigabitEthernet 0/1
O IA    172.16.20.0/24 [110/5] via 10.10.10.1, 00:03:58, GigabitEthernet 0/1
O       172.16.30.0/24 [110/3] via 192.168.10.1, 00:04:09, GigabitEthernet 0/0
O       172.16.40.0/24 [110/3] via 192.168.10.1, 00:04:08, GigabitEthernet 0/0
O       192.168.5.0/24 [110/2] via 10.10.10.1, 01:17:22, GigabitEthernet 0/1
O       192.168.15.0/24 [110/3] via 10.10.10.1, 00:31:49, GigabitEthernet 0/1
O IA    192.168.21.0/24 [110/3] via 10.10.10.1, 00:31:49, GigabitEthernet 0/1
O IA    192.168.22.0/24 [110/4] via 10.10.10.1, 00:31:02, GigabitEthernet 0/1
O       192.168.23.0/24 [110/2] via 192.168.10.1, 00:45:08, GigabitEthernet 0/0
O       192.168.24.0/24 [110/2] via 192.168.10.1, 00:45:08, GigabitEthernet 0/0
```

可以看到，R3 学习到的路由信息。

（4）在 R4 上使用【show ip route ospf】命令查看 OSPF 路由表。

```
R4#show ip route ospf
O*E2    0.0.0.0/0 [110/1] via 192.168.10.254, 00:34:48, GigabitEthernet 0/0
O IA    10.10.10.0/24 [110/2] via 192.168.10.254, 00:53:45, GigabitEthernet 0/0
O IA    172.16.10.0/24 [110/5] via 192.168.10.254, 00:12:29, GigabitEthernet 0/0
O IA    172.16.20.0/24 [110/6] via 192.168.10.254, 00:12:34, GigabitEthernet 0/0
O       172.16.30.0/24 [110/2] via 192.168.23.1, 00:12:45, GigabitEthernet 0/1
O       172.16.40.0/24 [110/2] via 192.168.24.1, 00:12:44, GigabitEthernet 0/2
O IA    192.168.5.0/24 [110/3] via 192.168.10.254, 00:53:45, GigabitEthernet 0/0
O IA    192.168.15.0/24 [110/4] via 192.168.10.254, 00:40:26, GigabitEthernet 0/0
O IA    192.168.21.0/24 [110/4] via 192.168.10.254, 00:40:26, GigabitEthernet 0/0
O IA    192.168.22.0/24 [110/5] via 192.168.10.254, 00:39:39, GigabitEthernet 0/0
```

可以看到，R4 学习到的路由信息。

（5）在 R5 上使用【show ip route ospf】命令查看 OSPF 路由表。

```
R5#show ip route ospf
O*E2    0.0.0.0/0 [110/1] via 192.168.15.254, 00:35:03, GigabitEthernet 0/0
O IA    10.10.10.0/24 [110/3] via 192.168.15.254, 00:39:54, GigabitEthernet 0/0
O IA    172.16.0.0/16 [110/13] via 192.168.15.254, 00:12:58, GigabitEthernet 0/0
O IA    172.16.10.0/24 [110/3] via 192.168.15.254, 00:12:43, GigabitEthernet 0/0
O       172.16.20.0/24 [110/2] via 192.168.22.1, 00:12:49, GigabitEthernet 0/1
O       192.168.5.0/24 [110/2] via 192.168.15.254, 00:39:54, GigabitEthernet 0/0
O IA    192.168.10.0/24 [110/4] via 192.168.15.254, 00:39:54, GigabitEthernet 0/0
O IA    192.168.21.0/24 [110/2] via 192.168.15.254, 00:39:54, GigabitEthernet 0/0
O IA    192.168.23.0/24 [110/5] via 192.168.15.254, 00:39:54, GigabitEthernet 0/0
O IA    192.168.24.0/24 [110/5] via 192.168.15.254, 00:39:54, GigabitEthernet 0/0
```

可以看到，R5 学习到的路由信息。

（6）在 SW1 上使用【show ip route ospf】命令查看 OSPF 路由表。

```
SW1#show ip route ospf
O*E2   0.0.0.0/0 [110/1] via 192.168.21.254, 00:14:17, VLAN 101
O IA   10.10.10.0/24 [110/3] via 192.168.21.254, 00:14:17, VLAN 101
O IA   172.16.0.0/16 [110/13] via 192.168.21.254, 00:14:17, VLAN 101
O IA   172.16.20.0/24 [110/4] via 192.168.21.254, 00:14:17, VLAN 101
O IA   192.168.5.0/24 [110/2] via 192.168.21.254, 00:14:17, VLAN 101
O IA   192.168.10.0/24 [110/4] via 192.168.21.254, 00:14:17, VLAN 101
O IA   192.168.15.0/24 [110/2] via 192.168.21.254, 00:14:17, VLAN 101
O IA   192.168.22.0/24 [110/3] via 192.168.21.254, 00:14:17, VLAN 101
O IA   192.168.23.0/24 [110/5] via 192.168.21.254, 00:14:17, VLAN 101
O IA   192.168.24.0/24 [110/5] via 192.168.21.254, 00:14:17, VLAN 101
```

可以看到，SW1 学习到的路由信息。

（7）在 SW2 上使用【show ip route ospf】命令查看 OSPF 路由表。

```
SW2#show ip route ospf
O*E2   0.0.0.0/0 [110/1] via 192.168.22.254, 00:15:18, VLAN 102
O IA   10.10.10.0/24 [110/4] via 192.168.22.254, 00:15:18, VLAN 102
O IA   172.16.0.0/16 [110/14] via 192.168.22.254, 00:15:18, VLAN 102
O IA   172.16.10.0/24 [110/4] via 192.168.22.254, 00:15:08, VLAN 102
O IA   192.168.5.0/24 [110/3] via 192.168.22.254, 00:15:18, VLAN 102
O IA   192.168.10.0/24 [110/5] via 192.168.22.254, 00:15:18, VLAN 102
O IA   192.168.15.0/24 [110/2] via 192.168.22.254, 00:15:18, VLAN 102
O IA   192.168.21.0/24 [110/3] via 192.168.22.254, 00:15:18, VLAN 102
O IA   192.168.23.0/24 [110/6] via 192.168.22.254, 00:15:18, VLAN 102
O IA   192.168.24.0/24 [110/6] via 192.168.22.254, 00:15:18, VLAN 102
```

可以看到，SW2 学习到的路由信息。

（8）在 SW3 上使用【show ip route ospf】命令查看 OSPF 路由表。

```
SW3#show ip route ospf
O*E2   0.0.0.0/0 [110/1] via 192.168.23.254, 00:04:29, VLAN 103
O IA   10.10.10.0/24 [110/3] via 192.168.23.254, 00:04:29, VLAN 103
O IA   172.16.10.0/24 [110/6] via 192.168.23.254, 00:04:14, VLAN 103
O IA   172.16.20.0/24 [110/7] via 192.168.23.254, 00:04:19, VLAN 103
O      172.16.40.0/24 [110/3] via 192.168.23.254, 00:04:29, VLAN 103
O IA   192.168.5.0/24 [110/4] via 192.168.23.254, 00:04:29, VLAN 103
O      192.168.10.0/24 [110/2] via 192.168.23.254, 00:04:29, VLAN 103
O IA   192.168.15.0/24 [110/5] via 192.168.23.254, 00:04:29, VLAN 103
O IA   192.168.21.0/24 [110/5] via 192.168.23.254, 00:04:29, VLAN 103
O IA   192.168.22.0/24 [110/6] via 192.168.23.254, 00:04:29, VLAN 103
O      192.168.24.0/24 [110/2] via 192.168.23.254, 00:04:29, VLAN 103
```

可以看到，SW3 学习到的路由信息。

（9）在 SW4 上使用【show ip route ospf】命令查看 OSPF 路由表。

```
SW4#show  ip  route  ospf
O*E2    0.0.0.0/0 [110/1] via 192.168.24.254, 00:16:03, VLAN 104
O IA    10.10.10.0/24 [110/3] via 192.168.24.254, 00:16:03, VLAN 104
O IA    172.16.10.0/24 [110/6] via 192.168.24.254, 00:15:48, VLAN 104
O IA    172.16.20.0/24 [110/7] via 192.168.24.254, 00:15:54, VLAN 104
O       172.16.30.0/24 [110/3] via 192.168.24.254, 00:16:03, VLAN 104
O IA    192.168.5.0/24 [110/4] via 192.168.24.254, 00:16:03, VLAN 104
O       192.168.10.0/24 [110/2] via 192.168.24.254, 00:16:03, VLAN 104
O IA    192.168.15.0/24 [110/5] via 192.168.24.254, 00:16:03, VLAN 104
O IA    192.168.21.0/24 [110/5] via 192.168.24.254, 00:16:03, VLAN 104
O IA    192.168.22.0/24 [110/6] via 192.168.24.254, 00:16:03, VLAN 104
O       192.168.23.0/24 [110/2] via 192.168.24.254, 00:16:03, VLAN 104
```

可以看到，SW4 学习到的路由信息。

项目拓展

一、理论题

（1）以下用于密文认证（区域认证）的命令是（　　　）。

    A．Router(config-if)# ip ospf authentication-key ruijie

        Router(config-if)# ip ospf authentication

    B．Router(config-if)# ip ospf authentication-key ruijie

        Router(config-router)# area 0 authentication

    C．Router(config-if)# ip ospf message-digest-key 1 md5 ruijie

        Router(config-router)# area 0 authentication message-digest

    D．Router(config-if)# ip ospf authentication-key ruijie

        Router(config-if)# area 0 authentication message-digest

（2）以下对于 OSPF 安全认证的说法有误的是（　　　）。

    A．OSPF 安全认证方式分为明文认证和密文认证

    B．OSPF 安全认证机制分为接口认证和区域认证

    C．接口认证是指仅针对路由器上的特定链路进行认证，而区域认证是指能激活区域内所有接口的相应认证

    D．当 OSPF 区域中已配置虚链路时，接口认证与区域认证不需要相应配置也能建立邻居关系

（3）被动接口适用于（　　　）。（多选）

    A．路由器与路由器之间

    B．路由器与交换机之间

    C．交换机与交换机之间

    D．交换机与主机之间

    E．路由器与主机之间

二、项目实训

1. 实训背景

某企业在搭建局域网时，使用了 OSPF 维护路由信息，但由于没有考虑到安全问题，使用一段时间局域网后，运维人员发现路由表内多了一些非法路由信息，这些非法路由信息干扰到了该企业网络的正常运行。为此，运维人员需要在一楼和二楼对 OSPF 网络进行优化。

实训拓扑结构如图 4-3 所示。

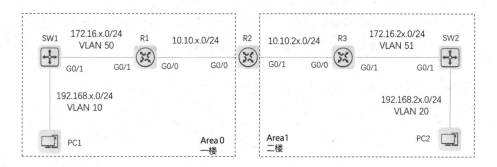

图 4-3　实训拓扑结构

2. 实训规划表

根据实训背景，并参考本项目的项目规划设计，完成实训规划表，如表 4-4～表 4-6 所示。

表 4-4　VLAN 规划

VLAN ID	VLAN 名称	网段	用途

表 4-5　端口规划

本端设备	本端端口	端口配置	对端设备	对端端口

表 4-6　IP 地址规划

设备	接口	IP 地址	用途

3. 实训要求

（1）根据实训拓扑结构及实训规划表在交换机上创建 VLAN 信息，并将端口划分到相应的 VLAN 中。

（2）根据 IP 地址规划表配置 IP 地址。

（3）在路由器和交换机上配置 OSPF。

（4）在交换机上配置被动接口。

（5）在路由器和交换机上配置 OSPF 安全认证。

（6）按照以下要求操作并截图保存。

① 在 SW1 上使用【show ip route】命令查看路由表。

② 仅在 SW1 上不进行 OSPF 安全认证时，使用【show ip route】命令查看路由表。

③ 仅在 SW1 上不进行 OSPF 安全认证时，使用【show ip route ospf】命令查看 OSPF 路由表。

④ 使用【ping】命令验证 PC1 与 PC2 能否正常通信。

项目 5　广域网路由信息部署及路由路径属性设置

项目描述

　　某运营商负责维护 A、B 两个城市广域网的路由信息，由于历史原因，A、B 两个城市在早期网络建设时选用了不同的网络路由协议。为了保障网络运行的稳定与高效，运营商现拟实施网络互联计划，计划通过 R3 和 R4 实现两个城市的网络互联。

　　每台路由器上均承载着广域网的路由信息，需要将相关路由信息通告全网，为了确保网络运行的流畅度与准确性，运营商决定采用 BGP（Border Gateway Protocol，边界网关协议）作为统一的路由协议，以使两个城市的网络互联，进而优化网络架构，提升整体服务质量。

　　项目拓扑结构如图 5-1 所示。

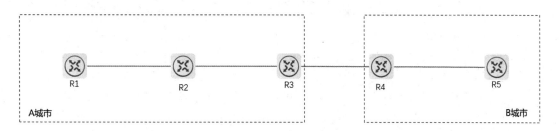

图 5-1　项目拓扑结构

项目相关知识

5.1　BGP 的基本概念

路由协议可以分为 IGP 和 EGP（Exterior Gateway Protocol，外部网关协议）两类，IGP 工作在同一个 AS 内，在同一个 AS 内提供路由信息交换；EGP 则工作在不同 AS 之间，在不同 AS 之间提供无环路的路由信息交换。目前，使用广泛的 EGP 为 BGP，当前使用的是版本 4。

BGP 是一种在不同 AS 的路由设备之间进行通信的 EGP，主要功能是在不同 AS 之间交换网络可达信息，并通过协议自身机制来消除路由环路。BGP 使用 TCP（Transmission Control Protocol，传输控制协议）的可靠传输机制确保传输的可靠性。

5.2　BGP 对等体类型

运行 BGP 的路由器被称为 BGP 路由器或 BGP Speaker，建立了 BGP 会话连接（BGP Session）的 BGP 路由器被称为 BGP 对等体。

BGP 对等体有两种类型：IBGP（Internal BGP）和 EBGP（External BGP），如图 5-2 所示。

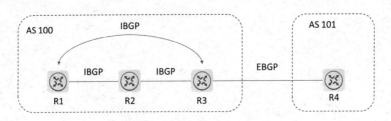

图 5-2　BGP 对等体类型

1. IBGP

IBGP 是指在同一个 AS 内运行的 BGP，主要作用是完成路由信息在 AS 内的传递，而为了防止 AS 内出现环路，BGP 路由器不会将学习到的路由信息通告给其他 IBGP 对等体。

2. EBGP

EBGP 是指在不同 AS 之间运行的 BGP，主要作用是完成不同 AS 之间路由信息的交换。因为在一般情况下，EBGP 对等体之间是直连的，所以 EBGP 对等体之间的 TTL 为 1，但这个 TLL 值可以被修改。

5.3　BGP 报文

BGP 报文以单播形式发送，有 5 种类型，包括 Open（打开）报文、Update（更新）报文、Notification（通知）报文、Keepalive（存活）报文和 Route-Refresh（路由刷新）报文。

1. Open 报文

Open 报文是 BGP 通过 TCP 建立 BGP 连接后发送的报文，主要用于建立 BGP 对等体关系，协商各项参数。

2. Update 报文

Update 报文是 BGP 连接建立后，在更新路由信息时发送的报文，主要用于更新和撤销路由信息。

3. Notification 报文

当运行 BGP 出现错误时，发送 Notification 报文进行通告。

4. Keepalive 报文

BGP 对等体会周期性地向对方发送 Keepalive 报文，用于保持 BGP 对等体关系的有效性。

5. Route–Refresh 报文

Route-Refresh 报文用于确保网络稳定，触发更新路由信息的机制。一般在路由信息过滤策略发生变化时，发送 Route-Refresh 报文请求 BGP 对等体重新通告路由信息。

BGP 报文的作用及发送规则如表 5-1 所示。

表 5-1　BGP 报文的作用及发送规则

BGP 报文类型	作用	发送规则
Open 报文	建立 BGP 对等体关系，协商各项参数	BGP 通过 TCP 建立 BGP 连接后，发送 Open 报文
Update 报文	更新和撤销路由信息	BGP 连接建立后，在更新路由信息时，发送 Update 报文
Notification 报文	通告运行 BGP 出现错误	当运行 BGP 出现错误时，发送 Notification 报文
Keepalive 报文	保持 BGP 对等体关系的有效性	周期性地向对方发送 Keepalive 报文
Route-Refresh 报文	确保网络稳定，触发更新路由信息的机制	当路由信息过滤策略发生变化时，发送 Route-Refresh 报文请求 BGP 对等体重新通告路由信息

5.4　BGP 对等体状态

BGP 对等体在交互过程中存在 Idle（空闲）、Connect（连接）、Active（活跃）、OpenSent（Open 报文发送）、OpenConfirm（Open 报文确认）和 Established（连接已建立）6 种状态。

1. Idle

Idle 状态为 BGP 的初始状态。在该状态下，BGP 不发送 TCP 连接请求，拒绝对等体发送的 TCP 连接请求。只有收到本路由器的 Start 事件后，BGP 才开始尝试和其他对等体进行 TCP 连接，并转至 Connect 状态。

2. Connect

BGP 启动重传定时器（Connect Retry），等待完成 TCP 连接。若 TCP 连接成功，则 BGP 向对等体发送 Open 报文，并进入 OpenSent 状态；若 TCP 连接失败，则 BGP 继续侦听是否有对等体启动连接，并进入 Active 状态。若连接重传定时器超时后，BGP 仍没有收到对等体的响应，则 BGP 继续尝试和其他对等体进行 TCP 连接，停留在 Connect 状态。若在此状态下收到 Notification 报文，则回到 Idle 状态。

3. Active

BGP 尝试建立 TCP 连接。若 TCP 连接成功，则 BGP 向对等体发送 Open 报文，关闭连接重传定时器，并转至 OpenSent 状态；若 TCP 连接失败，则 BGP 停留在 Active 状态。若连接重传定时器超时后，BGP 仍没有收到对等体的响应，则 BGP 转至 Connect 状态。

4. OpenSent

BGP 等待 Open 报文，并对收到的 Open 报文中的 AS 编号、版本、认证码等信息进行检查。若收到正确的 Open 报文，则 BGP 向对等体发送 Keepalive 报文，并转至 OpenConfirm 状态；若收到错误的 Open 报文，则 BGP 向对等体发送 Notification 报文，并转至 Idle 状态。

5. OpenConfirm

BGP 等待 Keepalive 报文或 Notification 报文。若收到 Keepalive 报文，则转至 Established 状态；若收到 Notification 报文，则转至 Idle 状态。

6. Established

BGP 可以和对等体交换 Update 报文、Keepalive 报文、Route-Refresh 报文和 Notification

报文。若收到 Update 报文或 Keepalive 报文，则 BGP 认为对端处于正常运行状态，将保持 BGP 连接（Route-Refresh 报文不会改变 BGP 状态）；若收到 Notification 报文，则转至 Idle 状态；若收到 TCP 拆链通知，则断开 BGP 连接，转至 Idle 状态。

BGP 对等体状态如图 5-3 所示。

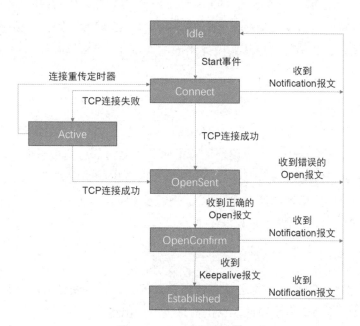

图 5-3　BGP 对等体状态

5.5　常见的 BGP 路径属性及作用

BGP 用丰富的属性描述路由信息，为控制路由信息带来了很大的便利。常见的 BGP 路径属性可以分为 2 种：公认路径属性、可选路径属性，而这 2 种属性又可以细分为 4 种：公认必遵属性（Well-Known Mandatory）、公认自决属性（Well-Known Discretionary）、可选可传递属性（Optional Transitive）、可选不可传递属性（Optional Non-Transitive）。

1. 公认必遵属性

所有 BGP 路由器都可以识别公认必遵属性，且公认必遵属性必须存在于 Update 报文中，包括 Origin 属性、AS-Path 属性和 Next Hop 属性。如果缺少公认必遵属性，那么路由信息会出错。

1）Origin 属性

Origin 属性用于标识路由信息的来源，主要标识某信息是通过什么方式成为 BGP 路由信息的。BGP 路由信息的来源有 3 种：IGP、EGP 及 INCOMPLETE。若路由器去往同一个网段存在多条不同 Origin 属性的路由信息，则在其他条件相同时，Origin 属性类型的优先级从高到低的顺序为 IGP>EGP>INCOMPLETE。

2）AS-Path 属性

AS-Path 属性用于标识 BGP 路由信息到达目标网络所要经过的 AS 编号序列，按一定次序记录了 BGP 路由信息从本地到目的 IP 地址所要经过的所有 AS 编号。在接收 BGP 路由信息时，路由器如果发现 AS-Path 属性列表中有本 AS 编号，则丢弃该路由信息，以防不同 AS 之间出现路由环路。在其他属性相同的情况下，AS-Path 属性中 AS 编号的数量越少，其路由信息的优先级越高。

3）Next Hop 属性

Next Hop 属性用于标识 BGP 路由信息的下一跳地址，决定着数据包在 BGP 网络中的转发路径。在 EBGP 会话中，下一跳地址特指通告该路由信息的相邻路由器的源 IP 地址。而在 IBGP 会话中，情况则分为两种：一是源 AS 内产生的路由信息，其下一跳地址是通告该路由信息的相邻路由器的源 IP 地址；二是通过 EBGP 学到的路由信息被传递给本 AS 的 IBGP 对等体时，其下一跳地址保持不变。

2. 公认自决属性

所有 BGP 路由器都可以识别公认自决属性，但公认自决属性并非必须存在于 Update 报文中，即就算缺少公认自决属性，路由信息也不会出错。

Local-Preference 属性是常用的公认自决属性，用于判断 AS 内的流量离开本 AS 时的最优路由信息。Local-Preference 属性仅在 IBGP 对等体之间交换，不能通告给 EBGP 对等体。当 EBGP 对等体收到携带 Local-Preference 属性的路由信息时，将会进行错误处理。因为 Local-Preference 属性的值越大，路由信息的优先级越高，所以当 BGP 路由器通过不同的 IBGP 对等体得到目的 IP 地址相同但下一跳地址不同的多条路由信息时，将优先选择 Local-Preference 属性的值高的路由信息。Local-Preference 属性的默认值为 100。

3. 可选可传递属性

可选可传递属性是在不同 AS 之间具有可传递性的属性。BGP 路由器可以不支持可选可传递属性，但即使不支持该属性，BGP 路由器也应当接收包含该属性的路由信息，并将其传递给其他对等体。

Community 属性是常用的可选可传递属性，分为标准团体属性和扩展团体属性。

4. 可选不可传递属性

BGP 路由器可以不支持可选不可传递属性。如果 BGP 路由器不支持该属性，则该属性会被忽略，且路由信息不会被传递给其他对等体。

1）MED 属性

MED 属性作为 BGP 的度量值，其大小表示开销，用于判断流量进入 AS 时的最优路由信息，类似于 IGP 的度量值。MED 属性仅在相邻 AS 之间交换，收到 MED 属性的 AS 一方不会将其通告给下一个 AS。因为 MED 属性的值与开销一致，所以 MED 属性的值越小，路由信息的优先级越高。MED 属性的默认值为 0。

当 BGP 路由器通过不同的 EBGP 对等体得到目的 IP 地址相同但下一跳地址不同的多条路由信息时，在其他条件相同的情况下，将优先选择 MED 属性的值较小的路由信息。在默认情况下，仅当路由信息来自同一个 AS 的不同对等体时，BGP 路由器才比较它们的 MED 属性的值；同时，不同 AS 传递的 MED 属性的值一般不能用来比较。

2）Originator ID 属性

Originator ID 属性用于记录反射前路由信息的起源的通告者。路由反射器在发布路由信息时会加入 Originator ID 属性，当路由反射器收到的路由信息中的 Originator ID 属性是本路由器 ID 时，能发现产生了路由环路，此时会将对应的路由信息丢弃，不再转发。

3）Cluster List 属性

Cluster List 属性用于防止在不同集群（Cluster）之间产生路由环路。路由反射器和它的客户机组成一个集群，使用 AS 内唯一的 Cluster ID 进行标识。为了防止在不同集群之间产生路由环路，路由反射器使用 Cluster List 属性记录路由信息经过的所有集群的 Cluster ID。每当路由信息经过一个路由反射器时，该路由反射器都会将自己的 Cluster ID 添加到路由信息携带的 Cluster List 属性中，当路由反射器发现接收的路由信息的 Cluster List 属性中包含自己的 Cluster ID 时，会将该路由信息丢弃，不再转发。

BGP 路径属性分类如表 5-2 所示。

表 5-2　BGP 路径属性分类

公认路径属性	公认必遵属性	所有 BGP 路由器都可以识别该属性	Origin、AS-Path、Next Hop
	公认自决属性	所有 BGP 路由器都可以识别该属性，但该属性并非必须存在于 Update 报文中	Local-Preference、Atomic-Aggregate
可选路径属性	可选可传递属性	BGP 路由器可以不支持该属性，但即使不支持该属性，BGP 路由器也应当接收包含该属性的路由信息，并将其传递给其他对等体	Community、Aggregator
	可选不可传递属性	BGP 路由器可以不支持该属性。如果 BGP 路由器不支持该属性，则该属性会被忽略，且路由信息不会被传递给其他对等体	MED、Originator ID、Cluster List、Weight

项目规划设计

本项目计划使用 5 台路由器建立 A、B 两个城市的广域网。目前，A 城市的 3 台路由器，即 R1、R2、R3 运行 OSPF，B 城市的 2 台路由器，即 R4、R5 运行静态路由信息。两个城市的广域网通过 R3 和 R4 互联。每台路由器都使用 Loopback1 接口模拟广域网中的路由信息，运营商计划使用 BGP 维护这些广域网中的路由信息，在城市内建立 IBGP 对等体，在 A、B 两个城市之间建立 EBGP 对等体。

其具体配置步骤如下。

（1）部署基础网络，实现城市内网的互联。

（2）部署 BGP，实现 A、B 两个城市的网络互联，同时城市内网不被渗透。

项目实施拓扑结构如图 5-4 所示。

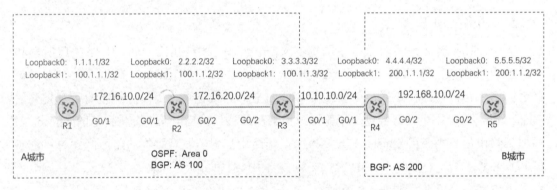

图 5-4 项目实施拓扑结构

根据图 5-4 进行项目 5 的所有规划。项目 5 的端口规划、IP 地址规划如表 5-3 和表 5-4 所示。

表 5-3 项目 5 的端口规划

本端设备	本端端口	端口配置	对端设备	对端端口
R1	G0/1	-	R2	G0/1
R2	G0/1	-	R1	G0/1
	G0/2	-	R3	G0/2
R3	G0/1	-	R4	G0/1
	G0/2	-	R2	G0/2
R4	G0/1	-	R3	G0/1
	G0/2	-	R5	G0/2
R5	G0/2	-	R4	G0/2

表 5-4　项目 5 的 IP 地址规划

设备	接口	IP 地址	用途
R1	G0/1	172.16.10.1/24	设备互联网段
	Loopback 0	1.1.1.1/32	环回接口地址
	Loopback 1	100.1.1.1/32	模拟外网地址
R2	G0/1	172.16.10.2/24	设备互联网段
	G0/2	172.16.20.1/24	设备互联网段
	Loopback 0	2.2.2.2/32	环回接口地址
	Loopback 1	100.1.1.2/32	模拟外网地址
R3	G0/1	10.10.10.1/24	设备互联网段
	G0/2	172.16.20.2/24	设备互联网段
	Loopback 0	3.3.3.3/32	环回接口地址
	Loopback 1	100.1.1.3/32	模拟外网地址
R4	G0/1	10.10.10.2/24	设备互联网段
	G0/2	192.168.10.1/24	设备互联网段
	Loopback 0	4.4.4.4/32	环回接口地址
	Loopback 1	200.1.1.1/32	模拟外网地址
R5	G0/2	192.168.10.2/24	设备互联网段
	Loopback 0	5.5.5.5/32	环回接口地址
	Loopback 1	200.1.1.2/32	设备外网地址

项目实践

任务 5-1　部署基础网络

➤ 任务描述

实施本任务的目的是对 A、B 两个城市的基础网络进行配置，实现城市内网的互联。本任务的配置包括以下内容。

（1）IP 地址配置：根据项目规划设计为路由器配置 IP 地址。

（2）路由信息配置：对 A 城市的网络使用 OSPF 路由信息互联，对 B 城市的网络使用静态路由信息互联。

> 任务操作

1. IP 地址配置

（1）在 R1 上配置 IP 地址。

```
Ruijie>enable                                              // 进入特权模式
Ruijie#config  terminal                                    // 进入全局模式
Router(config)#hostname R1                                 // 将路由器名称更改为 R1
R1(config)#interface  GigabitEthernet 0/1                  // 进入 G0/1 接口
R1(config-if-GigabitEthernet 0/1)#ip address 172.16.10.1 255.255.255.0    // 配置 IP 地址
R1(config-if-GigabitEthernet 0/1)#exit                     // 退出
R1(config)#interface  loopback 0                           // 进入 Loopback 0 接口
R1(config-if-Loopback 0)#ip address 1.1.1.1 255.255.255.255              // 配置 IP 地址
R1(config-if-Loopback 0)#exit                              // 退出
R1(config)#interface  loopback 1                           // 进入 Loopback 1 接口
R1(config-if-Loopback 1)#ip address 100.1.1.1 255.255.255.255            // 配置 IP 地址
R1(config-if-Loopback 1)#exit                              // 退出
```

（2）在 R2 上配置 IP 地址。

```
Ruijie>enable                                              // 进入特权模式
Ruijie#config  terminal                                    // 进入全局模式
Router(config)#hostname R2                                 // 将路由器名称更改为 R2
R2(config)#interface  GigabitEthernet 0/1                  // 进入 G0/1 接口
R2(config-if-GigabitEthernet 0/1)#ip address 172.16.10.2 255.255.255.0    // 配置 IP 地址
R2(config-if-GigabitEthernet 0/1)#exit                     // 退出
R2(config)#interface  GigabitEthernet 0/2                  // 进入 G0/2 接口
R2(config-if-GigabitEthernet 0/2)#ip address 172.16.20.1 255.255.255.0    // 配置 IP 地址
R2(config-if-GigabitEthernet 0/2)#exit                     // 退出
R2(config)#interface  loopback 0                           // 进入 Loopback 0 接口
R2(config-if-Loopback 0)#ip address 2.2.2.2 255.255.255.255              // 配置 IP 地址
R2(config-if-Loopback 0)#exit                              // 退出
R2(config)#interface  loopback 1                           // 进入 Loopback 1 接口
R2(config-if-Loopback 1)#ip address 100.1.1.2 255.255.255.255            // 配置 IP 地址
R2(config-if-Loopback 1)#exit                              // 退出
```

（3）在 R3 上配置 IP 地址。

```
Ruijie>enable                                              // 进入特权模式
Ruijie#config  terminal                                    // 进入全局模式
Router(config)#hostname R3                                 // 将路由器名称更改为 R3
R3(config)#interface  GigabitEthernet 0/1                  // 进入 G0/1 接口
R3(config-if-GigabitEthernet 0/1)#ip address 10.10.10.1 255.255.255.0     // 配置 IP 地址
R3(config-if-GigabitEthernet 0/1)#exit                     // 退出
```

```
R3(config)#interface GigabitEthernet 0/2                      // 进入 G0/2 接口
R3(config-if-GigabitEthernet 0/2)#ip address 172.16.20.2 255.255.255.0       // 配置 IP 地址
R3(config-if-GigabitEthernet 0/2)#exit                        // 退出
R3(config)#interface loopback 0                               // 进入 Loopback 0 接口
R3(config-if-Loopback 0)#ip address 3.3.3.3 255.255.255.255          // 配置 IP 地址
R3(config-if-Loopback 0)#exit                                 / 退出
R3(config)#interface loopback 1                               // 进入 Loopback 1 接口
R3(config-if-Loopback 1)#ip address 100.1.1.3 255.255.255.255         // 配置 IP 地址
R3(config-if-Loopback 1)#exit                                 // 退出
```

（4）在 R4 上配置 IP 地址。

```
Ruijie>enable                                                 // 进入特权模式
Router#configure terminal                                     // 进入全局模式
Router(config)#hostname R4                                    // 将路由器名称更改为 R4
R4(config)#interface GigabitEthernet 0/1                      // 进入 G0/1 接口
R4(config-if-GigabitEthernet 0/1)#ip address 10.10.10.2 255.255.255.0        // 配置 IP 地址
R4(config-if-GigabitEthernet 0/1)#exit                        // 退出
R4(config)#interface GigabitEthernet 0/2                      // 进入 G0/2 接口
R4(config-if-GigabitEthernet 0/2)#ip address 192.168.10.1 255.255.255.0      // 配置 IP 地址
R4(config-if-GigabitEthernet 0/2)#exit                        // 退出
R4(config)#interface loopback 0                               // 进入 Loopback 0 接口
R4(config-if-Loopback 0)#ip address 4.4.4.4 255.255.255.255          // 配置 IP 地址
R4(config-if-Loopback 0)#exit                                 // 退出
R4(config)#interface loopback 1                               // 进入 Loopback 1 接口
R4(config-if-Loopback 1)#ip address 200.1.1.1 255.255.255.255         // 配置 IP 地址
R4(config-if-Loopback 1)#exit                                 // 退出
```

（5）在 R5 上配置 IP 地址。

```
Ruijie>enable                                                 // 进入特权模式
Router#configure terminal                                     // 进入全局模式
Router(config)#hostname R5                                    // 将路由器名称更改为 R5
R5(config)#interface GigabitEthernet 0/2                      // 进入 G0/2 接口
R5(config-if-GigabitEthernet 0/2)#ip address 192.168.10.2 255.255.255.0      // 配置 IP 地址
R5(config-if-GigabitEthernet 0/2)#exit                        // 退出
R5(config)#interface loopback 0                               // 进入 Loopback 0 接口
R5(config-if-Loopback 0)#ip address 5.5.5.5 255.255.255.255          // 配置 IP 地址
R5(config-if-Loopback 0)#exit                                 // 退出
R5(config)#interface loopback 1                               // 进入 Loopback 1 接口
R5(config-if-Loopback 1)#ip address 200.1.1.2 255.255.255.255         // 配置 IP 地址
R5(config-if-Loopback 1)#exit                                 // 退出
```

2. 路由信息配置

（1）在 R1 上配置 OSPF。

```
R1(config)#router ospf 1                                      // 创建进程号为 1 的 OSPF 进程
```

```
R1(config-router)#router-id 1.1.1.1                        // 配置 Router ID
R1(config-router)#network 172.16.10.0 0.0.0.255 area 0     // 宣告网段为 172.16.10.0/24，区域号为 0
R1(config-router)#network 1.1.1.1 0.0.0.0 area 0
R1(config-router)#exit                                     // 退出
```

（2）在 R2 上配置 OSPF。

```
R2(config)#router ospf 1                                   // 创建进程号为 1 的 OSPF 进程
R2(config-router)#router-id 2.2.2.2                        // 配置 Router ID
R2(config-router)#network 2.2.2.2 0.0.0.0 area 0
R2(config-router)#network 172.16.10.0 0.0.0.255 area 0     // 宣告网段为 172.16.10.0/24，区域号为 0
R2(config-router)#network 172.16.20.0 0.0.0.255 area 0     // 宣告网段为 172.16.20.0/24，区域号为 0
R2(config-router)#exit                                     // 退出
```

（3）在 R3 上配置 OSPF。

```
R3(config)#router ospf 1                                   // 创建进程号为 1 的 OSPF 进程
R3(config-router)#router-id 3.3.3.3                        // 配置 Router ID
R3(config-router)#network 3.3.3.3 0.0.0.0 area 0
R3(config-router)#network 172.16.20.0 0.0.0.255 area 0     // 宣告网段为 172.16.20.0/24，区域号为 0
R3(config-router)#exit                                     // 退出
```

（4）在 R4 上配置静态路由信息。

```
R4(config)#ip route 5.5.5.5 255.255.255.255 192.168.10.2   // 配置静态路由信息
```

（5）在 R5 上配置静态路由信息。

```
R5(config)#ip route 4.4.4.4 255.255.255.255 192.168.10.1   // 配置静态路由信息
```

➢ 任务验证

（1）在 R1 上使用【show ip route ospf】命令查看路由表。

```
R1#show ip route ospf

OSPF process 1:
Codes: C - connected, D - Discard, O - OSPF, IA - OSPF inter area, B - Backup
       N1 - OSPF NSSA external type 1, N2 - OSPF NSSA external type 2
       E1 - OSPF external type 1, E2 - OSPF external type 2

C   1.1.1.1/32 [0] is directly connected, Loopback 0, Area 0.0.0.0
O   2.2.2.2/32 [1] via 172.16.10.2, GigabitEthernet 0/1, Area 0.0.0.0
O   3.3.3.3/32 [2] via 172.16.10.2, GigabitEthernet 0/1, Area 0.0.0.0
C   172.16.10.0/24 [1] is directly connected, GigabitEthernet 0/1, Area 0.0.0.0
O   172.16.20.0/24 [2] via 172.16.10.2, GigabitEthernet 0/1, Area 0.0.0.0
```

可以看到，R1 的路由表中有 A 城市的内部路由信息。

（2）在 R5 上使用【show ip route】命令查看路由表。

```
R5#show ip route
```

```
Codes:  C - Connected, L - Local, S - Static
        R - RIP, O - OSPF, B - BGP, I - IS-IS, V - Overflow route
        N1 - OSPF NSSA external type 1, N2 - OSPF NSSA external type 2
        E1 - OSPF external type 1, E2 - OSPF external type 2
        SU - IS-IS summary, L1 - IS-IS level-1, L2 - IS-IS level-2
        IA - Inter area, EV - BGP EVPN, A - Arp to host
        LA - Local aggregate route
        * - candidate default


Gateway of last resort is no set
S       4.4.4.4/32 [1/0] via 192.168.10.1
C       5.5.5.5/32 is local host.
C       192.168.10.0/24 is directly connected, GigabitEthernet 0/2
C       192.168.10.2/32 is local host.
B       200.1.1.1/32 [200/0] via 4.4.4.4, 02:15:16
C       200.1.1.2/32 is local host.
```

可以看到，R5 的路由表中有 B 城市的内部路由信息。

任务 5-2　部署 BGP

➢ 任务描述

实施本任务的目的是实现 A、B 两个城市的网络互联，同时城市内网不被渗透。本任务的配置包括以下内容。

在路由器上配置 BGP，实现广域网的互联。

➢ 任务操作

（1）在 R1 上配置 BGP。

```
R1(config)#router bgp 100                       // 创建进程号为 100 的 BGP 进程
R1(config-router)#bgp router-id 1.1.1.1          // 配置 Router ID
R1(config-router)#neighbor 2.2.2.2 remote-as 100    // 指定 BGP 对等体地址及 AS 编号
R1(config-router)#neighbor 2.2.2.2 update-source loopback 0    // 配置更新源为 Loopback 0 接口
R1(config-router)#neighbor 3.3.3.3 remote-as 100    // 指定 BGP 对等体地址及 AS 编号
R1(config-router)#neighbor 3.3.3.3 update-source loopback 0    // 配置更新源为 Loopback 0 接口
// 在 BGP 路由信息中宣告网段 100.1.1.1/32
R1(config-router)#network 100.1.1.1 mask 255.255.255.255
R1(config-router)#exit                          // 退出
```

（2）在 R2 上配置 BGP。

```
R2(config)#router bgp 100                                    // 创建进程号为 100 的 BGP 进程
R2(config-router)#bgp router-id 2.2.2.2                      // 配置 Router ID
R2(config-router)#neighbor 1.1.1.1 remote-as 100             // 指定 BGP 对等体地址及 AS 编号
R2(config-router)#neighbor 1.1.1.1 update-source loopback 0       // 配置更新源为 Loopback 0 接口
R2(config-router)#neighbor 3.3.3.3 remote-as 100             // 指定 BGP 对等体地址及 AS 编号
R2(config-router)#neighbor 3.3.3.3 update-source loopback 0       // 配置更新源为 Loopback 0 接口
// 在 BGP 路由信息中宣告网段为 100.1.1.2/32
R2(config-router)#network 100.1.1.2 mask 255.255.255.255
R2(config-router)#exit                                       // 退出
```

（3）在 R3 上配置 BGP。

```
R3(config)#router bgp 100                                    // 创建进程号为 100 的 BGP 进程
R3(config-router)#bgp router-id 3.3.3.3                      // 配置 Router ID
R3(config-router)#neighbor 1.1.1.1 remote-as 100             // 指定 BGP 对等体地址及 AS 编号
R3(config-router)#neighbor 1.1.1.1 update-source loopback 0       // 配置更新源为 Loopback 0 接口
R3(config-router)#neighbor 1.1.1.1 next-hop-self             // 修改 1.1.1.1 的下一跳地址
R3(config-router)#neighbor 2.2.2.2 remote-as 100             // 指定 BGP 对等体地址及 AS 编号
R3(config-router)#neighbor 2.2.2.2 update-source loopback 0       // 配置更新源为 Loopback 0 接口
R3(config-router)#neighbor 10.10.10.2 remote-as 200          // 指定 BGP 对等体地址及 AS 编号
// 在 BGP 路由信息中宣告网段为 100.1.1.3/32
R3(config-router)#network 100.1.1.3 mask 255.255.255.255
R3(config-router)#exit                                       // 退出
```

（4）在 R4 上配置 BGP。

```
R4(config)#router bgp 200                                    // 创建进程号为 200 的 BGP 进程
R4(config-router)#bgp router-id 4.4.4.4                      // 配置 Router ID
R4(config-router)#neighbor 5.5.5.5 remote-as 200             // 指定 BGP 对等体地址及 AS 编号
R4(config-router)#neighbor 5.5.5.5 update-source loopback 0       // 配置更新源为 Loopback 0 接口
R4(config-router)#neighbor 5.5.5.5 next-hop-self             // 修改 5.5.5.5 的下一跳地址
R4(config-router)#neighbor 10.10.10.1 remote-as 100          // 指定 BGP 对等体地址及 AS 编号
// 在 BGP 路由信息中宣告网段为 200.1.1.1/32
R4(config-router)#network 200.1.1.1 mask 255.255.255.255
R4(config-router)#exit                                       // 退出
```

（5）在路由器 R5 上配置 BGP。

```
R5(config)#router bgp 200                                    // 创建进程号为 200 的 BGP 进程
R5(config-router)#bgp router-id 5.5.5.5                      // 配置 Router ID
R5(config-router)#neighbor 4.4.4.4 remote-as 200             // 指定 BGP 对等体地址及 AS 编号
R5(config-router)#neighbor 4.4.4.4 update-source loopback 0       // 配置更新源为 Loopback 0 接口
// 在 BGP 路由信息中宣告网段为 200.1.1.2/32
R5(config-router)#network 200.1.1.2 mask 255.255.255.255
R5(config-router)#exit                                       // 退出
```

➤ 任务验证

（1）在 R1 上使用【show ip bgp】命令查看 BGP 路由信息。

```
R1#show ip bgp
BGP table version is 4, local router ID is 1.1.1.1
Status codes: s suppressed, d damped, h history, * valid, > best, i - internal,
              S Stale, b - backup entry, m - multipath, f Filter, a additional-path
Origin codes: i - IGP, e - EGP, ? - incomplete

     Network          Next Hop         Metric      LocPrf      Weight Path
*>   100.1.1.1/32     0.0.0.0          0                       32768   i
*>i  100.1.1.2/32     2.2.2.2          0           100         0       i
*>i  100.1.1.3/32     3.3.3.3          0           100         0       i
*>i  200.1.1.1/32     3.3.3.3          0           100         0 200   i
*>i  200.1.1.2/32     3.3.3.3          0           100         0 200   i


Total number of prefixes 5
```

可以看到，路由表的详细信息。

（2）在 R1 上使用【show ip bgp summary】命令查看 BGP 对等体关系建立情况。

```
R1#show ip bgp summary
For address family: IPv4 Unicast
BGP router identifier 1.1.1.1, local AS number 100
BGP table version is 4
2 BGP AS-Path entries
0 BGP Community entries
5 BGP Prefix entries (Maximum-prefix:4294967295)

Neighbor    V    AS    MsgRcvd    MsgSent    TblVer    InQ    OutQ    Up/Down     State/PfxRcd
2.2.2.2     4    100   144        143        3         0      0       02:20:01    1
3.3.3.3     4    100   148        142        3         0      0       02:19:48    3


Total number of neighbors 2, established neighbors 2
```

可以看到，R1 与 R2、R3 是 IBGP 对等体关系。

（3）在 R3 上使用【show ip bgp summary】命令查看 BGP 对等体关系建立情况。

```
R3#show ip bgp summary
For address family: IPv4 Unicast
BGP router identifier 3.3.3.3, local AS number 100
BGP table version is 4
2 BGP AS-Path entries
0 BGP Community entries
```

```
5 BGP Prefix entries (Maximum-prefix:4294967295)

Neighbor      V    AS    MsgRcvd    MsgSent    TblVer    InQ    OutQ    Up/Down    State/PfxRcd
1.1.1.1       4    100   143        146        4         0      0       02:20:02   1
2.2.2.2       4    100   143        144        4         0      0       02:19:58   1
10.10.10.2    4    200   151        151        4         0      0       02:20:59   2

Total number of neighbors 3, established neighbors 3
```

可以看到，R3 与 R1、R2 是 IBGP 对等体关系，R3 与 R4 是 EBGP 对等体关系。

项目验证

（1）在 R1 上使用【ping】命令验证与 R3 的局域网的连通性。

```
R1#ping 172.16.20.2
Sending 5, 100-byte ICMP Echoes to 172.16.20.2, timeout is 2 seconds:
  < press Ctrl+C to break >
!!!!!
Success rate is 100 percent (5/5), round-trip min/avg/max = 2/2/2 ms.
```

可以看到，R1 能与 R3 的局域网互联。

（2）在 R1 上使用【ping】命令验证与 R3 的广域网的连通性。

```
R1#ping 100.1.1.3
Sending 5, 100-byte ICMP Echoes to 100.1.1.3, timeout is 2 seconds:
  < press Ctrl+C to break >
!!!!!
Success rate is 100 percent (5/5), round-trip min/avg/max = 1/4/12 ms.
```

可以看到，R1 能与 R3 的广域网互联。

（3）在 R1 上使用【ping】命令验证与 R4 的局域网的连通性。

```
R1#ping 192.168.10.1
Sending 5, 100-byte ICMP Echoes to 192.168.10.1, timeout is 2 seconds:
  < press Ctrl+C to break >
...
Success rate is 0 percent (0/5).
```

可以看到，R1 不能与 R4 的局域网互联。

（4）在 R1 上使用【ping】命令验证与 R4 的广域网的连通性。

```
R1#ping 200.1.1.1 source 100.1.1.1
Sending 5, 100-byte ICMP Echoes to 200.1.1.1, timeout is 2 seconds:
  < press Ctrl+C to break >
```

!!!!!
Success rate is 100 percent (5/5), round-trip min/avg/max = 3/4/7 ms.

可以看到，R1 能与 R4 的广域网互联。

项目拓展

一、理论题

（1）以下能查看某条 BGP 路由信息的命令是（　　）。

    A．show ip bgp

    B．show ip bgp summary

    C．show ip bgp 1.1.1.1

    D．show running-config

（2）以下关于 BGP 的说法不正确的是（　　）。

    A．BGP 能承载上万条路由信息，而 IGP 仅能承载上百条路由信息

    B．BGP 支持 MPLS/VPN 协议，能用来传递 VPN 路由信息

    C．BGP 路由器只能用来传递路由信息，不会暴露 AS 内的拓扑信息，比较安全

    D．BGP 是基于 TCP 工作的

（3）对于 BGP 状态，TCP 连接建立成功，BGP 向对等体发送 Open 报文的是（　　）。

    A．Idle

    B．OpenConfirm

    C．OpenSent

    D．Established

二、项目实训

1．实训背景

某企业总部在北京，现该企业总部打算与上海分部、广州分部实现资源共享，上海分部、广州分部的定位和情况不同，上海分部使用的是 RIP 网络，而广州分部使用的是静态网络，该企业的运维人员需要实现局域网和广域网的部署。

实训拓扑结构如图 5-5 所示。

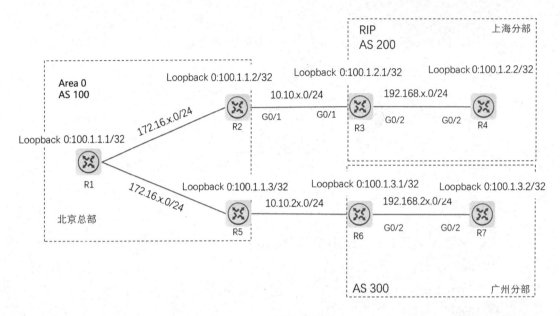

图 5-5 实训拓扑结构

2. 实训规划表

根据实训背景，并参考本项目的项目规划设计，完成实训规划表，如表 5-5 和表 5-6 所示。

表 5-5 端口规划

本端设备	本端端口	端口配置	对端设备	对端端口

表 5-6 IP 地址规划

设备	接口	IP 地址	用途

3. 实训要求

（1）根据实训拓扑结构及 IP 地址规划表在路由器上配置 IP 地址。

（2）在北京总部路由器上配置 OSPF、BGP。

（3）在上海分部路由器上配置 RIP、BGP。

（4）在广州分部路由器上配置静态路由信息、BGP。

（5）按照以下要求操作并截图保存。

① 在 R1 上使用【show ip route】命令查看路由表。

② 在 R1 上使用【show ip bgp】命令查看 BGP 路由信息。

③ 在 R3 上使用【show ip bgp】命令查看 BGP 路由信息。

④ 在 R6 上使用【show ip bgp】命令查看 BGP 路由信息。

⑤ 在 R2 上使用【show ip bgp summary】命令查看 BGP 对等体关系建立情况。

⑥ 在 R5 上使用【show ip bgp summary】命令查看 BGP 对等体关系建立情况。

项目 6　企业园区网络路由信息控制

项目描述

　　某园区 A 栋楼中有办公用户、访客两类群体。A 栋楼的出口路由器分别与数据中心、B 栋楼连接。为了提高转发效率，计划在 A 栋楼的出口路由器上对流量进行分流，办公用户通过数据中心的路由器进行数据转发，访客通过 B 栋楼的路由器进行转发。

　　项目拓扑结构如图 6-1 所示。

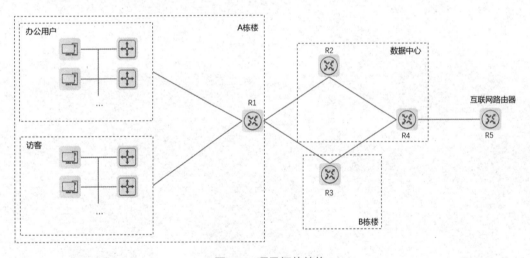

图 6-1　项目拓扑结构

项目相关知识

6.1　路由信息控制概述

　　在网络中有时会同时运行多种路由协议，如在新旧网络过渡期间、不同组织之间互联。但是，这些路由协议之间并不一定能互通。为了运行不同路由协议的网络能互通，需要在不同路由协议之间配置路由信息重分布（也可以称为重分发、重发布）。路由信息在重分布的过程中，会使用 ACL（访问控制列表）、prefix-list（前缀列表）等匹配工具进行路由信息的匹配，并可以根据需求制定路由信息过滤策略，如调整路由信息的类型。

6.2　匹配工具：prefix-list

prefix-list 是一种路由信息匹配工具，主要用于 IP 地址前缀的匹配。它与 ACL 的作用相似，但 ACL 可以用于过滤数据包，匹配 IP 报文的五大元素；prefix-list 仅能用于匹配 IP 地址前缀。相对于 ACL，使用 prefix-list 能对路由信息进行精准匹配，不仅能对 IP 地址前缀的范围进行限制，而且能对子网掩码的范围进行限制，有效提高网络管理的灵活性和控制力。prefix-list 主要有以下特点。

（1）使用 prefix-list 可以匹配路由信息的网络号及子网掩码的长度，提高匹配的精确度。

（2）prefix-list 支持路由条目的增量修改，一般包含一个或多个路由条目，路由条目按序列号进行排列，与 ACL 类似。但与 ACL 相比，使用 prefix-list 能在不重建列表的情况下单独地添加、删除和修改路由条目。

（3）如果路由信息前缀与 prefix-list 中的任何条目均不匹配，那么该路由信息不被匹配。

prefix-list 主要应用于需要对网络流量实现精细控制、限制特定网络的访问和网络优化的场景中。

6.3　策略工具 1：distribute-list

distribute-list（分发列表）是一种控制路由信息更新的策略工具，通常用于网络设备中对流量的精细控制，允许或拒绝特定条件路由信息的接收或发布，但仅能进行路由条目的过滤，不能修改路径属性。distribute-list 可以作用在 IN 方向和 OUT 方向上，以便控制不同方向路由信息的分发，实现路由信息的双向控制。distribute-list 常应用于路由协议的重分布、距离矢量路由协议对等体之间路由信息的传递，以及链路状态路由协议将路由信息提交给路由表等场景中。

6.4　策略工具 2：route-map

route-map（路由图）是一种控制路由信息选择和转发的策略工具。运维人员能通过 route-map 定义一系列规则，进而控制路由信息的更新或修改路径属性。route-map 常应用于路由协议的重分布、BGP 对等体之间路由信息的传递等场景中。

使用 route-map 可以定义部署策略的两个元素：match 语句和 set 语句。使用 route-map 可以定义多个条件，当条件被匹配时，就会执行指定动作（set 语句并非必须使用的，若 route-map 只用于匹配感兴趣流，则不需要使用 set 语句）。route-map 被调用后，匹配动作将会从最小的序列号开始执行，如果该序列号中的条件已被匹配，那么执行 set 语句；如果该序列号中的条件未被匹配，那么切换到下一个序列号继续进行匹配。

route-map 主要有以下特点。

（1）灵活匹配：能通过定义一系列规则，精确匹配符合规则的路由条目。

（2）多样操作：提供多种路由信息的操作，如过滤、修改、重定向等。

（3）序列操作：每个策略语句都会自动分配序列号，用于指定执行的顺序。用户可以自行调整序列号，以适应特定的网络需求。

项目规划设计

本项目计划使用 2 台交换机、2 台主机和 5 台路由器构建企业园区网络。其中，SW1、SW2 与 R1 相连，A 栋楼的网络设备计划使用 Area 1，R1、R2、R3、R4 计划使用骨干区域。由于 R2 的性能不足，因此，R2 计划使用策略路由使 A 栋楼的办公用户数据由数据中心的 R2 进行转发，A 栋楼的访客数据由 B 栋楼的 R3 进行转发。R5 上有较多的路由信息，计划在 R4 上使用策略工具对 R5 上的路由信息进行过滤。

其具体配置步骤如下。

（1）部署策略路由，通过 ACL 和 route-map，实现园区网络的互联和流量的分流控制。

（2）部署路由信息过滤，实现 RIP 网络的路由信息的引入。

项目实施拓扑结构如图 6-2 所示。

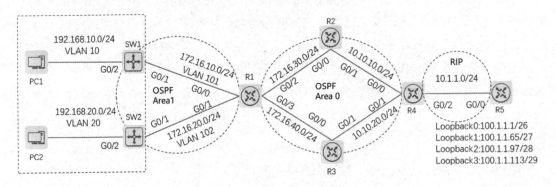

图 6-2　项目实施拓扑结构

根据图 6-2 进行项目 6 的所有规划。项目 6 的 VLAN 规划、端口规划、IP 地址规划如表 6-1～表 6-3 所示。

表 6-1　项目 6 的 VLAN 规划

VLAN ID	VLAN 名称	网段	用途
VLAN 10	Office-A	192.168.10.0/24	用户互联网段
VLAN 20	Office-B	192.168.20.0/24	用户互联网段
VLAN 101	GW-A	172.16.10.0/24	设备互联网段
VLAN 102	GW-B	172.16.20.0/24	设备互联网段

表 6-2　项目 6 的端口规划

本端设备	本端端口	端口配置	对端设备	对端端口
R1	G0/0	-	SW1	G0/1
	G0/1	-	SW2	G0/1
	G0/2	-	R2	G0/0
	G0/3	-	R3	G0/0
R2	G0/0	-	R1	G0/2
	G0/1	-	R4	G0/0
R3	G0/0	-	R1	G0/3
	G0/1	-	R4	G0/1
R4	G0/0	-	R2	G0/1
	G0/1	-	R3	G0/1
	G0/2	-	R5	G0/0
R5	G0/0	-	R4	G0/2
SW1	G0/1	Trunk	R1	G0/0
	G0/2	Access	PC1	Eth1
SW2	G0/1	Trunk	R1	G0/1
	G0/2	Access	PC2	Eth1

表 6-3　项目 6 的 IP 地址规划

设备	接口	IP 地址	用途
R1	G0/0	172.16.10.2/24	设备互联网段
	G0/1	172.16.20.2/24	设备互联网段
	G0/2	172.16.30.2/24	设备互联网段
	G0/3	172.16.40.2/24	设备互联网段
R2	G0/0	172.16.30.1/24	设备互联网段
	G0/1	10.10.10.1/24	设备互联网段

设备	接口	IP 地址	用途
R3	G0/0	172.16.40.1/24	设备互联网段
	G0/1	10.10.20.1/24	设备互联网段
R4	G0/0	10.10.10.2/24	设备互联网段
	G0/1	10.10.20.2/24	设备互联网段
	G0/2	10.1.1.1/24	设备互联网段
R5	G0/0	10.1.1.2/24	设备互联网段
	Loopback 0	100.1.1.1/26	模拟外网地址
	Loopback 1	100.1.1.65/27	模拟外网地址
	Loopback 2	100.1.1.97/28	模拟外网地址
	Loopback 3	100.1.1.113/29	模拟外网地址
SW1	VLAN 10	192.168.10.254/24	用户互联网段
	VLAN 101	172.16.10.1/24	设备互联网段
SW2	VLAN 20	192.168.20.254/24	用户互联网段
	VLAN 102	172.16.20.1/24	设备互联网段

项目实践

任务 6-1　部署策略路由

> ### 任务描述

实施本任务的目的是实现园区网络的正常通信，并对 A 栋楼办公用户和访客的数据进行分流，办公用户的数据通过 R2 进行转发，访客的数据通过 R3 进行转发。本任务的配置包括以下内容。

（1）VLAN 配置：创建并配置 VLAN。

（2）IP 地址配置：为路由器和交换机配置 IP 地址。

（3）端口配置：配置互联端口，并配置端口默认的 VLAN。

（4）路由信息配置：配置 OSPF 和 RIP，实现网络互联。

（5）策略路由配置：在 R1 上对 A 栋楼、B 栋楼配置策略路由。

> 任务操作

1. VLAN 配置

（1）在 SW1 上创建并配置 VLAN。

```
Ruijie>enable                          // 进入特权模式
Ruijie#config terminal                 // 进入全局模式
Ruijie(config)#hostname SW1            // 将交换机名称更改为 SW1
SW1(config)#vlan 10                    // 创建 VLAN 10
SW1(config-vlan)#name Office-A         // 将 VLAN 命名为 Office-A
SW1(config-vlan)#exit                  // 退出
SW1(config)#vlan 101                   // 创建 VLAN 101
SW1(config-vlan)#name GW-A             // 将 VLAN 命名为 GW-A
SW1(config-vlan)#exit                  // 退出
```

（2）在 SW2 上创建并配置 VLAN。

```
Ruijie>enable                          // 进入特权模式
Ruijie#config terminal                 // 进入全局模式
Ruijie(config)#hostname SW2            // 将交换机名称更改为 SW2
SW2(config)#vlan 20                    // 创建 VLAN 20
SW2(config-vlan)#name Office-B         // 将 VLAN 命名为 Office-B
SW2(config-vlan)#exit                  // 退出
SW2(config)#vlan 102                   // 创建 VLAN 102
SW2(config-vlan)#name GW-B             // 将 VLAN 命名为 GW-B
SW2(config-vlan)#exit                  // 退出
```

2. IP 地址配置

（1）在 R1 上配置 IP 地址。

```
Ruijie>enable                                                    // 进入特权模式
Ruijie#config terminal                                           // 进入全局模式
Ruijie(config)#hostname R1                                       // 将路由器名称更改为 R1
R1(config)#interface GigabitEthernet 0/0                         // 进入 G0/0 接口
R1(config-if-GigabitEthernet 0/0)#ip address 172.16.10.2/24      // 配置 IP 地址
R1(config-if-GigabitEthernet 0/0)#exit                           // 退出
R1(config)#interface GigabitEthernet 0/1                         // 进入 G0/1 接口
R1(config-if-GigabitEthernet 0/1)#ip address 172.16.20.2/24      // 配置 IP 地址
R1(config-if-GigabitEthernet 0/1)#exit                           // 退出
R1(config)#interface GigabitEthernet 0/2                         // 进入 G0/2 接口
R1(config-if-GigabitEthernet 0/2)#ip address 172.16.30.2/24      // 配置 IP 地址
R1(config-if-GigabitEthernet 0/2)#exit                           // 退出
R1(config)#interface GigabitEthernet 0/3                         // 进入 G0/3 接口
```

```
R1(config-if-GigabitEthernet 0/3)#ip address 172.16.40.2/24    // 配置 IP 地址
R1(config-if-GigabitEthernet 0/3)#exit                          // 退出
```

（2）在 R2 上配置 IP 地址。

```
Ruijie>enable                                                   // 进入特权模式
Ruijie#config terminal                                          // 进入全局模式
Ruijie(config)#hostname R2                                      // 将路由器名称更改为 R2
R2(config)#interface GigabitEthernet 0/0                        // 进入 G0/0 接口
R2(config-if-GigabitEthernet 0/0)#ip address 172.16.30.1/24     // 配置 IP 地址
R2(config-if-GigabitEthernet 0/0)#exit                          // 退出
R2(config)#interface GigabitEthernet 0/1                        // 进入 G0/1 接口
R2(config-if-GigabitEthernet 0/1)#ip address 10.10.10.1/24      // 配置 IP 地址
R1(config-if-GigabitEthernet 0/1)#exit                          // 退出
```

（3）在 R3 上配置 IP 地址。

```
Ruijie>enable                                                   // 进入特权模式
Ruijie#config terminal                                          // 进入全局模式
Ruijie(config)#hostname R3                                      // 将路由器名称更改为 R3
R3(config)#interface GigabitEthernet 0/0                        // 进入 G0/0 接口
R3(config-if-GigabitEthernet 0/0)#ip address 172.16.40.1/24     // 配置 IP 地址
R3(config-if-GigabitEthernet 0/0)#exit                          // 退出
R3(config)#interface GigabitEthernet 0/1                        // 进入 G0/1 接口
R3(config-if-GigabitEthernet 0/1)#ip address 10.10.20.1/24      // 配置 IP 地址
R3(config-if-GigabitEthernet 0/1)#exit                          // 退出
```

（4）在 R4 上配置 IP 地址。

```
Ruijie>enable                                                   // 进入特权模式
Ruijie#config terminal                                          // 进入全局模式
Ruijie(config)#hostname R4                                      // 将路由器名称更改为 R4
R4(config)#interface GigabitEthernet 0/0                        // 进入 G0/0 接口
R4(config-if-GigabitEthernet 0/0)#ip address 10.10.10.2/24      // 配置 IP 地址
R4(config-if-GigabitEthernet 0/0)#exit                          // 退出
R4(config)#interface GigabitEthernet 0/1                        // 进入 G0/1 接口
R4(config-if-GigabitEthernet 0/1)#ip address 10.10.20.2/24      // 配置 IP 地址
R4(config-if-GigabitEthernet 0/1)#exit                          // 退出
R4(config)#interface GigabitEthernet 0/2                        // 进入 G0/2 接口
R4(config-if-GigabitEthernet 0/2)#ip address 10.1.1.1/24        // 配置 IP 地址
R4(config-if-GigabitEthernet 0/2)#exit                          // 退出
```

（5）在 R5 上配置 IP 地址。

```
Ruijie>enable                                                   // 进入特权模式
Ruijie#config terminal                                          // 进入全局模式
Ruijie(config)#hostname R5                                      // 将路由器名称更改为 R5
R5(config)#interface GigabitEthernet 0/0                        // 进入 G0/0 接口
R5(config-if-GigabitEthernet 0/0)#ip address 10.1.1.2/24        // 配置 IP 地址
```

```
R5(config-if-GigabitEthernet 0/0)#exit                    // 退出
R5(config)#int loopback 0                                 // 进入 Loopback 0 接口
R5(config-if-Loopback 0)#ip address 100.1.1.1/26          // 配置 IP 地址
R5(config-if-Loopback 0)#exit                             // 退出
R5(config)#int loopback 1                                 // 进入 Loopback 1 接口
R5(config-if-Loopback 1)#ip address 100.1.1.65/27         // 配置 IP 地址
R5(config-if-Loopback 1)#exit                             // 退出
R5(config)#int loopback 2                                 // 进入 Loopback 2 接口
R5(config-if-Loopback 2)#ip address 100.1.1.97/28         // 配置 IP 地址
R5(config-if-Loopback 2)#exit                             // 退出
R5(config)#int loopback 3                                 // 进入 Loopback 3 接口
R5(config-if-Loopback 3)#ip address 100.1.1.113/29        // 配置 IP 地址
R5(config-if-Loopback 3)#exit                             // 退出
```

（6）在 SW1 上配置 IP 地址。

```
SW1(config)#int vlan 10                                   // 进入 VLAN 10 接口
SW1(config-if-VLAN 10)#ip address 192.168.10.254/24       // 配置 IP 地址
SW1(config-if-VLAN 10)#exit                               // 退出
SW1(config)#int vlan 101                                  // 进入 VLAN 101 接口
SW1(config-if-VLAN 101)#ip address 172.16.10.1/24         // 配置 IP 地址
SW1(config-if-VLAN 101)#exit                              // 退出
```

（7）在 SW2 上配置 IP 地址。

```
SW2(config)#int vlan 20                                   // 进入 VLAN 20 接口
SW2(config-if-VLAN 20)#ip address 192.168.20.254/24       // 配置 IP 地址
SW2(config-if-VLAN 20)#exit                               // 退出
SW2(config)#int vlan 102                                  // 进入 VLAN 102 接口
SW2(config-if-VLAN 102)#ip address 172.16.20.1/24         // 配置 IP 地址
SW2(config-if-VLAN 102)#exit                              // 退出
```

3. 端口配置

（1）在 SW1 上配置与路由器和主机互联的端口，并配置端口默认的 VLAN。

```
SW1(config)#interface GigabitEthernet 0/1                 // 进入 G0/1 端口
SW1(config-if-GigabitEthernet 0/1)#switchport mode trunk  // 修改端口模式为 Trunk
// 配置端口默认的 VLAN 为 VLAN 101
SW1(config-if-GigabitEthernet 0/1)#switchport trunk native vlan 101
SW1(config-if-GigabitEthernet 0/1)#exit                   // 退出
SW1(config)#interface range GigabitEthernet 0/2-8         // 批量进入 G0/2-8 端口
SW1(config-if-range)#switchport mode access               // 修改端口模式为 Access
SW1(config-if-range)#switchport access vlan 10            // 配置端口默认的 VLAN 为 VLAN 10
SW1(config-if-range)#exit                                 // 退出
```

（2）在 SW2 上配置与路由器和主机互联的端口，并配置端口默认的 VLAN。

```
SW2(config)#interface GigabitEthernet 0/1                 // 进入 G0/1 端口
```

SW2(config-if-GigabitEthernet 0/1)#switchport mode trunk　　// 修改端口模式为 Trunk

// 配置端口默认的 VLAN 为 VLAN 102

SW2(config-if-GigabitEthernet 0/1)#switchport trunk native vlan 102

SW2(config-if-GigabitEthernet 0/1)#exit　　　　　　　　// 退出

SW2(config)#interface range GigabitEthernet 0/2-8　　　　// 批量进入 G0/2-8 端口

SW2(config-if-range)#switchport mode access　　　　　　// 修改端口模式为 Access

SW2(config-if-range)#switchport access vlan 20　　　　　// 配置端口默认的 VLAN 为 VLAN 20

SW2(config-if-range)#exit　　　　　　　　　　　　// 退出

4. 路由信息配置

（1）在 R1 上配置 OSPF。

R1(config)#router ospf 1　　　　　　　　　　　　　// 创建进程号为 1 的 OSPF 进程

R1(config-router)#router-id 1.1.1.1　　　　　　　　　// 配置 Router ID

R1(config-router)#network 172.16.10.0 0.0.0.255 area 1　　// 宣告网段为 172.16.10.0/24，区域号为 1

R1(config-router)#network 172.16.20.0 0.0.0.255 area 1　　// 宣告网段为 172.16.20.0/24，区域号为 1

R1(config-router)#network 172.16.30.0 0.0.0.255 area 0　　// 宣告网段为 172.16.30.0/24，区域号为 0

R1(config-router)#network 172.16.40.0 0.0.0.255 area 0　　// 宣告网段为 172.16.40.0/24，区域号为 0

R1(config-router)#exit　　　　　　　　　　　　　// 退出

（2）在 R2 上配置 OSPF。

R2(config)#router ospf 1　　　　　　　　　　　　　// 创建进程号为 1 的 OSPF 进程

R2(config-router)#router-id 2.2.2.2　　　　　　　　　// 配置 Router ID

R2(config-router)#network 172.16.30.0 0.0.0.255 area 0　　// 宣告网段为 172.16.30.0/24，区域号为 0

R2(config-router)#network 10.10.10.0 0.0.0.255 area 0　　// 宣告网段为 10.10.10.0/24，区域号为 0

R2(config-router)#exit　　　　　　　　　　　　　// 退出

（3）在 R3 上配置 OSPF。

R3(config)#router ospf 1　　　　　　　　　　　　　// 创建进程号为 1 的 OSPF 进程

R3(config-router)#router-id 3.3.3.3　　　　　　　　　// 配置 Router ID

R3(config-router)#network 172.16.40.0 0.0.0.255 area 0　　// 宣告网段为 172.16.40.0/24，区域号为 0

R3(config-router)#network 10.10.20.0 0.0.0.255 area 0　　// 宣告网段为 10.10.20.0/24，区域号为 0

R3(config-router)#exit　　　　　　　　　　　　　// 退出

（4）在 R4 上配置 OSPF。

R4(config)#router ospf 1　　　　　　　　　　　　　// 创建进程号为 1 的 OSPF 进程

R4(config-router)#router-id 4.4.4.4　　　　　　　　　// 配置 Router ID

R4(config-router)#network 10.10.10.0 0.0.0.255 area 0　　// 宣告网段为 10.10.10.0/24，区域号为 0

R4(config-router)#network 10.10.20.0 0.0.0.255 area 0　　// 宣告网段为 10.10.20.0/24，区域号为 0

R4(config-router)#redistribute rip subnets　　　　　　// 把 RIP 路由信息重分布到 OSPF 中

R4(config-router)#exit　　　　　　　　　　　　　// 退出

R4(config)#router rip　　　　　　　　　　　　　　// 创建 RIP 进程

R4(config-router)#version 2　　　　　　　　　　　　// 启用 RIPv2

R4(config-router)#no auto-summary　　　　　　　　　// 关闭自动汇总功能

R4(config-router)#network 10.0.0.0

```
R4(config-router)#redistribute  ospf  1          // 把 OSPF 路由信息重分布到 RIP 中
R4(config-router)#exit                           // 退出
```

（5）在 R5 上配置 RIP。

```
R5(config)#router  rip                           // 创建 RIP 进程
R5(config-router)#version  2                     // 启用 RIPv2
R5(config-router)#no  auto-summary               // 关闭自动汇总功能
R5(config-router)#network  100.0.0.0
R5(config-router)#network  10.0.0.0
R5(config-router)#exit                           // 退出
```

（6）在 SW1 上配置 OSPF。

```
SW1(config)#router  ospf  1                      // 创建进程号为 1 的 OSPF 进程
SW1(config-router)#router-id  5.5.5.5            // 配置 Router ID
// 宣告网段为 172.16.10.0/24，区域号为 1
SW1(config-router)#network  172.16.10.0  0.0.0.255  area  1
// 宣告网段为 192.168.10.0/24，区域号为 1
SW1(config-router)#network  192.168.10.0  0.0.0.255  area  1
SW1(config-router)#exit                          // 退出
```

（7）在 SW2 上配置 OSPF。

```
SW2(config)#route  ospf  1                       // 创建进程号为 1 的 OSPF 进程
SW2(config-router)#router-id  6.6.6.6            // 配置 Router ID
// 宣告网段为 172.16.20.0/24，区域号为 1
SW2(config-router)#network  172.16.20.0  0.0.0.255  area  1
// 宣告网段为 192.168.20.0/24，区域号为 1
SW2(config-router)#network  192.168.20.0  0.0.0.255  area  1
SW2(config-router)#exit                          // 退出
```

5. 策略路由配置

在 R1 上配置策略路由。

```
R1(config)#ip  access-list  standard  10         // 创建一个编号为 10 的基本 ACL
// 允许源 IP 地址网段为 192.168.10.0/24 的报文通过
R1(config-std-nacl)#  permit  192.168.10.0  0.0.0.255
R1(config-std-nacl)#exit                         // 退出
R1(config)#ip  access-list  standard  15         // 创建一个编号为 15 的基本 ACL
// 允许源 IP 地址网段为 192.168.20.0/24 的报文通过
R1(config-std-nacl)#permit  192.168.20.0  0.0.0.255
R1(config-std-nacl)#exit                         // 退出
R1(config)#route-map  Office-A  permit  10       // 创建名为 Office-A 的策略路由
R1(config-route-map)#match  ip  address  10      // 匹配 ACL 10
R1(config-route-map)#set  ip  next-hop  172.16.30.1   // 定义下一跳地址为 172.16.30.1
R1(config-route-map)#exit                        // 退出
R1(config)#route-map  Office-B  permit  15       // 创建名为 Office-B 的策略路由
```

```
R1(config-route-map)#match ip address 15          // 匹配 ACL 15
R1(config-route-map)#set ip next-hop 172.16.40.1  // 定义下一跳地址为 172.16.40.1
R1(config-route-map)#exit                          // 退出
R1(config)#interface GigabitEthernet 0/0           // 进入 G0/0 接口
R1(config-if-GigabitEthernet 0/0)#ip policy route-map Office-A   // 应用策略路由 Office-A
R1(config-if-GigabitEthernet 0/0)#exit             // 退出
R1(config)#interface GigabitEthernet 0/1           // 进入 G0/1 接口
R1(config-if-GigabitEthernet 0/1)#ip policy route-map Office-B   // 应用策略路由 Office-B
R1(config-if-GigabitEthernet 0/1)#exit             // 退出
```

➤ 任务验证

（1）在 SW1 上使用【show ip route】命令查看路由表。

```
SW1#show ip route

Codes:  C - Connected, L - Local, S - Static
        R - RIP, O - OSPF, B - BGP, I - IS-IS, V - Overflow route
        N1 - OSPF NSSA external type 1, N2 - OSPF NSSA external type 2
        E1 - OSPF external type 1, E2 - OSPF external type 2
        SU - IS-IS summary, L1 - IS-IS level-1, L2 - IS-IS level-2
        IA - Inter area, EV - BGP EVPN, A - Arp to host
        LA - Local aggregate route
        * - candidate default

Gateway of last resort is no set
O E2   10.1.1.0/24 [110/20] via 172.16.10.2, 00:01:14, VLAN 101
O IA   10.10.10.0/24 [110/3] via 172.16.10.2, 00:01:24, VLAN 101
O IA   10.10.20.0/24 [110/3] via 172.16.10.2, 00:01:24, VLAN 101
O E2   100.1.1.0/26 [110/20] via 172.16.10.2, 00:01:14, VLAN 101
O E2   100.1.1.64/27 [110/20] via 172.16.10.2, 00:01:14, VLAN 101
O E2   100.1.1.96/28 [110/20] via 172.16.10.2, 00:01:14, VLAN 101
O E2   100.1.1.112/29 [110/20] via 172.16.10.2, 00:01:14, VLAN 101
C      172.16.10.0/24 is directly connected, VLAN 101
C      172.16.10.1/32 is local host.
O      172.16.20.0/24 [110/2] via 172.16.10.2, 00:01:24, VLAN 101
O IA   172.16.30.0/24 [110/2] via 172.16.10.2, 00:01:24, VLAN 101
O IA   172.16.40.0/24 [110/2] via 172.16.10.2, 00:01:24, VLAN 101
C      192.168.10.0/24 is directly connected, VLAN 10
C      192.168.10.254/32 is local host.
O      192.168.20.0/24 [110/3] via 172.16.10.2, 00:01:20, VLAN 101
```

可以看到，路由表中能收到 RIP 的所有路由信息。

（2）在 SW1 上使用【traceroute 100.1.1.1 source 192.168.10.254】命令追踪路由信息。

```
SW1#traceroute 100.1.1.1 source 192.168.10.254
```

```
  < press Ctrl+C to break >
Tracing the route to 100.1.1.1

1          172.16.10.2      1 msec    <1 msec    <1 msec
2          172.16.10.2      <1 msec   <1 msec    <1 msec
3          172.16.30.1      7 msec
           10.10.10.2       2 msec    <1 msec
4          10.10.10.2       2 msec
           100.1.1.1        8 msec    2 msec
```

可以看到，源 IP 地址为 192.168.10.254 的流量去往外网走的是 R3 的路径。

（3）在 SW2 上使用【traceroute 100.1.1.1 source 192.168.20.254】命令追踪路由信息。

```
SW2#traceroute 100.1.1.1 source 192.168.20.254
  < press Ctrl+C to break >
Tracing the route to 100.1.1.1

1          172.16.20.2      1 msec    <1 msec    <1 msec
2          172.16.20.2      <1 msec   <1 msec    <1 msec
3          172.16.40.1      2 msec
           10.10.20.2       5 msec    <1 msec
4          10.10.20.2       3 msec
           100.1.1.1        3 msec    3 msec
```

可以看到，源 IP 地址为 192.168.20.254 的流量去往外网走的是 R4 的路径。

任务 6-2　部署路由信息过滤

➢ 任务描述

实施本任务的目的是实现 RIP 网络的路由信息的引入，仅引入子网掩码大于或等于 26 且小于或等于 28 的路由信息。本任务的配置包括以下内容。

在 R4 上使用 prefix-list 及 distribute-list 进行路由信息的重分布。

➢ 任务操作

在 R4 上使用 prefix-list 及 distribute-list 进行路由信息的重分布。

```
// 定义 Jan16，匹配前缀为 100.1.1.0/24，子网掩码大于或等于 26 且小于或等于 28 的路由信息
R4(config)#ip prefix-list Jan16 seq 10 permit 100.1.1.0/24 ge 26 le 28
R4(config)#router ospf 1                        // 创建进程号为 1 的 OSPF 进程
R4(config-router)#distribute-list prefix Jan16 out rip   // 将过滤后的 RIP 路由信息重分布到 OSPF 中
R4(config-router)#exit                           // 退出
```

> ➢ 任务验证

（1）在 R4 上使用【show ip route】命令查看路由表。

```
R4#show ip route

Codes:  C - Connected, L - Local, S - Static
        R - RIP, O - OSPF, B - BGP, I - IS-IS, V - Overflow route
        N1 - OSPF NSSA external type 1, N2 - OSPF NSSA external type 2
        E1 - OSPF external type 1, E2 - OSPF external type 2
        SU - IS-IS summary, L1 - IS-IS level-1, L2 - IS-IS level-2
        IA - Inter area, EV - BGP EVPN, A - Arp to host
        LA - Local aggregate route
        * - candidate default

Gateway of last resort is no set
C       10.1.1.0/24 is directly connected, GigabitEthernet 0/2
C       10.1.1.1/32 is local host.
C       10.10.10.0/24 is directly connected, GigabitEthernet 0/0
C       10.10.10.2/32 is local host.
C       10.10.20.0/24 is directly connected, GigabitEthernet 0/1
C       10.10.20.2/32 is local host.
R       100.1.1.0/26 [120/1] via 10.1.1.2, 00:20:52, GigabitEthernet 0/2
R       100.1.1.64/27 [120/1] via 10.1.1.2, 00:20:52, GigabitEthernet 0/2
R       100.1.1.96/28 [120/1] via 10.1.1.2, 00:20:52, GigabitEthernet 0/2
R       100.1.1.112/29 [120/1] via 10.1.1.2, 00:20:52, GigabitEthernet 0/2
O IA    172.16.10.0/24 [110/3] via 10.10.20.1, 00:20:19, GigabitEthernet 0/1
                       [110/3] via 10.10.10.1, 00:20:19, GigabitEthernet 0/0
O IA    172.16.20.0/24 [110/3] via 10.10.20.1, 00:20:19, GigabitEthernet 0/1
                       [110/3] via 10.10.10.1, 00:20:19, GigabitEthernet 0/0
O       172.16.30.0/24 [110/2] via 10.10.10.1, 00:20:19, GigabitEthernet 0/0
O       172.16.40.0/24 [110/2] via 10.10.20.1, 00:20:19, GigabitEthernet 0/1
O IA    192.168.10.0/24 [110/4] via 10.10.20.1, 00:20:19, GigabitEthernet 0/1
                        [110/4] via 10.10.10.1, 00:20:19, GigabitEthernet 0/0
O IA    192.168.20.0/24 [110/4] via 10.10.20.1, 00:20:19, GigabitEthernet 0/1
                        [110/4] via 10.10.10.1, 00:20:19, GigabitEthernet 0/0
```

可以看到，R4 能收到 RIP 的所有路由信息。

（2）在 R1 上使用【show ip route】命令查看路由表。

```
R1#show ip route

Codes:  C - Connected, L - Local, S - Static
```

```
      R - RIP, O - OSPF, B - BGP, I - IS-IS, V - Overflow route
      N1 - OSPF NSSA external type 1, N2 - OSPF NSSA external type 2
      E1 - OSPF external type 1, E2 - OSPF external type 2
      SU - IS-IS summary, L1 - IS-IS level-1, L2 - IS-IS level-2
      IA - Inter area, EV - BGP EVPN, A - Arp to host
      LA - Local aggregate route
      * - candidate default

Gateway of last resort is no set
O       10.10.10.0/24 [110/2] via 172.16.30.1, 00:21:12, GigabitEthernet 0/2
O       10.10.20.0/24 [110/2] via 172.16.40.1, 00:21:12, GigabitEthernet 0/3
O E2    100.1.1.0/26 [110/20] via 172.16.40.1, 00:21:12, GigabitEthernet 0/3
                     [110/20] via 172.16.30.1, 00:21:12, GigabitEthernet 0/2
O E2    100.1.1.64/27 [110/20] via 172.16.40.1, 00:21:12, GigabitEthernet 0/3
                      [110/20] via 172.16.30.1, 00:21:12, GigabitEthernet 0/2
O E2    100.1.1.96/28 [110/20] via 172.16.40.1, 00:21:12, GigabitEthernet 0/3
                      [110/20] via 172.16.30.1, 00:21:12, GigabitEthernet 0/2
C       172.16.10.0/24 is directly connected, GigabitEthernet 0/0
C       172.16.10.2/32 is local host.
C       172.16.20.0/24 is directly connected, GigabitEthernet 0/1
C       172.16.20.2/32 is local host.
C       172.16.30.0/24 is directly connected, GigabitEthernet 0/2
C       172.16.30.2/32 is local host.
C       172.16.40.0/24 is directly connected, GigabitEthernet 0/3
C       172.16.40.2/32 is local host.
O       192.168.10.0/24 [110/2] via 172.16.10.1, 00:21:27, GigabitEthernet 0/0
O       192.168.20.0/24 [110/2] via 172.16.20.1, 00:21:17, GigabitEthernet 0/1
```

可以看到，R1 不能收到 RIP 的网段 100.1.1.112/29 的路由信息。

项目验证

使用【ping】命令验证 PC1 与外网地址能否正常通信。

```
PC1>ping 192.168.20.1

正在 Ping 192.168.20.1 具有 32 字节的数据：
来自 192.168.20.1 的回复：字节 =32 时间 =2ms TTL=64
来自 192.168.20.1 的回复：字节 =32 时间 =3ms TTL=64
来自 192.168.20.1 的回复：字节 =32 时间 =2ms TTL=64
来自 192.168.20.1 的回复：字节 =32 时间 =2ms TTL=64
```

192.168.20.1 的 Ping 统计信息：

数据包：已发送 = 4，已接收 = 4，丢失 = 0 (0% 丢失)，

往返行程的估计时间 (以毫秒为单位)：

最短 = 2ms，最长 = 3ms，平均 = 2ms

可以看到，PC1 能与外网地址正常通信。

项目拓展

一、理论题

（1）以下 prefix-list 命令中，能对 192.168.1.0/24 中子网掩码为 25~28 进行匹配的是（　　）。

    A．ip prefix-list A seq 5 permit 192.168.1.0/24 le 24

    B．ip prefix-list A seq 5 permit 192.168.1.0/24 ge 24

    C．ip prefix-list A seq 5 permit 192.168.1.0/24 ge 24 le 28

    D．ip prefix-list A seq 5 permit 192.168.1.0/24 ge 25 le 28

（2）distribute-list 结合（　　）使用，能实现路由信息的过滤。（多选）

    A．ACL   B．prefix-list

    C．OSPF   D．route-map

（3）策略路由能基于（　　）匹配数据。（多选）

    A．源 IP 地址   B．端口号

    C．源 IP 地址与目的 IP 地址   D．数据包的长度

二、项目实训

1．实训背景

随着 A 公司的不断扩大，现打算收购同园区内的 B 公司，但 A 公司运行的是 OSPF，B 公司运行的是 RIP，为了确保资源共享、办公自动化和节省人力成本，现打算将两个公司的网络合并。B 公司的大多数服务因固定了网段，重新设计成本较高，故经信息技术部门协商后，决定在保留两个公司现有网络的基础上配置策略路由，以及进行路由信息的重分布，从而实现两个公司网络的互联。

实训拓扑结构如图 6-3 所示。

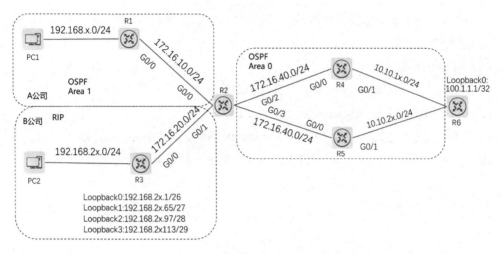

图 6-3 实训拓扑结构

2. 实训规划表

根据实训背景，并参考本项目的项目规划设计，完成实训规划表，如表 6-4～表 6-6 所示。

表 6-4 VLAN 规划

VLAN ID	VLAN 名称	网段	用途

表 6-5 端口规划

本端设备	本端端口	端口配置	对端设备	对端端口

表 6-6 IP 地址规划

设备	接口	IP 地址	用途

3. 实训要求

（1）根据 IP 地址规划表配置 IP 地址。

（2）在路由器上配置 OSPF 和 RIP。

（3）在 R2 上配置路由信息重分布，在 OSPF 上对 RIP 路由信息进行重分布，分布子网掩码为 24～28 位的 RIP 路由信息。

（4）在 R2 上配置策略路由，使 A 公司的路由信息走 R4 的路径转发，B 公司的路由信息走 R5 的路径转发。

（5）按照以下要求操作并截图保存。

① 在 R2 上使用【show ip route】命令查看路由表。

② 在 R1 上使用【show ip route】命令查看路由表。

③ 在 R1 上使用【traceroute 100.1.1.1 source IP 地址】命令追踪路由信息。

④ 在 R3 上使用【traceroute 100.1.1.1 source IP 地址】命令追踪路由信息。

模块 3　安全高级技术

项目 7　企业局域网安全接入部署

项目描述

近期，某企业局域网出现了异常，部分员工无法正常上网。经过调查发现，部分员工为了将个人终端（手机等）接入企业网络，擅自使用无线路由器，且未关闭无线路由器的DHCP（Dynamic Host Configuration Protocol，动态主机配置协议）功能，致使其个人终端获取错误的 IP 地址。为了解决这个问题，必须对企业局域网进行改造。经过讨论，该企业决定优先对财务部和销售部的网络进行改造，以确保这两个部门的主机能正确获取 IP 地址。此外，为了提升网络的安全性，还需要有效防范非法 DHCP 服务器的接入，禁止使用手动配置 IP 地址的个人终端接入网络。

该企业最近购买了一台监控服务器，旨在通过旁路部署的方式来全面监控网络流量。目前，需要在核心交换机上将流量复制到监控服务器所在端口上。

项目拓扑结构如图 7-1 所示。

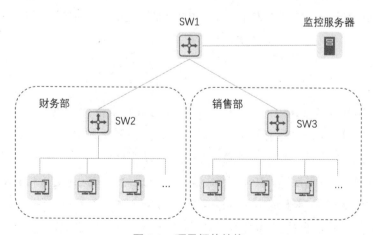

图 7-1　项目拓扑结构

项目相关知识

7.1　DHCP Snooping

DHCP Snooping（DHCP 窥探）主要用于保证 DHCP 客户端从合法的 DHCP 服务器中获取 IP 地址。DHCP Snooping 通过对 DHCP 客户端和 DHCP 服务器之间的 DHCP 报文进行窥探来实现对用户 IP 地址使用情况的记录和监控，同时还可以过滤非法 DHCP 报文。使用 DHCP Snooping 可以有效减少 DHCP 地址池中的损耗和网络中针对 DHCP 的欺骗攻击，并能通过生成的信息为 IPSG 等安全应用提供服务。

DHCP Snooping 可以提供以下两个方面的功能。

1. 过滤非法 DHCP 报文

在交换机上配置 DHCP Snooping 后，交换机能检测 DHCP 服务器发送的报文。运维人员可以将连接授权 DHCP 服务器的端口配置为信任端口，将其他端口配置为非信任端口。这样，交换机只会接收并转发来自信任端口的 DHCP 服务器分配的 IP 地址，而非信任端口收到 DHCP 服务器响应的 DHCP Ack 报文、DHCP Nak 报文、DHCP Offer 报文后，交换机会丢弃这些报文。

2. 建立和维护 DHCP Snooping 绑定表

DHCP Snooping 能截获 DHCP 报文并对其进行分析与处理，建立和维护一个 DHCP Snooping 绑定表，该表中包括 MAC 地址、IP 地址、端口、VLAN 等信息。这些信息作为合法信息，被提供给设备的其他安全模块使用，以实现进一步的接入安全功能。

7.2　IPSG

IPSG（IP Source Guard，IP 源防护）是一种网络安全特性，主要用于防范针对源 IP 地址进行欺骗的攻击行为。随着网络规模的不断扩大，基于源 IP 地址的攻击也日益增多。攻击者可能通过欺骗手段获取网络资源，获取合法使用网络资源的权限，甚至使被欺骗者无法访问网络或发生信息泄露。IPSG 针对这类源 IP 地址攻击提供了一种有效的防御机制。

IPSG 的工作原理是基于绑定表（DHCP Snooping 绑定表）对 IP 报文进行匹配检查。设备在转发 IP 报文时，会检查 IP 报文中的源 IP 地址、源 MAC 地址、端口、VLAN 等信息，并将这些信息与绑定表中的信息进行比对。如果信息匹配，那么认为该报文来自合法用户，允许其正常转发；否则，该报文将被视为攻击报文并被丢弃。

IPSG 的绑定表可以通过两种方式进行配置：静态绑定和动态绑定。静态绑定是通过使用【user-bind】命令手动配置的，而动态绑定则是通过配置 DHCP Snooping 来实现的（推荐使用这种方式）。通过实施 IPSG，可以有效地防止恶意主机伪造合法主机的 IP 地址，确保非授权主机不能通过自己制定的 IP 地址访问和攻击合法主机的网络。

7.3　端口安全

端口安全是一种在端口上实施的安全技术，通过绑定合法的 MAC 地址、IP 地址或 IP 地址 + MAC 地址，对端口收到的报文进行控制。在接入交换机上建立端口和 MAC 地址、IP 地址或 IP 地址 + MAC 地址的对应关系，当端口收到符合对应关系的报文时，会进行正常转发；当端口收到不符合对应关系的报文时，会进行下一步判断。

端口安全适用于需要严格控制端口接入用户身份的场景，以确保指定的合法用户能访问网络。此外，通过端口安全能有效应对 MAC 地址表耗尽的风险，即通过防止非法用户使用恶意软件或病毒发送伪造 MAC 地址的流量来耗尽 MAC 地址表，从而保障网络的正常通信。端口安全应用示例如图 7-2 所示。

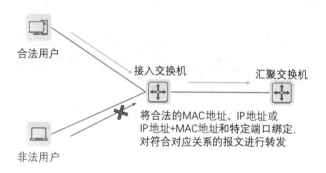

图 7-2　端口安全应用示例

端口安全中的 MAC 地址绑定分为静态绑定和动态绑定两种方式。

（1）静态绑定：手动使用命令进行绑定，可以绑定二层安全地址和三层安全地址（MAC 地址、IP 地址、IP 地址 + MAC 地址）。

（2）动态绑定：交换机自动学习 MAC 地址并将其转化为安全 MAC 地址，只能绑定到二层安全地址。

在通常情况下，这两种 MAC 地址绑定方式可以配置的最大安全地址数量默认为 128 个。通过端口安全可以限制安全地址个数，以防设备遭受 MAC 扫描攻击时，MAC 地址表被迅速占满。

7.4 ARP Check

ARP 是一种将 IP 地址解析为 MAC 地址的协议，是以太网中的一个重要协议。然而，ARP 并不安全，它有两个漏洞，其一是在设备上学习 IP 地址和 MAC 地址的对应关系时，不对 ARP 报文进行验证；其二是始终以最新收到的 ARP 报文更新 ARP 缓存。这两个漏洞的存在，使得 ARP 欺骗成了局域网的一大威胁。

ARP Check 是防护 ARP 欺骗的一种网络安全机制，主要用于验证 ARP 报文的合法性和有效性。ARP Check 能通过比较 ARP 缓存中的 IP 地址和 MAC 地址，来验证 ARP 缓存中记录的信息是否匹配。目前，ARP Check 支持的安全检查功能包括两种，分别是仅检查 ARP 报文的 Sender IP 字段和检查 ARP 报文的 Sender IP 字段 +Sender MAC 字段。

ARP Check 会基于合法用户信息表的条目，检查 ARP 报文的 Sender IP 字段或 Sender IP 字段 +Sender MAC 字段（不符合合法用户信息表的报文将被丢弃），达到防止出现 ARP 欺骗的目的。

7.5 端口镜像

端口镜像，又称端口监控或 SPAN（Switch Port Analyzer）。通过端口镜像可以实时地将被监控的一个或多个端口的流量复制到镜像目的端口（监控端口）上，而不影响镜像源端口（被监控端口）的正常工作。

在进行端口镜像时，有两个主要端口，分别是镜像源端口和镜像目的端口。端口镜像应用示例如图 7-3 所示。

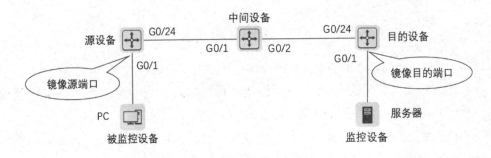

图 7-3 端口镜像应用示例

在端口镜像会话中，镜像源端口上的数据流被监控，用于网络分析或故障排除。在单个端口镜像会话中，用户可以监控输入、输出和双向数据流，且镜像源端口的最大个数没有限制（但受限于设备性能和镜像目的端口的带宽）。镜像源端口具有以下特性。

（1）镜像源端口可以是二层口、三层口，也可以是 AP（Access Point，接入点）端口。

（2）镜像源端口不能同时作为镜像目的端口。

（3）镜像源端口和镜像目的端口可以属于同一个 VLAN，也可以属于不同 VLAN。

镜像目的端口用于接收镜像源端口 1：1 复制的数据包。镜像目的端口具有以下特性。

（1）镜像目的端口可以是二层口、三层口，也可以是 AP 端口。

（2）镜像目的端口不能同时作为镜像源端口，且同一个端口镜像会话只能有一个镜像目的端口。

（3）在默认情况下，镜像目的端口不能作为业务端口，除非配置了参数 switch。

7.6　AAA

AAA 表示 Authentication、Authorization、Accounting，意为认证、授权、记账。其主要作用是提供一个用于对认证、授权、记账这 3 种安全功能进行配置的框架。AAA 的配置实际上是对网络访问控制的一种管理。

AAA 的具体组成部分及作用如下。

Authentication：对用户的身份进行认证，决定是否允许该用户访问网络。

Authorization：给不同的用户分配不同的权限，限制各用户可以使用的网络服务。

Accounting：记录用户使用网络资源的情况，包括使用的服务类型、起始时间等，从而实现对用户使用网络资源的行为进行记账、统计与追踪。

项目规划设计

本项目计划使用 3 台交换机、4 台主机和 1 台监控服务器构建企业局域网。其中，SW1 为核心交换机，SW2 和 SW3 为接入交换机。本项目计划在 SW1 上建立部门 DHCP 地址池，为财务部和销售部主机自动分配 IP 地址；在 SW2、SW3 上使用 DHCP Snooping，防止财务部和销售部主机获取非法 DHCP 服务器的 IP 地址，同时，在 SW2、SW3 上启用端口安全、报文检测和 ARP Check，为部门主机提供安全的网络环境；将监控服务器连接到 SW1 上，指定下联接口为镜像源端口，将流量实时复制到监控服务器所在的链路上。

其具体配置步骤如下。

（1）配置 DHCP Snooping，实现为财务部和销售部主机自动分配 IP 地址，同时防止财务部和销售部主机获取非法 DHCP 服务器的 IP 地址，保证网络通信正常。

（2）配置局域网主机安全接入，实现财务部和销售部主机接入局域网后安全用网。

（3）配置端口镜像，实现对企业局域网流量的监控。

项目实施拓扑结构如图 7-4 所示。

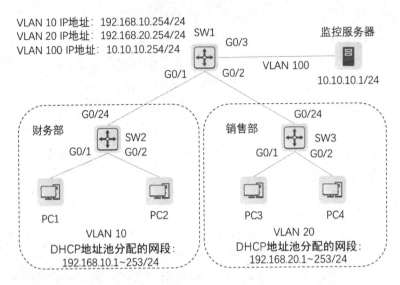

VLAN 10 IP地址：192.168.10.254/24
VLAN 20 IP地址：192.168.20.254/24
VLAN 100 IP地址：10.10.10.254/24

图 7-4　项目实施拓扑结构

　　根据图 7-4 进行项目 7 的所有规划。项目 7 的 VLAN 规划、端口规划、IP 地址规划如表 7-1～表 7-3 所示。

表 7-1　项目 7 的 VLAN 规划

VLAN ID	VLAN 名称	网段	用途
VLAN 10	User-Caiwu	192.168.10.0/24	财务部用户网段
VLAN 20	User-Xiaoshou	192.168.20.0/24	销售部用户网段
VLAN 100	User-Xinxi	10.10.10.0/24	监控服务器网段

表 7-2　项目 7 的端口规划

本端设备	本端端口	端口配置	对端设备	对端端口
SW1	G0/1	Trunk	SW2	G0/24
	G0/2	Trunk	SW3	G0/24
	G0/3	Access	监控服务器	Eth1
SW2	G0/1	Access	PC1	Eth1
	G0/2	Access	PC2	Eth1
	G0/24	Trunk	SW1	G0/1
SW3	G0/1	Access	PC3	Eth1
	G0/2	Access	PC4	Eth1
	G0/24	Trunk	SW1	G0/2

表 7-3   项目 7 的 IP 地址规划

设备	接口	IP 地址
SW1	VLAN 10	192.168.10.254/24
	VLAN 20	192.168.20.254/24
	VLAN 100	10.10.10.254/24
PC1	-	DHCP 自动分配
PC2	-	DHCP 自动分配
PC3	-	DHCP 自动分配
PC4	-	DHCP 自动分配
监控服务器	-	10.10.10.1/24

项目实践

任务 7-1   配置 DHCP Snooping

➤ 任务描述

实施本任务的目的是实现为财务部和销售部主机自动分配 IP 地址，同时防止财务部和销售部主机获取非法 DHCP 服务器的 IP 地址，保证网络通信正常。本任务的配置包括以下内容。

（1）VLAN 配置：创建并配置 VLAN。

（2）IP 地址配置：为交换机配置 IP 地址。

（3）端口配置：配置互联端口，并配置端口默认的 VLAN。

（4）DHCP 服务配置：在 SW1 上配置 DHCP 服务。

（5）DHCP Snooping 配置：在接入交换机上启用 DHCP Snooping，对所有 DHCP 流量进行过滤，同时配置上行端口为 DHCP Snooping Trust 端口，仅信任该端口发出的 DHCP 报文。

➤ 任务操作

1. VLAN 配置

（1）在 SW1 上创建并配置 VLAN。

```
Ruijie>enable                                    // 进入特权模式
Ruijie#config terminal                           // 进入全局模式
Ruijie(config)#hostname SW1                      // 将交换机名称更改为 SW1
SW1(config)#vlan 10                              // 创建 VLAN 10
SW1(config-vlan)#name User-Caiwu                // 将 VLAN 命名为 User-Caiwu
SW1(config-vlan)#exit                            // 退出
SW1(config)#vlan 20                              // 创建 VLAN 20
SW1(config-vlan)#name User-Xiaoshou             // 将 VLAN 命名为 User-Xiaoshou
SW1(config-vlan)#exit                            // 退出
SW1(config)#vlan 100                             // 创建 VLAN 100
SW1(config-vlan)#name User-Xinxi                // 将 VLAN 命名为 User-Xinxi
SW1(config-vlan)#exit                            // 退出
```

（2）在 SW2 上创建并配置 VLAN。

```
Ruijie>enable                                    // 进入特权模式
Ruijie#config terminal                           // 进入全局模式
Ruijie(config)#hostname SW2                      // 将交换机名称更改为 SW2
SW2(config)#vlan 10                              // 创建 VLAN 10
SW2(config-vlan)#name User-Caiwu                // 将 VLAN 命名为 User-Caiwu
SW2(config-vlan)#exit                            // 退出
```

（3）在 SW3 上创建并配置 VLAN。

```
Ruijie>enable                                    // 进入特权模式
Ruijie#config terminal                           // 进入全局模式
Ruijie(config)#hostname SW3                      // 将交换机名称更改为 SW3
SW3(config)#vlan 20                              // 创建 VLAN 20
SW3(config-vlan)#name User-Xiaoshou             // 将 VLAN 命名为 User-Xiaoshou
SW3(config-vlan)#exit                            // 退出
```

2. IP 地址配置

在 SW1 上配置 IP 地址。

```
SW1(config)#interface vlan 10                                        // 进入 VLAN 10 接口
SW1(config-if-VLAN 10)# ip address 192.168.10.254 255.255.255.0     // 配置 IP 地址
SW1(config-if-VLAN 10)#exit                                         // 退出
SW1(config)#interface vlan 20                                        // 进入 VLAN 20 接口
SW1(config-if-VLAN 20)# ip address 192.168.20.254 255.255.255.0     // 配置 IP 地址
SW1(config-if-VLAN 20)#exit                                         // 退出
SW1(config)#interface vlan 100                                       // 进入 VLAN 100 接口
SW1(config-if-VLAN 100)# ip address 10.10.10.254 255.255.255.0      // 配置 IP 地址
SW1(config-if-VLAN 100)#exit                                        // 退出
```

3. 端口配置

（1）在 SW1 上配置与交换机和监控服务器互联的端口，并配置端口默认的 VLAN。

```
SW1(config)#interface GigabitEthernet 0/1                    // 进入 G0/1 端口
SW1(config-if-GigabitEthernet 0/1)#switchport mode trunk     // 修改端口模式为 Trunk
// 配置端口默认的 VLAN 为 VLAN 10
SW1(config-if-GigabitEthernet 0/1)#switchport trunk allowed vlan only 10
SW1(config-if-GigabitEthernet 0/1)#exit                      // 退出
SW1(config)#interface GigabitEthernet 0/2                    // 进入 G0/2 端口
SW1(config-if-GigabitEthernet 0/2)#switchport mode trunk     // 修改端口模式为 Trunk
// 配置端口默认的 VLAN 为 VLAN 20
SW1(config-if-GigabitEthernet 0/2)#switchport trunk allowed vlan only 20
SW1(config-if-GigabitEthernet 0/2)#exit                      // 退出
SW1(config)#interface GigabitEthernet 0/3                    // 进入 G0/3 端口
SW1(config-if-GigabitEthernet 0/3)#switchport mode access    // 修改端口模式为 Access
SW1(config-if-GigabitEthernet 0/3)#switchport access vlan 100 // 配置端口默认的 VLAN 为 VLAN 100
SW1(config-if-GigabitEthernet 0/3)#exit                      // 退出
```

（2）在 SW2 上配置与交换机和主机互联的端口，并配置端口默认的 VLAN。

```
SW2(config)#interface range GigabitEthernet 0/1-23           // 批量进入端口
SW2(config-if-range)#switchport mode access                  // 修改端口模式为 Access
SW2(config-if-range)#switchport access vlan 10               // 配置端口默认的 VLAN 为 VLAN 10
SW2(config-if-range)#exit                                     // 退出
SW2(config)#interface GigabitEthernet 0/24                   // 进入 G0/24 端口
SW2(config-if-GigabitEthernet 0/24)#switchport mode trunk    // 修改端口模式为 Trunk
SW2(config-if-GigabitEthernet 0/24)#exit                     // 退出
```

（3）在 SW3 上配置与交换机和主机互联的端口，并配置端口默认的 VLAN。

```
SW3(config)#interface range GigabitEthernet 0/1-23           // 批量进入端口
SW3(config-if-range)#switchport mode access                  // 修改端口模式为 Access
SW3(config-if-range)#switchport access vlan 20               // 配置端口默认的 VLAN 为 VLAN 20
SW3(config-if-range)#exit                                     // 退出
SW3(config)#interface GigabitEthernet 0/24                   // 进入 G0/24 端口
SW3(config-if-GigabitEthernet 0/24)#switchport mode trunk    // 修改端口模式为 Trunk
SW3(config-if-GigabitEthernet 0/24)#exit                     // 退出
```

4. DHCP 服务配置

在 SW1 上配置 DHCP 服务，为财务部和销售部主机分配 IP 地址。

```
SW1(config)#service dhcp                          // 启用 DHCP 服务
SW1(config)#ip dhcp pool VLAN 10                  // 设置 DHCP 地址池的名称为 VLAN 10
// 配置 DHCP 地址池分配的网段为 192.168.10.0/24
SW1(dhcp-config)# network 192.168.10.0 255.255.255.0
// 配置 DHCP 地址池分配的网关 IP 地址为 192.168.10.254/24
SW1(dhcp-config)# default-router 192.168.10.254
SW1(dhcp-config)# lease 7 0 0                     // 配置 DHCP 地址池分配的有效期为 7 天
SW1(dhcp-config)# exit                            // 退出
SW1(config)#ip dhcp pool VLAN 20                  // 设置 DHCP 地址池的名称为 VLAN 20
```

```
// 配置 DHCP 地址池分配的网段为 192.168.20.1 ~ 253/254
SW1(dhcp-config)#  network  192.168.20.0  255.255.255.0
// 配置 DHCP 地址池分配的网关 IP 地址为 192.168.20.254/24
SW1(dhcp-config)#  default-router  192.168.20.254
SW1(dhcp-config)#  lease  7  0  0                          // 配置 DHCP 地址池分配的有效期为 7 天
SW1(dhcp-config)#  exit                                    // 退出
```

5. DHCP Snooping 配置

（1）在 SW2 上配置 DHCP Snooping。

```
SW2(config)#ip dhcp snooping                               // 启用 DHCP Snooping
SW2(config)# interface GigabitEthernet 0/24               // 进入 G0/24 端口
SW2(config-FastEthernet 0/24)#ip dhcp snooping trust      // 配置端口为 DHCP Snooping Trust 端口
SW2(config-FastEthernet 0/24)#exit                         // 退出
SW2(config)#ip dhcp snooping check-giaddr   // 全局启用 DHCP Snooping 处理 Relay 请求报文功能
```

（2）在 SW3 上配置 DHCP Snooping。

```
SW3(config)#ip dhcp snooping                               // 启用 DHCP Snooping
SW3(config)# interface GigabitEthernet 0/24               // 进入 G0/24 端口
SW3(config-FastEthernet 0/24)#ip dhcp snooping trust      // 配置端口为 DHCP Snooping Trust 端口
SW3(config-FastEthernet 0/24)#exit                         // 退出
SW3(config)#ip dhcp snooping check-giaddr   // 全局启用 DHCP Snooping 处理 Relay 请求报文功能
```

➤ 任务验证

（1）在 SW1 上使用【show ip dhcp binding】命令查看 DHCP 服务器地址池的分配情况。

```
SW1(config)#show ip dhcp binding


Total number of clients    : 4
Expired clients            : 0
Running clients            : 4


IP address          Hardware address        Lease expiration              Type
192.168.20.1        000c.29d2.c612          006 days 23 hours 49 mins     Automatic
192.168.20.2        000c.29d2.c475          006 days 23 hours 59 mins     Automatic
192.168.10.2        000c.292d.74f4          006 days 23 hours 47 mins     Automatic
192.168.10.1        000c.292d.ac11          006 days 23 hours 28 mins     Automatic
```

可以看到，4 台主机都获取了 IP 地址。

（2）在 SW2 上使用【show ip dhcp snooping binding】命令查看 DHCP Snooping 绑定表。

```
SW2(config)#show ip dhcp snooping binding


Total number of bindings: 2
```

NO.	MACADDRESS	IPADDRESS	LEASE(SEC)	TYPE	VLAN	INTERFACE
1	000c.292d.ac11	192.168.10.1	604631	DHCP-Snooping	10	GigabitEthernet 0/1
2	000c.292d.74f4	192.168.10.2	604032	DHCP-Snooping	10	GigabitEthernet 0/2

可以看到，SW2 上生成了 PC1 和 PC2 的绑定记录。

任务 7-2　配置局域网主机安全接入

➤ 任务描述

实施本任务的目的是实现财务部和销售部主机接入局域网后安全用网。本任务的配置包括以下内容。

（1）端口安全配置：在 SW2 上配置端口允许的最大安全地址数量为 1 个，在 SW3 上配置端口允许的最大安全地址数量为 4 个；对财务部主机进行 IP 地址 +MAC 地址的静态绑定，对销售部主机仅进行 MAC 地址的静态绑定。

（2）IPSG 配置：在 SW2、SW3 上启用报文检测，模式为 IP 地址 +MAC 地址。

（3）ARP Check 配置：在 SW2、SW3 上启用 ARP Check。

➤ 任务操作

1. 端口安全配置

（1）在 SW2 上配置端口安全，静态绑定 IP 地址 +MAC 地址。

```
SW2(config)# interface GigabitEthernet 0/1          // 进入 G0/1 端口
SW2(config-if-GigabitEthernet 0/1)#switchport port-security  // 启用端口安全
SW2(config-if-GigabitEthernet 0/1)#switchport port-security binding 000c.292d.ac11 vlan 10
192.168.10.1                                        // 在端口上绑定 IP 地址 +MAC 地址
// 配置最大安全地址数量为 1 个
SW2(config-if-GigabitEthernet 0/1)#switchport port-security maximum 1
// 配置违例动作为 Restrict
SW2(config-if-GigabitEthernet 0/1)#switchport port-security violation restrict
SW2(config-if-GigabitEthernet 0/1)#exit             // 退出
SW2(config)# interface range GigabitEthernet 0/2    // 进入 G0/2 端口
SW2(config-if-GigabitEthernet 0/2)#switchport port-security  // 启用端口安全
SW2(config-if-GigabitEthernet 0/2)#switchport port-security binding 000c.292d.74f4 vlan 10
192.168.10.2                                        // 在端口上绑定 IP 地址 +MAC 地址
SW2(config-if-GigabitEthernet 0/2)#switchport port-security maximum 1 // 配置最大安全地址数量为 1 个
// 配置违例动作为 Restrict
SW2(config-if-GigabitEthernet 0/2)#switchport port-security violation restrict
```

```
SW2(config-if-GigabitEthernet 0/2)#exit                                      // 退出
```

（2）在 SW3 上配置端口安全，静态绑定 MAC 地址。

```
SW3(config)# interface GigabitEthernet 0/1                                   // 进入 G0/1 端口
SW3(config-if-GigabitEthernet 0/1)#switchport port-security                  // 启用端口安全
//在端口上绑定 MAC 地址
SW3(config-if-GigabitEthernet 0/1)#switchport port-security mac-address 000c.29d2.c612 vlan 20
SW3(config-if-GigabitEthernet 0/1)#switchport port-security maximum 4 // 配置最大安全地址数量为 4 个
// 配置违例动作为 Restrict
SW3(config-if-GigabitEthernet 0/1)#switchport port-security violation restrict
SW3(config-if-GigabitEthernet 0/1)#exit                                      // 退出
SW3(config)# interface GigabitEthernet 0/2                                   // 进入 G0/2 端口
SW3(config-if-GigabitEthernet 0/2)#switchport port-security                  // 启用端口安全
// 在端口上绑定 MAC 地址
SW3(config-if-GigabitEthernet 0/2)#switchport port-security mac-address 000c.29d2.c475 vlan 20
SW3(config-if-GigabitEthernet 0/2)#switchport port-security maximum 4 // 配置最大安全地址数量为 4 个
// 配置违例动作为 Restrict
SW3(config-if-GigabitEthernet 0/2)#switchport port-security violation restrict
SW3(config-if-GigabitEthernet 0/2)#exit                                      // 退出
```

2．IPSG 配置

（1）在 SW2 上配置 IPSG，静态绑定源数据 IP 地址 +MAC 地址。

```
SW2(config)# interface range GigabitEthernet 0/1-2                           // 批量进入端口
SW2(config-if-range)#ip verify source port-security                          // 启用报文检测
SW2(config-if-range)#exit                                                    // 退出
```

（2）在 SW3 上配置 IPSG，静态绑定源数据 IP 地址 +MAC 地址。

```
SW3(config)# interface range GigabitEthernet 0/1-2                           // 批量进入端口
SW3(config-if-range)#ip verify source port-security                          // 启用报文检测
SW3(config-if-range)#exit                                                    // 退出
```

3．ARP Check 配置

（1）在 SW2 上配置 ARP Check。

```
SW2(config)# interface range GigabitEthernet 0/1-2                           // 批量进入端口
SW2(config-if-range)#arp-check                                               // 启用 ARP Check
SW2(config-if-range)#anti-arp-spoofing ip 192.168.10.254                     // 配置 ARP Check
SW2(config-if-range)#exit                                                    // 退出
```

（2）在 SW3 上配置 ARP Check。

```
SW3(config)# interface range GigabitEthernet 0/1-2                           // 批量进入端口
SW3(config-if-range)#arp-check                                               // 启用 ARP Check
SW3(config-if-range)#anti-arp-spoofing ip 192.168.20.254                     // 配置 ARP Check
SW3(config-if-range)#exit                                                    // 退出
```

➤ 任务验证

（1）在 SW2 上使用【show port-security address】命令查看交换机端口安全表。

```
SW2#show port-security address
NO.   VLAN   MacAddress        PORT                     TYPE          RemainingAge(mins)   STATUS
----  -----  ---------------   --------------------     ----------    ------------------   --------
1     10     000c.292d.ac11    GigabitEthernet 0/1      Dynamic       --                   active
2     10     000c.292d.74f4    GigabitEthernet 0/2      Dynamic       --                   active
```

可以看到，交换机端口安全表中出现了 PC1 和 PC2 的 MAC 地址和对应端口。

（2）在 SW3 上使用【show port-security address】命令查看交换机端口安全表。

```
SW3#show port-security address
NO.   VLAN   MacAddress        PORT                     TYPE          RemainingAge(mins)   STATUS
----  -----  ---------------   --------------------     ----------    ------------------   --------
1     20     000c.29d2.c612    GigabitEthernet 0/1      Configured    --                   active
2     20     000c.29d2.c475    GigabitEthernet 0/2      Configured    --                   active
```

可以看到，交换机端口安全表中出现了 PC3 和 PC4 的 MAC 地址和对应端口。

（3）在 SW2 上使用【show ip dhcp snooping binding】命令查看 DHCP Snooping 绑定表。

```
SW2#show ip dhcp snooping binding

Total number of bindings: 2

NO.    MACADDRESS          IPADDRESS         LEASE(SEC)     TYPE            VLAN    INTERFACE
-----  ------------------  ---------------   ------------   -------------   -----   --------------------
1      000c.292d.ac11      192.168.10.1      602840         DHCP-Snooping   10      GigabitEthernet 0/1
2      000c.292d.74f4      192.168.10.2      604368         DHCP-Snooping   10      GigabitEthernet 0/2
```

可以看到，DHCP Snooping 绑定表中出现了 PC1、PC2 的相关信息。

（4）在 SW3 上使用【show ip dhcp snooping binding】命令查看 DHCP Snooping 绑定表。

```
SW3#show ip dhcp snooping binding

Total number of bindings: 2

NO.    MACADDRESS          IPADDRESS         LEASE(SEC)     TYPE            VLAN    INTERFACE
-----  ------------------  ---------------   ------------   -------------   -----   --------------------
1      000c.29d2.c612      192.168.20.1      601685         DHCP-Snooping   20      GigabitEthernet 0/1
2      000c.29d2.c475      192.168.20.2      602459         DHCP-Snooping   20      GigabitEthernet 0/2
```

可以看到，DHCP Snooping 绑定表中出现了 PC3、PC4 的相关信息。

（5）在 SW2 上使用【show ip verify source】命令查看 IPSG 库信息。

```
SW2(config)#show ip verify source
```

NO.	INTERFACE	FilterType	FilterStatus	IPADDRESS	MACADDRESS	VLAN	TYPE
1	GigabitEthernet 0/1	IP+MAC	Active	192.168.10.1	000c.292d.ac11	10	DHCP-Snooping
2	GigabitEthernet 0/2	IP+MAC	Active	192.168.10.2	000c.292d.74f4	10	DHCP-Snooping
3	GigabitEthernet 0/1	IP+MAC	Active		Deny-All		
4	GigabitEthernet 0/2	IP+MAC	Active		Deny-All		

Total number of bindings: 4

可以看到，IPSG 库丢弃了没有绑定 IP 地址 +MAC 地址的 ARP 报文。

（6）在 SW3 上使用【show ip verify source】命令查看 IPSG 库信息。

```
SW3#show ip verify source
```

NO.	INTERFACE	FilterType	FilterStatus	IPADDRESS	MACADDRESS	VLAN	TYPE
1	GigabitEthernet 0/2	IP+MAC	Active	192.168.20.2	000c.29d2.c475	20	DHCP-Snooping
2	GigabitEthernet 0/1	IP+MAC	Active	192.168.20.1	000c.29d2.c612	20	DHCP-Snooping
3	GigabitEthernet 0/1	IP+MAC	Active		Deny-All		
4	GigabitEthernet 0/2	IP+MAC	Active		Deny-All		

Total number of bindings: 4

可以看到，IPSG 库丢弃了没有绑定 IP 地址 +MAC 地址的 ARP 报文。

（7）在 SW2 上使用【show interfaces arp-check list】命令查看 ARP Check 检测表。

```
SW2#show interfaces arp-check list
```

INTERFACE	SENDER MAC	SENDER IP	POLICY SOURCE
GigabitEthernet 0/1	000c.292d.ac11	192.168.10.1	DHCP snooping/port-security
GigabitEthernet 0/2	000c.292d.74f4	192.168.10.2	DHCP snooping/port-security

可以看到，ARP Check 允许 PC1、PC2 的报文通过。

（8）在 SW3 上使用【show interfaces arp-check list】命令查看 ARP Check 检测表。

```
SW3#show interfaces arp-check list
```

INTERFACE	SENDER MAC	SENDER IP	POLICY SOURCE
GigabitEthernet 0/1	000c.29d2.c612	192.168.20.1	DHCP snooping
GigabitEthernet 0/2	000c.29d2.c475	192.168.20.2	DHCP snooping

可以看到，ARP Check 允许 PC3、PC4 的报文通过。

任务 7-3　配置端口镜像

➤ 任务描述

实施本任务的目的是实现企业局域网流量的监控。本任务的配置包括以下内容。
在 SW1 上配置端口镜像，实现多对一镜像。

➤ 任务操作

在 SW1 上配置端口镜像。

```
SW1(config)#monitor session 1 source interface G0/1 both // 指定镜像源端口为 G0/1
SW1(config)#monitor session 1 source interface G0/2 both // 指定镜像源端口为 G0/2
// 指定镜像目的端口为 G0/3
SW1(config)#monitor session 1 destination int GigabitEthernet 0/3 switch
```

➤ 任务验证

在 SW1 上使用【show monitor】命令查看端口镜像状态。

```
SW1(config)#show monitor
sess-num: 1
span-type: LOCAL_SPAN
src-intf:
GigabitEthernet 0/1          frame-type Both
src-intf:
GigabitEthernet 0/2          frame-type Both
dest-intf:
GigabitEthernet 0/3
mtp_switch on
```

可以看到，SW1 上的 G0/1 端口、G0/2 端口被配置为镜像源端口，G0/3 端口被配置为镜像目的端口。

项目验证

（1）在 PC1 上使用【ipconfig/all】命令查看获取的地址池分配的 IP 地址。

```
PC1>ipconfig/all

Windows IP 配置
```

主机名 . . . . : PC1

主 DNS 后缀 . . . . :

节点类型 . . . . : 混合

IP 路由已启用 . . . . : 否

WINS 代理已启用 . . . . : 否

以太网适配器 Ethernet0:

连接特定的 DNS 后缀 . . . . :

描述 . . . . : Realtek PCIe GbE Family Controller

物理地址 . . . . : 00-0C-29-2D-AC-11

DHCP 已启用 . . . . : 是

自动配置已启用 . . . . : 是

本地链接 IPv6 地址 . . . . : fe80::f6c4:9da3:43c5:cb1b%13(首选)

IPv4 地址 . . . . : 192.168.10.1(首选)

子网掩码 . . . . : 255.255.255.0

获得租约的时间 . . . . : 2024 年 1 月 25 日 10:34:29

租约过期的时间 . . . . : 2024 年 2 月 1 日 10:34:27

默认网关 . . . . : 192.168.10.254

DHCP 服务器 . . . . : 192.168.10.254

DHCPv6 IAID . . . . : 100957206

DHCPv6 客户端 DUID . . . . . . : 00-01-00-01-2C-B2-81-7E-04-7C-16-61-AC-11

DNS 服务器 . . . . : fec0:0:0:ffff::1%1

                                                        fec0:0:0:ffff::2%1

                                                        fec0:0:0:ffff::3%1

TCPIP 上的 NetBIOS . . . . : 已启用

可以看到，PC1 成功获取了 IP 地址。

（2）在 PC2 上使用【ipconfig/all】命令查看获取的地址池分配的 IP 地址。

PC2 >ipconfig/all

Windows IP 配置

主机名 . . . . : PC2

主 DNS 后缀 . . . . :

节点类型 . . . . : 混合

IP 路由已启用 . . . . : 否

WINS 代理已启用 . . . . : 否

以太网适配器 Ethernet0:

连接特定的 DNS 后缀 . . . . :

```
描述 . . . . . . . . . . . . . . . : Intel(R) 82574L Gigabit Network Connection
物理地址 . . . . . . . . . . . . . : 00-0C-29-2D-74-F4
DHCP 已启用 . . . . . . . . . . . : 是
自动配置已启用 . . . . . . . . . . : 是
本地链接 IPv6 地址 . . . . . . . . : fe80::5812:7b44:b59e:b3bf%4( 首选 )
IPv4 地址 . . . . . . . . . . . . . : 192.168.10.2( 首选 )
子网掩码 . . . . . . . . . . . . . : 255.255.255.0
获得租约的时间 . . . . . . . . . : 2024 年 1 月 25 日 10:36:16
租约过期的时间 . . . . . . . . . : 2024 年 2 月 1 日 10:36:16
默认网关 . . . . . . . . . . . . . : 192.168.10.254
DHCP 服务器 . . . . . . . . . . . : 192.168.10.254
DHCPv6 IAID . . . . . . . . . . . : 100666409
DHCPv6 客户端 DUID . . . . . . . . : 00-01-00-01-2C-C7-85-81-00-0C-29-2D-74-F4
DNS 服务器 . . . . . . . . . . . : fec0:0:0:ffff::1%1
                                   fec0:0:0:ffff::2%1
                                   fec0:0:0:ffff::3%1
TCPIP 上的 NetBIOS . . . . . . . : 已启用
```

可以看到，PC2 成功获取了 IP 地址。

（3）在 PC3 上使用【ipconfig/all】命令查看获取的地址池分配的 IP 地址。

```
PC3 >ipconfig/all

Windows IP 配置

    主机名 . . . . . . . . . . . . : PC3
    主 DNS 后缀 . . . . . . . . . . :
    节点类型 . . . . . . . . . . . : 混合
    IP 路由已启用 . . . . . . . . . : 否
    WINS 代理已启用 . . . . . . . . : 否

以太网适配器 Ethernet0:

    连接特定的 DNS 后缀 . . . . . . :
    描述 . . . . . . . . . . . . . . : Realtek PCIe GbE Family Controller
    物理地址 . . . . . . . . . . . . : 00-0C-29-D2-C6-12
    DHCP 已启用 . . . . . . . . . . : 是
    自动配置已启用 . . . . . . . . . : 是
    本地链接 IPv6 地址 . . . . . . . : fe80::e7c7:db44:5664:475%10( 首选 )
    IPv4 地址 . . . . . . . . . . . : 192.168.20.1( 首选 )
    子网掩码 . . . . . . . . . . . : 255.255.255.0
    获得租约的时间 . . . . . . . . : 2024 年 1 月 25 日 10:35:08
    租约过期的时间 . . . . . . . . : 2024 年 2 月 1 日 10:35:02
    默认网关 . . . . . . . . . . . : 192.168.20.254
```

```
DHCP 服务器 . . . . . . . . . . . : 192.168.20.254
DHCPv6 IAID . . . . . . . . . . . : 114594704
DHCPv6 客户端 DUID . . . . . . . . : 00-01-00-01-29-33-73-CA-D4-93-90-01-C6-12
DNS 服务器 . . . . . . . . . . . : fec0:0:0:ffff::1%1
                                    fec0:0:0:ffff::2%1
                                    fec0:0:0:ffff::3%1
TCPIP 上的 NetBIOS . . . . . . . : 已启用
```

可以看到，PC3 成功获取了 IP 地址。

（4）在 PC4 上使用【ipconfig/all】命令查看获取的地址池分配的 IP 地址。

```
PC4>ipconfig/all

Windows IP 配置

    主机名 . . . . . . . . . . . . . : PC4
    主 DNS 后缀 . . . . . . . . . . . :
    节点类型 . . . . . . . . . . . : 混合
    IP 路由已启用 . . . . . . . . . : 否
    WINS 代理已启用 . . . . . . . . : 否

以太网适配器 Ethernet0:

    连接特定的 DNS 后缀 . . . . . . . :
    描述 . . . . . . . . . . . . . . : Intel(R) 82574L Gigabit Network Connection
    物理地址 . . . . . . . . . . . . : 00-0C-29-D2-C4-75
    DHCP 已启用 . . . . . . . . . . : 是
    自动配置已启用 . . . . . . . . . : 是
    本地链接 IPv6 地址 . . . . . . . : fe80::6505:5b7d:81b3:5552%7(首选)
    IPv4 地址 . . . . . . . . . . . : 192.168.20.2(首选)
    子网掩码 . . . . . . . . . . . . : 255.255.255.0
    获得租约的时间 . . . . . . . . . : 2024 年 1 月 25 日 10:56:55
    租约过期的时间 . . . . . . . . . : 2024 年 2 月 1 日 10:56:54
    默认网关 . . . . . . . . . . . . : 192.168.20.254
    DHCP 服务器 . . . . . . . . . . : 192.168.20.254
    DHCPv6 IAID . . . . . . . . . . : 67111977
    DHCPv6 客户端 DUID . . . . . . . : 00-01-00-01-2C-42-7E-63-00-0C-29-D2-C4-75
    DNS 服务器 . . . . . . . . . . : fec0:0:0:ffff::1%1
                                      fec0:0:0:ffff::2%1
                                      fec0:0:0:ffff::3%1
    TCPIP 上的 NetBIOS . . . . . . . : 已启用
```

可以看到，PC4 成功获取了 IP 地址。

（5）将 PC2 的 IP 地址改为手动配置，在 PC2 上使用【ipconfig/all】命令查看 IP 地址和其他网络信息。

```
PC2>ipconfig/all


Windows IP 配置


    主机名 . . . . . . . . . . . . . : PC2
    主 DNS 后缀 . . . . . . . . . . :
    节点类型 . . . . . . . . . . . . :混合
    IP 路由已启用 . . . . . . . . . :否
    WINS 代理已启用 . . . . . . . . :否


以太网适配器 Ethernet0:


    连接特定的 DNS 后缀 . . . . . . . :
    描述 . . . . . . . . . . . . . . : Intel(R) 82574L Gigabit Network Connection
    物理地址 . . . . . . . . . . . : 00-0C-29-D2-C4-75
    DHCP 已启用 . . . . . . . . . . . :否
    自动配置已启用 . . . . . . . . . :否
    本地链接 IPv6 地址 . . . . . . . : fe80::6505:5b7d:81b3:5552%7( 首选 )
    IPv4 地址 . . . . . . . . . . . : 192.168.10.5( 首选 )
    子网掩码 . . . . . . . . . . : 255.255.255.0
    默认网关 . . . . . . . . . . . : 192.168.10.254
    DHCPv6 IAID . . . . . . . . . . : 100666409
    DHCPv6 客户端 DUID . . . . . . . : 00-01-00-01-2C-C7-85-81-00-0C-29-2D-74-F4
    DNS 服务器 . . . . . . . . . . : fec0:0:0:ffff::1%1
                                      fec0:0:0:ffff::2%1
                                      fec0:0:0:ffff::3%1
    TCPIP 上的 NetBIOS . . . . . . . :已启用
```

可以看到，PC2 上没有了 DHCP 服务器及租约等信息。

（6）验证 PC1 能否 Ping 通核心交换机上的网关。

```
PC1>ping 192.168.10.254


正在 Ping 192.168.10.254 具有 32 字节的数据：
来自 192.168.10.254 的回复：字节 =32 时间 =2ms TTL=63
来自 192.168.10.254 的回复：字节 =32 时间 =2ms TTL=63
来自 192.168.10.254 的回复：字节 =32 时间 =2ms TTL=63
来自 192.168.10.254 的回复：字节 =32 时间 =2ms TTL=63


192.168.10.254 的 Ping 统计信息：
    数据包：已发送 = 4，已接收 = 4，丢失 = 0 (0% 丢失 )，
往返行程的估计时间 ( 以毫秒为单位 )：
    最短 = 2ms，最长 = 3ms，平均 = 2ms
```

可以看到，PC1 能 Ping 通本网段的网关。

（7）验证 PC2 能否 Ping 通核心交换机上的网关。

```
PC2>ping 192.168.10.254

正在 Ping 192.168.10.254 具有 32 字节的数据：
来自 192.168.10.5 的回复：无法访问目标主机
来自 192.168.10.5 的回复：无法访问目标主机
来自 192.168.10.5 的回复：无法访问目标主机
来自 192.168.10.5 的回复：无法访问目标主机

192.168.10.254 的 Ping 统计信息：
    数据包：已发送 = 4，已接收 = 4，丢失 = 0 (0% 丢失 )，
```

可以看到，PC2 无法 Ping 通本网段的网关。

项目拓展

一、理论题

（1）已知 DHCP Snooping 建立和维护了一个 DHCP Snooping 绑定表，以下关于 DHCP Snooping 绑定表的说法错误的是（   ）。

    A. 客户端租约到期后会删除 DHCP Snooping 绑定表中的绑定路由信息（续租成功后不会删除）

    B. DHCP Snooping 绑定表中包含了客户端的 MAC 地址、IP 地址、端口、VLAN 等信息

    C. DHCP Snooping 绑定表只能通过 DHCP 租期自行老化删除报文

    D. DHCP Snooping 绑定表可以与 IPSG 结合使用

（2）端口安全中的违例动作不包括（   ）。

    A. Protect   B. Shutdown   C. Switchport   D. Restrict

（3）以下说法不正确的是（   ）。

    A. DAI 的功能和 ARP Check 的功能完全不一样，这是因为 ARP Check 作用在端口上，而 DAI 作用在 VLAN 上

    B. ARP Check 无法在镜像目的端口上配置

    C. 如果只在端口上配置 ARP Check，而不配置其他安全功能提供合法用户信息，那么会导致这个端口上的所有 ARP 报文被丢弃

    D. ARP Check 支持 IP 地址、IP 地址 +MAC 地址两种模式

二、项目实训

1. 实训背景

在某公司网络中，由于各部门的主机数量众多，因此该企业的运维人员需要配置 DHCP 服务器为各部门分配 IP 地址。同时，为了安全考虑，需要确保网络中各台主机能获取正确的 IP 地址，并防止 ARP 攻击的出现。此外，还需要通过监控服务器获取网络数据，以便定位故障原因。

实训拓扑结构如图 7-5 所示。

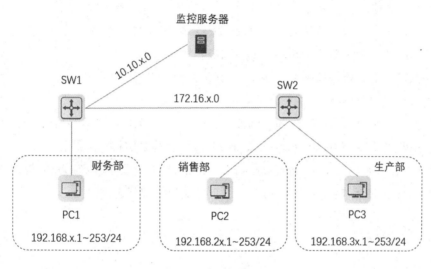

图 7-5 实训拓扑结构

2. 实训规划表

根据实训背景，并参考本项目的项目规划设计，完成实训规划表，如表 7-4～表 7-6 所示。

表 7-4 VLAN 规划

VLAN ID	VLAN 名称	网段	用途

表 7-5 端口规划

本端设备	本端端口	端口配置	对端设备	对端端口

表 7-6　IP 地址规划

设备	接口	IP 地址	网关

3. 实训要求

（1）根据实训拓扑结构及实训规划表在交换机上创建 VLAN 信息，并将端口划分到相应的 VLAN 中。

（2）根据 IP 地址规划表配置 IP 地址。

（3）在 SW1 上配置 DHCP 服务，为各部门分配 IP 地址。

（4）在 SW2 上配置 DHCP Snooping+IPSG+ARP Check。

（5）在 SW1 上配置端口镜像。

（6）按照以下要求操作并截图保存。

① 在 SW1 上使用【show ip dhcp binding】命令查看 DHCP 服务器地址池的分配情况。

② 在 SW2 上使用【show ip verify source】命令查看 IPSG 库信息。

③ 在 SW2 上使用【show interfaces arp-check list】命令查看 ARP Check 检测表。

④ 在 SW1 上使用【show monitor】命令查看端口镜像状态。

项目 8　基于 IPSec 的企业总部和分部隧道互通部署

项目描述

鉴于某企业业务的持续增长，广州总部与上海分部对于网络互联的需求日益凸显。为了确保两地之间信息流通的畅通无阻，同时兼顾成本与安全性，该企业经过审慎评估，决定采用 IPSec VPN 构建 VPN。该方案旨在确保总部与分部之间能稳定、高效地实现信息互通，满足企业业务发展的需求。

项目拓扑结构如图 8-1 所示。

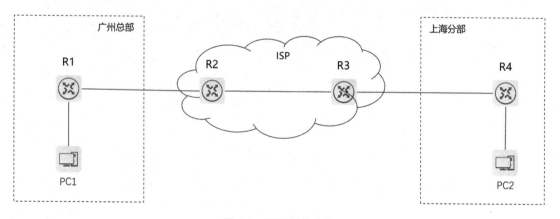

图 8-1　项目拓扑结构

项目相关知识

8.1　VPN 概述

VPN（Virtual Private Network，虚拟专用网络）是一种通过公共网络线路建立私有网络，在不改变网络的情况下提供安全、可靠的连接，用于传输私有数据的技术。相比于传统网络，VPN 具有价格低廉和安全性高的特点。

虚拟（Virtual）：用户不需要在物理上部署线路，而是利用运营商的线路，在公共网络上建立逻辑上的私有网络。

专用（Private）：只为特定用户或组织提供访问权限，且用户可以制定符合自己需求的网络，如选择使用的协议、加密方法、身份认证机制等。

VPN 应用场景如图 8-2 所示。

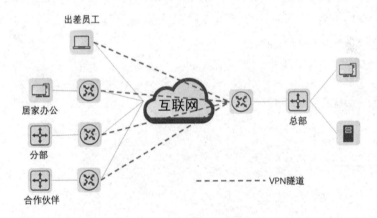

图 8-2　VPN 应用场景

不同的 VPN 使用不同的协议，工作在 OSI 模型的不同层上，如图 8-3 所示。

图 8-3　VPN 使用的协议工作的层

8.2　GRE VPN

GRE（Generic Routing Encapsulation，通用路由封装）VPN 是一种隧道技术，用于对某些网络层协议的数据报文进行封装，使这些被封装的数据报文能在另一个网络层协议中传输，从而解决报文跨越异种网络进行传输的问题。

异种报文传输的通道被称为隧道。它使用虚拟的 P2P 连接，提供了一条通路，使被封装的数据报文能在这个通路上传输，请求在一个隧道的两端分别对数据报文进行封装和解封装。

GRE VPN 的实现简单，对隧道两端设备的压力较小，能充分利用原有网络架构，支持多种协议、组播和 QoS（Quality of Service，服务质量），能进行 P2P 或 P2MP 网络的构建。但是，GRE VPN 也存在着缺乏加密机制和缺乏标准协议监控 GRE 隧道的问题。GRE VPN 应用示例如图 8-4 所示。

图 8-4　GRE VPN 应用示例

8.3　IPSec VPN

IPSec（Internet Protocol Security）VPN 采用 IPSec 实现远程接入。使用 IPSec VPN 能在公共网络上为两个私有网络提供安全通信通道，通过加密通道来保证数据传输的安全。IPSec 是一种开放标准的框架结构，并不是一种协议，而是一系列为网络层提供安全性的协议和服务集。因此，使用 IPSec 能基于特定的通信方通过加密与验证等方式，保证数据在互联网上传输的隐秘性、完整性和真实性。但 IPSec 只能工作在网络层，并要求乘客协议和承载协议都是 IP。

IPSec VPN 通过加密与验证等方式，能为用户提供以下几种安全服务。

（1）数据验证：对接收的数据进行验证，保证数据的真实性。

（2）数据加密：对传输的数据进行加密，使数据以密文形式在互联网中传输。

（3）数据完整性：对接收的数据进行判断，判断其在公共网络传输中是否被篡改，如删除、添加及修改。

（4）数据抗重放：对重复接收的数据进行丢弃，以防恶意用户通过重复发送捕获的数据包进行攻击。

8.4　L2TP VPN

L2TP（Layer Two Tunneling Protocol）VPN 是一种在二层网络层面实现的虚拟隧道技术。L2TP VPN 可以利用公共网络的拨号功能接入公共网络，实现 VPN 的功能。L2TP 本身不提供加密与可靠性验证功能，但提供灵活的身份认证机制，可以与其他协议结合使用。

L2TP 仅能对 PPP 数据帧进行封装，将 PPP 数据帧封装在 UDP（User Datagram Protocol，用户数据报协议）报文中，并在 IP 网络中传输。L2TP 结合了 PPTP（Point to Point Tunneling Protocol，点对点隧道协议）和 L2F（Layer Two Forwarding）两种协议，采用 UDP 端口 1701 建立和维护虚拟隧道。

在 L2TP 中，存在 3 种角色：用户、LAC（LATP 访问集中器）和 LNS（L2TP 网络服务器）。用户通过 PPP 拨号到 LAC 上，LAC 通过 L2TP VPN 将报文透明传输到 LNS 中，LNS 收到报文后向用户验证。L2TP VPN 应用示例如图 8-5 所示。

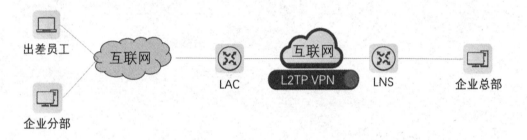

图 8-5　L2TP VPN 应用示例

8.5　VPN 隧道嵌套

VPN 隧道嵌套通常是指在一个 VPN 隧道内建立另一个 VPN 隧道，这种嵌套模式可以实现比较复杂的网络架构和安全策略。

VPN 隧道在嵌套使用时，有以下 4 种嵌套模型。

（1）GRE over IPSec。

（2）IPSec over GRE。

（3）L2TP over IPSec。

（4）IPSec over L2TP。

在 VPN 隧道嵌套中，不同嵌套模型的配置会有所不同。在单独使用 GRE VPN 和 L2TP VPN 时配置没有区别。

部分 VPN 隧道嵌套模型如图 8-6 所示。

GRE over IPSec

IPSec over GRE

图 8-6   部分 VPN 隧道嵌套模型

项目规划设计

本项目计划使用 4 台路由器、2 台主机构建总部和分部之间的网络。其中，R1、R4 作为总部和分部的出口路由器，R2 和 R3 作为运营商路由器，通过在 R1 和 R4 上搭建 IPSec VPN 来建立一个虚拟、安全的私有网络，提高信息传输的安全性。

其具体配置步骤如下。

（1）部署企业局域网，实现企业总部和分部各自内部的网络互联。

（2）部署互联网，实现 R2、R3 的基础配置。

（3）部署路由信息，实现企业总部和分部之间的网络互联。

（4）部署 IPSec VPN：实现企业总部和分部 VPN 的建立。

项目实施拓扑结构如图 8-7 所示。

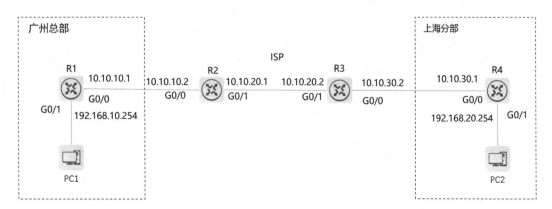

图 8-7   项目实施拓扑结构

根据图 8-7 进行项目 8 的所有规划。项目 8 的端口规划、IP 地址规划、IPSec 参数规划如表 8-1～表 8-3 所示。

表 8-1 项目 8 的端口规划

本端设备	本端端口	端口配置	对端设备	对端端口
R1	G0/0	-	R2	G0/0
R1	G0/1	-	PC1	Eth1
R2	G0/0	-	R1	G0/0
R2	G0/1	-	R3	G0/1
R3	G0/0	-	R4	G0/0
R3	G0/1	-	R2	G0/1
R4	G0/0	-	R3	G0/0
R4	G0/1	-	PC2	Eth1

表 8-2 项目 8 的 IP 地址规划

设备	接口	IP 地址	用途
R1	G0/0	10.10.10.1/24	设备互联网段
R1	G0/1	192.168.10.254/24	局域网用户网关
R2	G0/0	10.10.10.2/24	设备互联网段
R2	G0/1	10.10.20.1/24	设备互联网段
R3	G0/0	10.10.30.2/24	设备互联网段
R3	G0/1	10.10.20.2/24	设备互联网段
R4	G0/0	10.10.30.1/24	设备互联网段
R4	G0/1	192.168.20.254/24	局域网用户网关
PC1	Eth0	192.168.10.1/24	局域网用户网址
PC2	Eth0	192.168.20.1/24	局域网用户网址

表 8-3 项目 8 的 IPSec 参数规划

VPN 通道名称和预共享密码	ISAKMP 策略		感兴趣流 ACL
广州—上海 Jan16	认证方式	pre-share	101
	加密方式	3DES	
	DH 组	2	

项目实践

任务 8-1　部署企业局域网

➤ 任务描述

实施本任务的目的是实现企业总部和分部各自内部的网络互联。本任务的配置包括以下内容。

为路由器配置 IP 地址。

➤ 任务操作

（1）在 R1 上配置 IP 地址。

```
Ruijie>enable                                    // 进入特权模式
Ruijie#config terminal                           // 进入全局模式
Ruijie(config)#hostname R1                        // 将路由器名称更改为 R1
R1(config)#interface GigabitEthernet 0/0          // 进入 G0/0 接口
R1(config-if-GigabitEthernet 0/0)#ip address 10.10.10.1 255.255.255.0      // 配置 IP 地址
R1(config-if-GigabitEthernet 0/0)#exit            // 退出
R1(config)#interface GigabitEthernet 0/1          // 进入 G0/1 接口
R1(config-if-GigabitEthernet 0/1)#ip address 192.168.10.254 255.255.255.0   // 配置 IP 地址
R1(config-if-GigabitEthernet 0/1)#exit            // 退出
```

（2）在 R4 上配置 IP 地址。

```
Ruijie>enable                                    // 进入特权模式
Ruijie#config terminal                           // 进入全局模式
Ruijie(config)#hostname R4                        // 将路由器名称更改为 R4
R4(config)#interface GigabitEthernet 0/0          // 进入 G0/0 接口
R4(config-if-GigabitEthernet 0/0)#ip address 10.10.30.1 255.255.255.0      // 配置 IP 地址
R4(config-if-GigabitEthernet 0/0)#exit            // 退出
R4(config)#interface GigabitEthernet 0/1          // 进入 G0/1 接口
R4(config-if-GigabitEthernet 0/1)#ip address 192.168.20.254 255.255.255.0   // 配置 IP 地址
R4(config-if-GigabitEthernet 0/1)#exit            // 退出
```

➤ 任务验证

（1）在 R1 上使用【show ip interface brief】命令查看接口 IP 地址的配置情况。

```
R1(config)#show ip interface brief
```

Interface	IP-Address(Pri)	IP-Address(Sec)	Status	Protocol
GigabitEthernet 0/0	10.10.10.1/24	no address	up	up
GigabitEthernet 0/1	192.168.10.254/24	no address	up	up

可以看到，接口 IP 地址。

（2）在 R4 上使用【show ip interface brief】命令查看接口 IP 地址的配置情况。

```
R4(config)#show ip interface brief
```

Interface	IP-Address(Pri)	IP-Address(Sec)	Status	Protocol
GigabitEthernet 0/0	10.10.30.1/24	no address	up	up
GigabitEthernet 0/1	192.168.20.254/24	no address	up	up

可以看到，接口 IP 地址。

任务 8-2　部署互联网

➤ 任务描述

实施本任务的目的是实现 R2、R3 的基础配置。本任务的配置包括以下内容。
为路由器配置 IP 地址。

➤ 任务操作

（1）在 R2 上配置 IP 地址。

```
Ruijie>enable                                          // 进入特权模式
Ruijie#config terminal                                 // 进入全局模式
Ruijie(config)#hostname R2                             // 将路由器名称更改为 R2
R2(config)#interface GigabitEthernet 0/0               // 进入 G0/0 接口
R2(config-if-GigabitEthernet 0/0)#ip address 10.10.10.2 255.255.255.0      // 配置 IP 地址
R2(config-if-GigabitEthernet 0/0)#exit                 // 退出
R2(config)#interface GigabitEthernet 0/1               // 进入 G0/1 接口
R2(config-if-GigabitEthernet 0/1)#ip address 10.10.20.1 255.255.255.0      // 配置 IP 地址
R2(config-if-GigabitEthernet 0/1)#exit                 // 退出
```

（2）在 R3 上配置 IP 地址。

```
Ruijie>enable                                          // 进入特权模式
Ruijie#config terminal                                 // 进入全局模式
Ruijie(config)#hostname R3                             // 将路由器名称更改为 R3
R3(config)#interface GigabitEthernet 0/0               // 进入 G0/0 接口
R3(config-if-GigabitEthernet 0/0)#ip address 10.10.30.2 255.255.255.0      // 配置 IP 地址
R3(config-if-GigabitEthernet 0/0)#exit                 // 退出
R3(config)#interface GigabitEthernet 0/1               // 进入 G0/1 接口
R3(config-if-GigabitEthernet 0/1)#ip address 10.10.20.2 255.255.255.0      // 配置 IP 地址
```

```
R3(config-if-GigabitEthernet 0/1)#exit                      // 退出
```

➤ 任务验证

（1）在 R2 上使用【show ip interface brief】命令查看接口 IP 地址的配置情况。

```
R2#show ip interface brief
Interface                IP-Address(Pri)      IP-Address(Sec)      Status       Protocol
GigabitEthernet 0/0      10.10.10.2/24        no address           up           up
GigabitEthernet 0/1      10.10.20.1/24        no address           up           up
```

可以看到，接口 IP 地址。

（2）在 R3 上使用【show ip interface brief】命令查看接口 IP 地址的配置情况。

```
R3#show ip interface brief
Interface                IP-Address(Pri)      IP-Address(Sec)      Status       Protocol
GigabitEthernet 0/0      10.10.30.2/24        no address           up           up
GigabitEthernet 0/1      10.10.20.2/24        no address           up           up
```

可以看到，接口 IP 地址。

任务 8-3 部署路由信息

➤ 任务描述

实施本任务的目的是实现企业总部和分部之间的网络互联。本任务的配置包括以下内容。

在路由器上配置 OSPF 和默认路由信息。

➤ 任务操作

（1）在 R1 上配置 OSPF 和默认路由信息。

```
R1(config)# router ospf 1                              // 创建进程号为 1 的 OSPF 进程
R1(config-router)# router-id 1.1.1.1                   // 配置 Router ID
R1(config-router)# network 10.10.10.0 0.0.0.255 area 0 // 宣告网段为 10.10.10.0/24，区域号为 0
R1(config-router)#exit                                 // 退出
R1(config)#ip route 0.0.0.0 0.0.0.0 10.10.10.2         // 配置默认路由信息
```

（2）在 R2 上配置 OSPF。

```
R2(config)# router ospf 1                              // 创建进程号为 1 的 OSPF 进程
R2(config-router)# router-id 2.2.2.2                   // 配置 Router ID
R2(config-router)# network 10.10.10.0 0.0.0.255 area 0 // 宣告网段为 10.10.10.0/24，区域号为 0
R2(config-router)# network 10.10.20.0 0.0.0.255 area 0 // 宣告网段为 10.10.20.0/24，区域号为 0
R2(config-router)#exit                                 // 退出
```

（3）在 R3 上配置 OSPF。

R3(config)# router ospf 1	// 创建进程号为 1 的 OSPF 进程
R3(config-router)# router-id 3.3.3.3	// 配置 Router ID
R3(config-router)# network 10.10.20.0 0.0.0.255 area 0	// 宣告网段为 10.10.20.0/24，区域号为 0
R3(config-router)# network 10.10.30.0 0.0.0.255 area 0	// 宣告网段为 10.10.30.0/24，区域号为 0
R3(config-router)#exit	// 退出

（4）在 R4 上配置 OSPF 和默认路由信息。

R4(config)# router ospf 1	// 创建进程号为 1 的 OSPF 进程
R4(config-router)# router-id 4.4.4.4	// 配置 Router ID
R4(config-router)# network 10.10.30.0 0.0.0.255 area 0	// 宣告网段为 10.10.30.0/24，区域号为 0
R4(config-router)#exit	// 退出
R4(config)#ip route 0.0.0.0 0.0.0.0 10.10.30.2	// 配置默认路由信息

➤ 任务验证

（1）在 R1 上使用【show ip route】命令查看路由表。

```
R1#show ip route

Codes:  C - Connected, L - Local, S - Static
        R - RIP, O - OSPF, B - BGP, I - IS-IS, V - Overflow route
        N1 - OSPF NSSA external type 1, N2 - OSPF NSSA external type 2
        E1 - OSPF external type 1, E2 - OSPF external type 2
        SU - IS-IS summary, L1 - IS-IS level-1, L2 - IS-IS level-2
        IA - Inter area, EV - BGP EVPN, A - Arp to host
        LA - Local aggregate route
        * - candidate default

Gateway of last resort is 10.10.10.2 to network 0.0.0.0
S*      0.0.0.0/0 [1/0] via 10.10.10.2
C       10.10.10.0/24 is directly connected, GigabitEthernet 0/0
C       10.10.10.1/32 is local host.
O       10.10.20.0/24 [110/2] via 10.10.10.2, 00:24:34, GigabitEthernet 0/0
O       10.10.30.0/24 [110/3] via 10.10.10.2, 00:24:25, GigabitEthernet 0/0
C       192.168.10.0/24 is directly connected, GigabitEthernet 0/1
C       192.168.10.254/32 is local host.
```

可以看到，R1 学习到的路由信息。

（2）在 R2 上使用【show ip route】命令查看路由表。

```
R2#show ip route

Codes:  C - Connected, L - Local, S - Static
        R - RIP, O - OSPF, B - BGP, I - IS-IS, V - Overflow route
        N1 - OSPF NSSA external type 1, N2 - OSPF NSSA external type 2
```

```
          E1 - OSPF external type 1, E2 - OSPF external type 2
          SU - IS-IS summary, L1 - IS-IS level-1, L2 - IS-IS level-2
          IA - Inter area, EV - BGP EVPN, A - Arp to host
          LA - Local aggregate route
          * - candidate default


Gateway of last resort is no set
C       10.10.10.0/24 is directly connected, GigabitEthernet 0/0
C       10.10.10.2/32 is local host.
C       10.10.20.0/24 is directly connected, GigabitEthernet 0/1
C       10.10.20.1/32 is local host.
O       10.10.30.0/24 [110/2] via 10.10.20.2, 00:24:50, GigabitEthernet 0/1
```

可以看到，R2 学习到的路由信息。

（3）在 R3 上使用【show ip route】命令查看路由表。

```
R3#show ip route


Codes:  C - Connected, L - Local, S - Static
          R - RIP, O - OSPF, B - BGP, I - IS-IS, V - Overflow route
          N1 - OSPF NSSA external type 1, N2 - OSPF NSSA external type 2
          E1 - OSPF external type 1, E2 - OSPF external type 2
          SU - IS-IS summary, L1 - IS-IS level-1, L2 - IS-IS level-2
          IA - Inter area, EV - BGP EVPN, A - Arp to host
          LA - Local aggregate route
          * - candidate default


Gateway of last resort is no set
O       10.10.10.0/24 [110/2] via 10.10.20.1, 00:25:48, GigabitEthernet 0/1
C       10.10.20.0/24 is directly connected, GigabitEthernet 0/1
C       10.10.20.2/32 is local host.
C       10.10.30.0/24 is directly connected, GigabitEthernet 0/0
C       10.10.30.2/32 is local host.
```

可以看到，R3 学习到的路由信息。

（4）在 R4 上使用【show ip route】命令查看路由表。

```
R4#show ip route


Codes:  C - Connected, L - Local, S - Static
          R - RIP, O - OSPF, B - BGP, I - IS-IS, V - Overflow route
          N1 - OSPF NSSA external type 1, N2 - OSPF NSSA external type 2
          E1 - OSPF external type 1, E2 - OSPF external type 2
          SU - IS-IS summary, L1 - IS-IS level-1, L2 - IS-IS level-2
          IA - Inter area, EV - BGP EVPN, A - Arp to host
          LA - Local aggregate route
```

```
        * - candidate default

Gateway of last resort is 10.10.30.2 to network 0.0.0.0
S*      0.0.0.0/0 [1/0] via 10.10.30.2
O       10.10.10.0/24 [110/3] via 10.10.30.2, 00:26:04, GigabitEthernet 0/0
O       10.10.20.0/24 [110/2] via 10.10.30.2, 00:26:04, GigabitEthernet 0/0
C       10.10.30.0/24 is directly connected, GigabitEthernet 0/0
C       10.10.30.1/32 is local host.
C       192.168.20.0/24 is directly connected, GigabitEthernet 0/1
C       192.168.20.254/32 is local host.
```

可以看到，R4 学习到的路由信息。

任务 8-4　部署 IPSec VPN

➤ 任务描述

实施本任务的目的是实现企业总部和分部 VPN 的连接。本任务的配置包括以下内容。
为企业总部和分部配置 IPSec VPN。

➤ 任务操作

（1）在 R1 上配置静态 IPSec VPN。

```
// 配置感兴趣流 ACL 的源网段为 192.168.10.0/24，目的网段为 192.168.20.0/24
R1(config)# access-list 101 permit ip 192.168.10.0 0.0.0.255 192.168.20.0 0.0.0.255
R1(config)#crypto isakmp policy 1                       // 创建新的 ISAKMP 策略
R1(isakmp-policy)#authentication pre-share              // 配置认证方式为 pre-share
R1(isakmp-policy)#group 2                               // 设置 DH（密钥交换）组为 2
R1(isakmp-policy)#encryption 3des                       // 配置加密方式为 3DES
R1(isakmp-policy)#exit                                  // 退出
R1(config)#crypto isakmp key 0 Jan16 address 10.10.30.1        // 配置 VPN 对端认证密码
// 配置 IPSec 使用 ESP 封装、使用 DES 加密、使用 MD5 认证
R1(config)#crypto ipsec transform-set myset esp-des esp-md5-hmac
R1(cfg-crypto-trans)#exit                               // 退出
R1(config)#crypto map Jan16 5 ipsec-isakmp             // 创建名称为 Jan16 的加密图
R1(config-crypto-map)#set peer 10.10.30.1               // 配置对等体地址
R1(config-crypto-map)#set transform-set myset           // 配置加密转换集 myset
R1(config-crypto-map)#match address 101                 // 配置感兴趣流 ACL 为 101
R1(config-crypto-map)#exit                              // 退出
R1(config)# int GigabitEthernet 0/0                     // 进入 G0/0 接口
R1(config-if-GigabitEthernet 0/0)# crypto map Jan16     // 将加密图应用到 G0/0 接口上
R1(config-if-GigabitEthernet 0/0)#exit                  // 退出
```

（2）在 R4 上配置静态 IPSec VPN。

```
// 配置感兴趣流 ACL 的源网段为 192.168.20.0/24，目的网段为 192.168.10.0/24
R4(config)# access-list 101 permit ip 192.168.20.0 0.0.0.255 192.168.10.0 0.0.0.255
R4(config)#crypto isakmp policy 1                    // 创建新的 ISAKMP 策略
R4(isakmp-policy)#authentication pre-share           // 配置认证方式为 pre-share
R4(isakmp-policy)#group 2                             // 设置 DH 组为 2
R4(isakmp-policy)#encryption 3des                    // 配置加密方式为 3DES
R4(isakmp-policy)#exit                               // 退出
R4(config)#crypto isakmp key 0 Jan16 address 10.10.10.1   // 配置 VPN 对端认证密码
// 配置 IPSec 使用 ESP 封装、使用 DES 加密、使用 MD5 认证
R4(config)#crypto ipsec transform-set myset esp-des esp-md5-hmac
R4(cfg-crypto-trans)#exit                            // 退出
R4(config)#crypto map Jan16 5 ipsec-isakmp          // 创建名称为 Jan16 的加密图
R4(config-crypto-map)#set peer 10.10.10.1           // 配置对等体地址
R4(config-crypto-map)#set transform-set myset       // 配置加密转换集 myset
R4(config-crypto-map)#match address 101             // 配置感兴趣流 ACL 为 101
R4(config-crypto-map)#exit                           // 退出
R4(config)# int GigabitEthernet 0/0                 // 进入 G0/0 接口
R4(config-if-GigabitEthernet 0/0)# crypto map Jan16  // 将加密图应用到 G0/0 接口上
R4(config-if-GigabitEthernet 0/0)#exit              // 退出
```

➤ 任务验证

（1）在 R1 上使用【show crypto isakmp sa】命令查看 ISAKMP SA 协商情况。

```
R1#show crypto isakmp sa
destination      source          state          conn-id      lifetime(second)
10.10.30.1       10.10.10.1      IKE_IDLE       0            81419
```

可以看到，ISAKMP SA 已经协商成功。

（2）在 R1 上使用【show crypto ipsec sa】命令查看 IPSec SA 协商情况。

```
R1#show crypto ipsec sa


Interface: GigabitEthernet 0/0
        Crypto map tag:Jan16
        local ipv4 addr 10.10.10.1
        media mtu 1500


        ==================================
        sub_map type:static, seqno:5, id=0
        local   ident (addr/mask/prot/port): (192.168.10.0/0.0.0.255/0/0))
        remote  ident (addr/mask/prot/port): (192.168.20.0/0.0.0.255/0/0))
```

```
PERMIT
#pkts encaps: 11, #pkts encrypt: 11, #pkts digest 11
#pkts decaps: 7, #pkts decrypt: 7, #pkts verify 7
#send errors 0, #recv errors 0

Inbound esp sas:
    spi:0x3aa9ab0c (984197900)
    transform: esp-des esp-md5-hmac
    in use settings={Tunnel Encaps,}
    crypto map Jan16 5
    sa timing: remaining key lifetime (k/sec): (4606998/3216)
    IV size: 8 bytes
    Replay detection support:Y


Outbound esp sas:
    spi:0x3b98548d (999838861)
    transform: esp-des esp-md5-hmac
    in use settings={Tunnel Encaps,}
    crypto map Jan16 5
    sa timing: remaining key lifetime (k/sec): (4606998/3216)
    IV size: 8 bytes
    Replay detection support:Y
```

可以看到，IPSec SA 已经协商成功。

项目验证

（1）使用【ping】命令验证 PC1 能否与 PC2 正常通信。

```
PC1>ping 192.168.20.1

正在 Ping 192.168.20.1 具有 32 字节的数据：
来自 192.168.20.1 的回复：字节 =32 时间 =2ms TTL=64
来自 192.168.20.1 的回复：字节 =32 时间 =3ms TTL=64
来自 192.168.20.1 的回复：字节 =32 时间 =2ms TTL=64
来自 192.168.20.1 的回复：字节 =32 时间 =2ms TTL=64

192.168.20.1 的 Ping 统计信息：
    数据包：已发送 = 4，已接收 = 4，丢失 = 0 (0% 丢失 )，
往返行程的估计时间 ( 以毫秒为单位 )：
    最短 = 2ms，最长 = 3ms，平均 = 2ms
```

可以看到，PC1 能与 PC2 正常通信。

（2）使用【ping】命令验证 PC2 能否与 PC1 正常通信。

```
PC2>ping 192.168.10.1

正在 Ping 192.168.10.1 具有 32 字节的数据：
来自 192.168.10.1 的回复：字节 =32 时间 =3ms TTL=64
来自 192.168.10.1 的回复：字节 =32 时间 =2ms TTL=64
来自 192.168.10.1 的回复：字节 =32 时间 =2ms TTL=64
来自 192.168.10.1 的回复：字节 =32 时间 =2ms TTL=64

192.168.10.1 的 Ping 统计信息：
    数据包：已发送 = 4，已接收 = 4，丢失 = 0 (0% 丢失 )，
往返行程的估计时间 ( 以毫秒为单位 )：
    最短 = 2ms，最长 = 3ms，平均 = 2ms
```

可以看到，PC2 能与 PC1 正常通信。

项目拓展

一、理论题

（1）IPSec VPN 工作在 OSI 模型的（　　）层。

　　A．应用　　　　　　　B．网络　　　　　　　C．传输　　　　　　　D．数据链路

（2）以下说法不正确的是（　　）。

　　A．IKE（Internet Key Exchange）主要用于动态建立 SA（Security Association，安全对等体）

　　B．IPSec 支持两种封装模式，分别为传输模式和隧道模式

　　C．安全关联 SA 是不同 IPSec 实体之间经过协商建立起来的一种协定，而 SA 的内容是由设备自动指定和维护的，不需要手动配置和维护

　　D．IPSec 描述了如何通过加密与验证保证数据在互联网上传输安全的隐秘性、完整性和真实性

（3）不同 IPSec 实体之间的 IKE 协商分为两个阶段，在建立 SA 的阶段中，使用（　　）模式进行协商。

　　A．主　　　　　　　　B．传输　　　　　　　C．野蛮　　　　　　　D．快速

二、项目实训

1. 实训背景

某企业将总部设在广州，并将分部设在上海和深圳。鉴于业务发展的需要，现将该企业总部和两个分部的网络连接起来。为了安全考虑，该企业需要使用 IPSec VPN 进行组网，并限制上海分部和深圳分部之间的通信。运维人员需要建立广州总部到两个分部的 VPN 隧道，以为该企业提供安全、可靠的数据通信。

实训拓扑结构如图 8-8 所示。

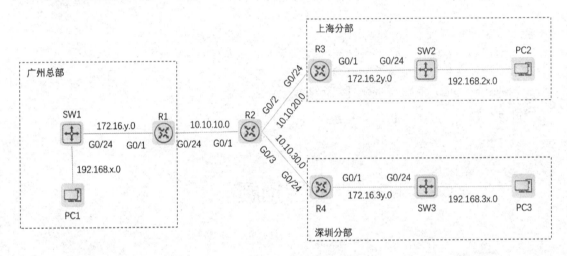

图 8-8　实训拓扑结构

2. 实训规划表

根据实训背景，并参考本项目的项目规划设计，完成实训规划表，如表 8-4～表 8-6 所示。

表 8-4　端口规划

本端设备	本端端口	端口配置	对端设备	对端端口

表 8-5　IP 地址规划

设备	接口	IP 地址	用途

表 8-6　IPSec 参数规划

VPN 通道名称和预共享密码	ISAKMP 策略		感兴趣流 ACL
	认证方式		
	加密方式		
	DH 组		

3. 实训要求

（1）根据实训拓扑结构及实训规划表在交换机上创建 VLAN 信息，并将端口划分到相应的 VLAN 中。

（2）根据 IP 地址规划表配置 IP 地址。

（3）在路由器上通过路由协议实现广州总部与各分部的网络互联。

（4）在 R1、R2、R3 上建立 IPSec VPN。

（5）限制 PC2 与 PC3 之间的网络互联。

（6）按照以下要求操作并截图保存。

① 在 R1 上使用【show crypto isakmp sa】命令查看 ISAKMP SA 协商情况。

② 在 R1 上使用【show crypto ipsec sa】命令查看 IPSec SA 协商情况。

③ 使用【ping】命令验证主机 1 与 PC2 能否正常通信。

④ 使用【ping】命令验证主机 1 与 PC3 能否正常通信。

⑤ 使用【ping】命令验证 PC2 与 PC3 能否正常通信。

模块 4　高可用高级技术

项目 9　基于 MSTP 的企业局域网可靠性部署

项目描述

　　某企业为了提高内网的稳定性和可靠性，计划对原有内网进行一系列的改造。首先，基于研发部和销售部用网需求较大，为了保障这两个部门的网络，该企业计划在研发部和销售部所连接的设备之间增加链路，部署具有冗余备份链路的双汇聚网络。同时，为了避免增加的链路使网络形成环路，造成广播风暴、多帧复制及地址表不稳定等故障，该企业计划采用 MSTP（Multiple Spanning Tree Protocol，多生成树协议），实现网络防环与负载均衡。其次，该企业计划部署 RLDP（Rapid Link Detection Protocol，快速链路检测协议），实现实时检测接入交换机的功能，避开环路。最后，该企业计划在出口路由器上部署 DLDP（Device Link Detection Protocol，设备链路检测协议），实现两台出口路由器出现故障后快速切换，避免业务中断。

　　项目拓扑结构如图 9-1 所示。

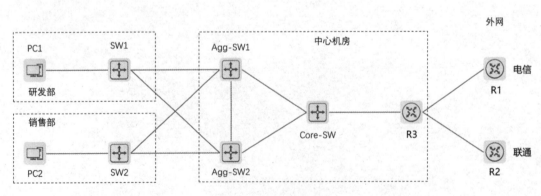

图 9-1　项目拓扑结构

项目相关知识

9.1　MSTP

为了解决网络冗余链路引起的问题，IEEE（电气电子工程师学会）通过了 IEEE 802.1d 中的 STP（Spanning-Tree Protocol，生成树协议）。STP 定义了根网桥（Root Bridge，RB）、根端口（Root Port，RP）、指定端口（Designated Port，DP）等概念，通过生成树算法在物理拓扑结构的基础上构建无环的树型逻辑拓扑结构，最终实现链路备份和路径最优双重目标。在运行 STP 的交换机端口时，只有经过阻塞、监听、选举、学习等阶段才能进入稳定状态，默认收敛时间为 50 秒。为了解决 STP 收敛时间过长的问题，IEEE 又通过了 IEEE 802.1w 的 RSTP（Rapid Spanning-Tree Protocol，快速生成树协议）。RSTP 在网络发生变化时，能更快地收敛网络，最快仅需 1 秒即可完成。

STP 和 RSTP 都是单生成树协议。随着 VLAN 的大规模应用，其局限性逐渐暴露出来。

（1）网络规模越大，改变拓扑结构造成的影响越大。基于整个交换网络只生成一棵生成树，随着网络规模变大，改变拓扑结构带来的计算量、通信量大大增加，这势必影响网络的收敛速度。

（2）冗余链路带宽浪费。RSTP 拓扑结构示例如图 9-2 所示，生成最优生成树后，被阻塞的冗余链路一直处于闲置状态，造成浪费。

（3）因 VLAN 的隔离作用使得生成树传递消息可能会受影响，最终造成网络故障。

为了解决以上问题，IEEE 802.1s 中定义了 MSTP。MSTP 引入了实例概念，通过实例将 VLAN 和生成树映射。由于实例是一个或多个 VLAN 的集合，一个实例对应一棵生成树，因此一个 VLAN 只能对应一棵生成树，而一棵生成树可以映射多个 VLAN。由于每棵生成树的计算都是独立的，对应的实例可以实现独立的

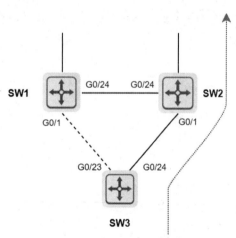

图 9-2　RSTP 拓扑结构示例

计算和数据流控制，因此使用 MSTP 不仅可以有效控制拓扑结构改变带来的影响，还可以通过多个实例很好地实现负载均衡。目前，常规的交换机中默认启用 MSTP。

1. MSTP 的基本概念

MSTP 引入了 MST 域的概念，将网络划分为若干个 MST 域。每个 MST 域都包含若干棵生成树，每棵生成树都对应一个独立的 MSTI。

1）MST 域

MST 域（Multiple Spanning Tree Region，MST Region）由具有相同域名、修订级别、VLAN 与实例映射关系的交换网络设备及对应的网段组成。在默认状态下，域名就是交换机的 MAC 地址，修订级别为 0，所有 VLAN 都被映射到实例 0 上。MST 域在物理上直接或间接互联。

2）MSTI

每个 MST 域中都有多个 MSTI（Multiple Spanning Tree Instance，生成树实例），每个 MSTI 都独立存在，互不影响。

3）CST

CST（Common Spanning Tree，公共生成树）是指连接整个交换网络中所有 MST 域的生成树。CST 将每个 MST 域都当成一个节点，通过 RSTP 计算生成。

4）IST

IST（Internal Spanning Tree，内部生成树）是 MST 域中编号为 0 的实例的特殊生成树。

5）CIST

CIST（Common and Internal Spanning Tree，公共与内部生成树）由 IST 和 CST 构成，包括一个交换网络的所有设备。MSTP 应用如图 9-3 所示。

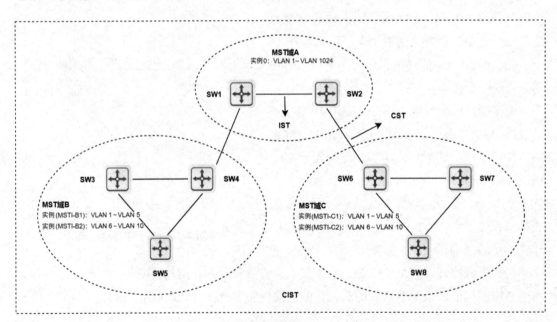

图 9-3　MSTP 应用

2. MSTP 的工作原理

MSTP 是在 IEEE 802.1w 的基础上修改而来的，与 RSTP 一样，MSTP 也需要通过选举根网桥、选举根端口、选举指定端口、确定预备端口、确定备份端口、确定边缘端口等为每个实例生成对应的生成树。

MSTP 的工作原理如图 9-4 所示。

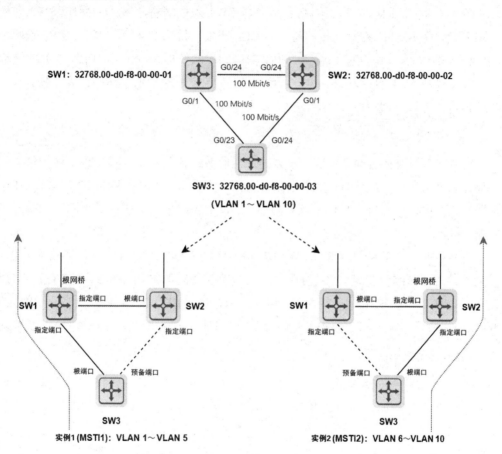

图 9-4　MSTP 的工作原理

1）选举根网桥

MSTP 根据网桥 ID 为网络中的每个 MSTI 都选举一个根网桥。网桥 ID 由网桥优先级和网桥 MAC 地址组成。网桥 ID 越小，网桥优先级越高。网桥优先级默认为 32 768，步长为 4096。通过设置网桥优先级可以手动指定不同实例的根网桥。

如图 9-4 所示，为了实现负载均衡，可以在 SW1 上设置 MSTI1 对应的网桥优先级为小于 32 768 的值，在 SW2 上设置 MSTI2 对应的网桥优先级为小于 32 768 的值。如此一来，SW1、SW2 分别在 MSTI1 和 MSTI2 中成为网桥优先级最高的设备，最终成为对应 MSTI 的根网桥。

2）选举根端口

根端口就是非根网桥上计算出的到根网桥开销最小的端口。MSTP 依次比较根路径成本、发送网桥 ID 及端口 ID，为每个非根网桥都选择一个根端口。根端口能转发数据流到根网桥上。其中，根路径成本与链路带宽相关联。按照 MSTP 规定可知，10Gbit/s、1000Mbit/s、100Mbit/s 和 10Mbit/s 的链路带宽对应的路径成本分别为 2、4、19 和 100。

如图 9-4 所示，同一个物理网络生成了以 SW1 为根网桥的 MSTI1 和以 SW2 为根网桥的 MSTI2，以 MSTI1 为例，根网桥为 SW1，非根网桥为 SW2 和 SW3。SW2 有两个端口，分别为 G0/1 端口和 G0/24 端口，G0/1 端口到根网桥的路径成本为 19，G0/24 端口到根网桥的路径成本为 19+19=38。因此，G0/1 端口被选举为 SW2 的根端口。同理，G0/23 端口被选举为 SW3 的根端口。

3）选举指定端口

指定端口是指交换机向下游交换机发送或接收数据流的端口。桥接网络中的每个网段都必须有一个指定端口。MSTP 依次根据根路径成本、所在交换机网桥 ID 和端口 ID 选举指定端口。其中，根网桥端口的根路径成本为 0，优先级最高。因此，根网桥的所有活动端口都是指定端口。

如图 9-4 所示，在 MSTI1 中，SW1 的 G0/1 端口和 G0/24 端口的根路径成本为 0，被选举为对应网段的指定端口。因为在 SW2 和 SW3 之间的网段中，SW2 的 G0/1 端口和 SW3 的 G0/24 端口的根路径成本均为 38，比较 SW2 和 SW3 的网桥 ID 会发现 SW2 的网桥 ID 较小，所以选举 SW2 的 G0/1 端口为该网段的指定端口。

4）确定预备端口

预备端口为交换机提供了一个到达根网桥的备份链路。其端口状态为阻塞，不转发数据流。当根端口被阻塞时，预备端口将成为新的根端口。因此，预备端口是备份的根端口。

如图 9-4 所示，在 MSTI1 中，SW3 的 G0/24 端口被选举为预备端口。

5）确定备份端口

当同一台交换机的两个端口互相连接时，就会形成环路，此时交换机会将其中一个端口堵塞，被堵塞的这个端口为备份端口。备份端口提供了一条从根网桥到非根网桥的备份链路，备份端口是备份的指定端口。

6）确定边缘端口

边缘端口位于网络边缘，不参与生成树的计算，一般用于连接非交换机设备，如终端服务器、主机等。

MSTP 中的端口角色除边缘端口外，其他端口都参与 MSTP 的计算。同一个端口在不同的 MSTI 中可以担任不同的角色。

如图 9-4 所示，同一个物理网络生成了以 SW1 为根网桥的 MSTI1 和以 SW2 为根网桥的 MSTI2。MSTI1 对应的 VLAN 1～VLAN 5 的数据流将在 SW1 与 SW3 之间的链路上转发，而 MSTI2 对应的 VLAN 6～VLAN 10 的数据流则将在 SW2 与 SW3 之间的链路上转发，这样可以很好地实现负载均衡。同时，MSTI2 中 SW1 与 SW3 之间的链路和 MSTI1 中 SW2 与 SW3 之间的链路互为备份链路，当 SW1 或 SW2 中的任意一台出现故障时，会立刻启用备份链路，以确保网络互联。

9.2   RLDP

RLDP 是锐捷网络自主开发的一个用于快速检测以太网链路故障的链路协议。

以太网中的链路检测机制主要通过物理层的自动协商检测链路的物理连接状态来判断链路的连通性。这种机制在多数情况下是可靠的。但当故障出现在链路中经过的中间设备时，使用这种机制检测不出链路的物理连接状态。例如，已知链路中存在中间网络，中间网络中的中继设备出现故障或光纤口上的接收线对接错误，而链路中存在光纤转换器，此时，往往会出现物理链路看似正常，但实际上无法正常通信的情况。

RLDP 定义了 Probe（探测）报文和 Echo（探测响应）报文。配置了 RLDP 的活动端口将周期性地发送本端口的 Probe 报文，并等待相邻端口响应该报文，同时接收相邻端口发送的 Probe 报文。RLDP 认为，如果一条链路在物理上和逻辑上都是正常的，那么一个端口应该能收到相邻端口发送的 Echo 报文及 Probe 报文；反之，则认为异常。通过 RLDP，用户可以快速检测以太网设备上的单向链路故障、双向链路故障和环路故障。故障处理方法有 4 种：告警、关闭端口学习状态、设置端口违例、关闭端口所在 SVI。

RLDP 主要用于接入交换机的环路检测，特别适合用于交换机下联 Hub 自身环路的情况。

9.3   DLDP

在实际网络中时常会出现光纤交叉连接、一条光纤未连接、一条光纤或双绞线中的一条链路断路的情况。此时，链路两端的端口之一可以接收对端发送的报文，而对端却不能接收本端发送的报文，这种情况被称为单向链路。在单向链路中，由于从物理层面上看链路正常，因此常规的物理层检测机制无法发现设备之间的通信故障。

DLDP 通过在数据链路层监控光纤或网线的链路状态，与物理层检测机制协同工作，检测链路连接和交互的正确性。如果发现单向链路存在，那么 DLDP 会根据用户配置，自动关闭或通知用户手动关闭相关端口，以防网络故障的发生。

DLDP 通过 Echo 报文实现链路检测。DLDP 将两端设备分别设置为主动模式、被动模式。在 DLDP 工作过程中，处于主动模式下的设备主动发起 Echo 报文；处于被动模式的设备不主动发起 Echo 报文，只检测和回应对端发送的报文。如果在指定时间内对端没有回应 ICMP Reply 报文，那么认为这条链路出现了问题。此时，处于主动模式下的设备会将该接口设置为"三层口 DOWN"，以触发三层协议收敛、备份切换动作等。

DLDP 常被部署于网络出口位置的设备（如核心交换机、路由器、防火墙等）上。使用 DLDP 能快速检测多运营商出口链路或中间传输设备故障，以便及时进行切换，避免业务中断。DLDP 主要用于对网络可靠性、稳定性、容错性要求比较高的金融和医疗等领域中。

项目规划设计

本项目计划使用 3 台路由器、2 台主机、5 台交换机组建企业局域网，其中，有 2 台接入交换机（SW1、SW2）、2 台汇聚交换机（Agg-SW1、Agg-SW2）和 1 台核心交换机（Core-SW）。本项目各部门的接入交换机均与两台汇聚交换机互联。

其具体配置步骤如下。

（1）部署 MSTP，实现网络防环与负载均衡。

（2）部署 RLDP，实现实时检测接入交换机。

（3）部署 DLDP，实现两台出口路由器出现故障后快速切换，避免业务中断。

项目实施拓扑结构如图 9-5 所示。

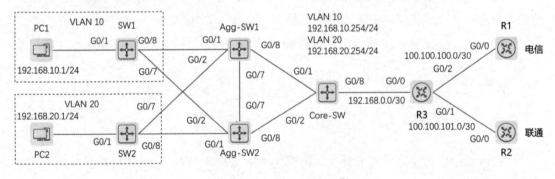

图 9-5　项目实施拓扑结构

根据图 9-5 进行项目 9 的所有规划。项目 9 的 VLAN 规划、端口规划、IP 地址规划如表 9-1～表 9-3 所示。

表 9-1　项目 9 的 VLAN 规划

VLAN ID	VLAN 名称	网段	用途
VLAN 10	YFB	192.168.10.0/24	研发部用户网段
VLAN 20	XSB	192.168.20.0/24	销售部用户网段

表 9-2　项目 9 的端口规划

本端设备	本端端口	端口配置	对端设备	对端端口
Core-SW	G0/1	Trunk	Agg-SW1	G0/8
	G0/2	Trunk	Agg-SW2	G0/8
	G0/8	-	R3	G0/0
Agg-SW1	G0/1	Trunk	SW1	G0/8
	G0/2	Trunk	SW2	G0/7
	G0/7	Trunk	Agg-SW2	G0/7
	G0/8	Trunk	Core-SW	G0/1
Agg-SW2	G0/1	Trunk	SW2	G0/8
	G0/2	Trunk	SW1	G0/7
	G0/7	Trunk	Agg-SW1	G0/7
	G0/8	Trunk	Core-SW	G0/2
SW1	G0/1	Access	PC1	Eth1
	G0/7	Trunk	Agg-SW2	G0/2
	G0/8	Trunk	Agg-SW1	G0/1
SW2	G0/1	Access	PC2	Eth1
	G0/7	Trunk	Agg-SW1	G0/2
	G0/8	Trunk	Agg-SW2	G0/1
R1	G0/0	-	R3	G0/2
R2	G0/0	-	R3	G0/1
R3	G0/0	-	Core-SW	G0/8
	G0/1	-	R2	G0/0
	G0/2	-	R1	G0/0

表 9-3　项目 9 的 IP 地址规划

设备	接口	IP 地址	用途
Core-SW	G0/8	192.168.0.1/30	设备互联网段
	VLAN 10	192.168.10.254/24	用户网段网关
	VLAN 20	192.168.20.254/24	用户网段网关
R1	G0/0	100.100.100.2/30	设备互联网段
R2	G0/0	100.100.101.2/30	设备互联网段
R3	G0/0	192.168.0.2/30	设备互联网段
	G0/1	100.100.101.1/30	设备互联网段
	G0/2	100.100.100.1/30	设备互联网段

设备	接口	IP 地址	用途
PC1	Eth1	192.168.10.1/24	用户网段地址
PC2	Eth1	192.168.20.1/24	用户网段地址

项目实践

任务 9-1　部署 MSTP

➤ 任务描述

实施本任务的目的是通过部署 MSTP 实现网络防环与负载均衡。本任务的配置包括以下内容。

（1）VLAN 配置：创建并配置 VLAN。

（2）IP 地址配置：为交换机配置 IP 地址。

（3）端口配置：配置互联端口，并配置端口默认的 VLAN。

（4）MSTP 配置：在交换机上配置生成树。

➤ 任务操作

1. VLAN 配置

（1）在 Core-SW 上创建并配置 VLAN。

```
Ruijie>enable                              // 进入特权模式
Ruijie#config  terminal                    // 进入全局模式
Ruijie(config)#hostname  Core-SW           // 将交换机名称更改为 Core-SW
Core-SW(config)#vlan  10                    // 创建 VLAN 10
Core-SW(config-vlan)#name  YFB             // 将 VLAN 命名为 YFB
Core-SW(config-vlan)#exit                   // 退出
Core-SW(config)#vlan  20                    // 创建 VLAN 20
Core-SW(config-vlan)#name  XSB             // 将 VLAN 命名为 XSB
Core-SW(config-vlan)#exit                   // 退出
```

（2）在 Agg-SW1 上创建并配置 VLAN。

```
Ruijie>enable                              // 进入特权模式
Ruijie#config  terminal                    // 进入全局模式
```

Ruijie(config)#hostname Agg-SW1	// 将交换机名称更改为 Agg-SW1
Agg-SW1(config)#vlan 10	// 创建 VLAN 10
Agg-SW1(config-vlan)#name YFB	// 将 VLAN 命名为 YFB
Agg-SW1(config-vlan)#exit	// 退出
Agg-SW1(config)#vlan 20	// 创建 VLAN 20
Agg-SW1(config-vlan)#name XSB	// 将 VLAN 命名为 XSB
Agg-SW1(config-vlan)#exit	// 退出

（3）在 Agg-SW2 上创建并配置 VLAN。

Ruijie>enable	// 进入特权模式
Ruijie#config terminal	// 进入全局模式
Ruijie(config)#hostname Agg-SW2	// 将交换机名称更改为 Agg-SW2
Agg-SW2(config)#vlan 10	// 创建 VLAN 10
Agg-SW2(config-vlan)#name YFB	// 将 VLAN 命名为 YFB
Agg-SW2(config-vlan)#exit	// 退出
Agg-SW2(config)#vlan 20	// 创建 VLAN 20
Agg-SW2(config-vlan)#name XSB	// 将 VLAN 命名为 XSB
Agg-SW2(config-vlan)#exit	// 退出

（4）在 SW1 上创建并配置 VLAN。

Ruijie>enable	// 进入特权模式
Ruijie#config terminal	// 进入全局模式
Ruijie(config)#hostname SW1	// 将交换机名称更改为 SW1
SW1(config)#vlan 10	// 创建 VLAN 10
SW1(config-vlan)#name YFB	// 将 VLAN 命名为 YFB
SW1(config-vlan)#exit	// 退出
SW1(config)#vlan 20	// 创建 VLAN 20
SW1(config-vlan)#name XSB	// 将 VLAN 命名为 XSB
SW1(config-vlan)#exit	// 退出

（5）在 SW2 上创建并配置 VLAN。

Ruijie>enable	// 进入特权模式
Ruijie#config terminal	// 进入全局模式
Ruijie(config)#hostname SW2	// 将交换机名称更改为 SW2
SW2(config)#vlan 10	// 创建 VLAN 10
SW2(config-vlan)#name YFB	// 将 VLAN 命名为 YFB
SW2(config-vlan)#exit	// 退出
SW2(config)#vlan 20	// 创建 VLAN 20
SW2(config-vlan)#name XSB	// 将 VLAN 命名为 XSB
SW2(config-vlan)#exit	// 退出

2. IP 地址配置

在 Core-SW 上配置 SVI 的 IP 地址。

Core-SW(config)#interface vlan 10	// 进入 VLAN 10 接口

Core-SW(config-if-VLAN 10)#ip address 192.168.10.254 255.255.255.0	// 配置 IP 地址
Core-SW(config-if-VLAN 10)#exit	// 退出
Core-SW(config)#interface vlan 20	// 进入 VLAN 20 接口
Core-SW(config-if-VLAN 20)#ip address 192.168.20.254 255.255.255.0	// 配置 IP 地址
Core-SW(config-if-VLAN 20)#exit	// 退出

3. 端口配置

（1）在 Core-SW 上配置与汇聚交换机互联的端口。

Core-SW(config)#interface range GigabitEthernet 0/1-2	// 批量进入端口
Core-SW(config-if-range)#switchport mode trunk	// 修改端口模式为 Trunk
Core-SW(config-if-range)#exit	// 退出

（2）在 Agg-SW1 上配置与交换机互联的端口。

Agg-SW1(config)#interface range GigabitEthernet 0/1-2 , 0/7-8	// 批量进入端口
Agg-SW1(config-if-range)#switchport mode trunk	// 修改端口模式为 Trunk
Agg-SW1(config-if-range)#exit	// 退出

（3）在 Agg-SW2 上配置与交换机互联的端口。

Agg-SW2(config)#interface range GigabitEthernet 0/1-2 , 0/7-8	// 批量进入端口
Agg-SW2(config-if-range)#switchport mode trunk	// 修改端口模式为 Trunk
Agg-SW2(config-if-range)#exit	// 退出

（4）在 SW1 上配置与汇聚交换机和主机互联的端口。

SW1(config)#interface range GigabitEthernet 0/7-8	// 批量进入端口
SW1(config-if-range)#switchport mode trunk	// 修改端口模式为 Trunk
SW1(config-if-range)#exit	// 退出
SW1(config)#interface GigabitEthernet 0/1	// 进入 G0/1 端口
SW1(config-if-GigabitEthernet 0/1)#switchport mode access	// 修改端口模式为 Access
SW1(config-if-GigabitEthernet 0/1)#switchport access vlan 10	// 配置端口默认的 VLAN 为 VLAN 10
SW1(config-if-GigabitEthernet 0/1)#exit	// 退出

（5）在 SW2 上配置与汇聚交换机和主机互联的端口。

SW2(config)#interface range GigabitEthernet 0/7-8	// 批量进入端口
SW2(config-if-range)#switchport mode trunk	// 修改端口模式为 Trunk
SW2(config-if-range)#exit	// 退出
SW2(config)#interface GigabitEthernet 0/1	// 进入 G0/1 端口
SW2(config-if-GigabitEthernet 0/1)#switchport mode access	// 修改端口模式为 Access
SW2(config-if-GigabitEthernet 0/1)#switchport access vlan 20	// 配置端口默认的 VLAN 为 VLAN 20
SW2(config-if-GigabitEthernet 0/1)#exit	// 退出

4. MSTP 配置

（1）在 Core-SW 上配置生成树。

Core-SW(config)#spanning-tree	// 启用生成树
Core-SW(config)#spanning-tree mode mstp	// 配置生成树模式为 MSTP

```
Core-SW(config)#spanning-tree mst configuration      // 进入配置的生成树模式
Core-SW(config-mst)#name Ruijie                      // 配置域名
Core-SW(config-mst)#revision 1                       // 配置修正级别
Core-SW(config-mst)#instance 1 vlan 10               // 配置实例 1 包含的 VLAN 列表
Core-SW(config-mst)#instance 2 vlan 20               // 配置实例 2 包含的 VLAN 列表
Core-SW(config-mst)#exit                             // 退出
Core-SW(config)#spanning-tree mst 1 priority 4096    // 配置实例 1 的优先级为 4096
Core-SW(config)#spanning-tree mst 2 priority 4096    // 配置实例 2 的优先级为 4096
```

（2）在 Agg-SW1 上配置生成树。

```
Agg-SW1(config)#spanning-tree                        // 启用生成树
Agg-SW1(config)#spanning-tree mode mstp              // 配置生成树模式为 MSTP
Agg-SW1(config)#spanning-tree mst configuration      // 进入配置的生成树模式
Agg-SW1(config-mst)#name Ruijie                      // 配置域名
Agg-SW1(config-mst)#revision 1                       // 配置修正级别
Agg-SW1(config-mst)#instance 1 vlan 10               // 配置实例 1 的 VLAN 列表
Agg-SW1(config-mst)#instance 2 vlan 20               // 配置实例 2 的 VLAN 列表
Agg-SW1(config-mst)#exit                             // 退出
Agg-SW1(config)#spanning-tree mst 1 priority 8192    // 配置实例 1 的优先级为 8192
```

（3）在 Agg-SW2 上配置生成树。

```
Agg-SW2(config)#spanning-tree                        // 启用生成树
Agg-SW2(config)#spanning-tree mode mstp              // 配置生成树模式为 MSTP
Agg-SW2(config)#spanning-tree mst configuration      // 进入配置的生成树模式
Agg-SW2(config-mst)#name Ruijie                      // 配置域名
Agg-SW2(config-mst)#revision 1                       // 配置修正级别
Agg-SW2(config-mst)#instance 1 vlan 10               // 配置实例 1 的 VLAN 列表
Agg-SW2(config-mst)#instance 2 vlan 20               // 配置实例 2 的 VLAN 列表
Agg-SW2(config-mst)#exit                             // 退出
Agg-SW2(config)#spanning-tree mst 2 priority 8192    // 配置实例 2 的优先级为 8192
```

（4）在 SW1 上配置生成树。

```
SW1(config)#spanning-tree                            // 启用生成树
SW1(config)#spanning-tree mode mstp                  // 配置生成树模式为 MSTP
SW1(config)#spanning-tree mst configuration          // 进入配置的生成树模式
SW1(config-mst)#name Ruijie                          // 配置域名
SW1(config-mst)#revision 1                           // 配置修正级别
SW1(config-mst)#instance 1 vlan 10                   // 配置实例 1 的 VLAN 列表
SW1(config-mst)#instance 2 vlan 20                   // 配置实例 2 的 VLAN 列表
SW1(config-mst)#exit                                 // 退出
```

（5）在 SW2 上配置生成树。

```
SW2(config)#spanning-tree                            // 启用生成树
SW2(config)#spanning-tree mode mstp                  // 配置生成树模式为 MSTP
SW2(config)#spanning-tree mst configuration          // 进入配置的生成树模式
```

```
SW2(config-mst)#name  Ruijie              // 配置域名
SW2(config-mst)#revision  1               // 配置修正级别
SW2(config-mst)#instance  1  vlan  10     // 配置实例 1 的 VLAN 列表
SW2(config-mst)#instance  2  vlan  20     // 配置实例 2 的 VLAN 列表
SW2(config-mst)#exit                      // 退出
```

➢ 任务验证

在 SW1 上使用【show spanning-tree summary】命令查看生成树信息。

```
SW1#show  spanning-tree  summary

Spanning  tree  enabled  protocol  mstp
MST  0  vlans  map : 1-9, 11-19, 21-4094
    Root ID     Priority     32768
                Address      5000.0004.0001
                this bridge is root
                Hello Time   2 sec  Forward Delay 15 sec  Max Age 20 sec


    Bridge ID   Priority     32768
                Address      5000.0007.0001
                Hello Time   2 sec  Forward Delay 15 sec  Max Age 20 sec
```

Interface	Role	Sts	Cost	Prio	OperEdge	Type
Gi0/0	Desg	FWD	20000	128	True	P2P
Gi0/1	Desg	FWD	20000	128	True	P2P
Gi0/2	Desg	FWD	20000	128	True	P2P
Gi0/3	Desg	FWD	20000	128	True	P2P
Gi0/4	Desg	FWD	20000	128	True	P2P
Gi0/5	Desg	FWD	20000	128	True	P2P
Gi0/6	Desg	FWD	20000	128	True	P2P
Gi0/7	Altn	BLK	20000	128	False	P2P
Gi0/8	Root	FWD	20000	128	False	P2P

```
MST  1  vlans  map : 10
    Region Root Priority   4096
                Address      5000.0004.0001
                this bridge is region root


    Bridge ID   Priority     32768
                Address      5000.0007.0001
```

Interface	Role	Sts	Cost	Prio	OperEdge	Type

Gi0/0	Desg	FWD	20000	128	True	P2P
Gi0/1	Desg	FWD	20000	128	True	P2P
Gi0/2	Desg	FWD	20000	128	True	P2P
Gi0/3	Desg	FWD	20000	128	True	P2P
Gi0/4	Desg	FWD	20000	128	True	P2P
Gi0/5	Desg	FWD	20000	128	True	P2P
Gi0/6	Desg	FWD	20000	128	True	P2P
Gi0/7	Altn	BLK	20000	128	False	P2P
Gi0/8	Root	FWD	20000	128	False	P2P

```
MST 2 vlans map : 20
  Region Root Priority    4096
           Address        5000.0004.0001
           this bridge is region root


  Bridge ID  Priority    32768
             Address     5000.0007.0001
```

Interface	Role	Sts	Cost	Prio	OperEdge	Type
Gi0/0	Desg	FWD	20000	128	True	P2P
Gi0/1	Desg	FWD	20000	128	True	P2P
Gi0/2	Desg	FWD	20000	128	True	P2P
Gi0/3	Desg	FWD	20000	128	True	P2P
Gi0/4	Desg	FWD	20000	128	True	P2P
Gi0/5	Desg	FWD	20000	128	True	P2P
Gi0/6	Desg	FWD	20000	128	True	P2P
Gi0/7	Root	FWD	20000	128	False	P2P
Gi0/8	Altn	BLK	20000	128	False	P2P

可以看到，SW1 在实例 1 中，以 G0/8 端口为根端口，G0/7 端口处于阻塞状态，实例 1 包含的 VLAN 二层数据流会流向 Agg-SW1；SW1 在实例 2 中，以 G0/7 端口为根端口，G0/8 端口处于阻塞状态，实例 2 包含的 VLAN 二层数据流会流向 Agg-SW2。

任务 9-2　部署 RLDP

> 任务描述

实施本任务的目的是通过为接入交换机部署 RLDP，实现实时检测接入交换机，避免接入交换机产生环路。本任务的配置包括以下内容。

启用 RLDP，并配置环路故障处理方法和端口恢复时间。

> 任务操作

（1）在 Agg-SW1 与 SW1 连接的端口上配置 RLDP。

```
SW1(config)#rldp enable                                    // 启用 RLDP
SW1(config)#interface range GigabitEthernet 0/1-5          // 批量进入端口
SW1(config-if-range)#rldp port loop-detect shutdown-port   // 配置 RLDP 的环路故障处理方法为
shutdown-port
SW1(config-if-range)#errdisable recovery interval 300      // 配置端口恢复时间为 300 秒
SW1(config-if-range)#exit                                  // 退出
```

（2）在 Agg-SW2 与 SW2 连接的端口上配置 RLDP。

```
SW2(config)#rldp enable                                    // 启用 RLDP
SW2(config)#interface range GigabitEthernet 0/1-5          // 批量进入端口
SW2(config-if-range)#rldp port loop-detect shutdown-port   // 配置 RLDP 的环路故障处理方法为
shutdown-port
SW2(config-if-range)#errdisable recovery interval 300      // 配置端口恢复时间为 300 秒
SW2(config-if-range)#exit                                  // 退出
```

> 任务验证

在 SW1 上使用【show rldp】命令查看 RLDP 的运行状态。

```
SW1(config)#show rldp
rldp state        : enable
rldp hello interval: 3
rldp max hello     : 2
rldp local bridge  : 5000.0001.0001
rldp detect latency: 0
----------------------------------
GigabitEthernet 0/1
port state      : normal
neighbor bridge : 0000.0000.0000
neighbor port   :
loop detect information:
    action: shutdown-port
    state : normal

GigabitEthernet 0/2
port state      : normal
neighbor bridge : 0000.0000.0000
neighbor port   :
loop detect information:
    action: shutdown-port
```

```
        state : normal

GigabitEthernet 0/3
port state        : normal
neighbor bridge : 0000.0000.0000
neighbor port     :
loop detect information:
        action: shutdown-port
        state : normal

GigabitEthernet 0/4
port state        : normal
neighbor bridge : 0000.0000.0000
neighbor port     :
loop detect information:
        action: shutdown-port
        state : normal

GigabitEthernet 0/5
port state        : normal
neighbor bridge : 0000.0000.0000
neighbor port     :
loop detect information:
        action: shutdown-port
        state : normal
```

可以看到，RLDP 的运行状态。

任务 9-3　部署 DLDP

➤ 任务描述

实施本任务的目的是通过在两台出口路由器上部署 DLDP，实现两台出口路由器出现故障后快速切换，避免业务中断。本任务的配置包括以下内容。

（1）IP 地址配置：在核心交换机、路由器上配置 IP 地址。

（2）路由信息配置：在核心交换机、路由器上配置路由信息。

（3）DLDP 配置：在 R3 与 R1 连接的接口上配置 DLDP。

> 任务操作

1. IP 地址配置

（1）在 Core-SW 上配置 IP 地址。

```
Core-SW(config)#interface GigabitEthernet 0/8          // 进入 G0/8 接口
Core-SW(config-if-GigabitEthernet 0/8)#no switchport   // 切换为三层口
Core-SW(config-if-GigabitEthernet 0/8)#ip address 192.168.0.1 255.255.255.252// 配置 IP 地址
Core-SW(config-vlan)#exit                               // 退出
```

（2）在 R3 上配置 IP 地址。

```
Router>enable                                          // 进入特权模式
Router#configure terminal                              // 进入全局模式
Router(config)#hostname R3                             // 将路由器名称更改为 R3
R3(config)#interface GigabitEthernet 0/0               // 进入 G0/0 接口
R3(config-if-GigabitEthernet 0/0)#ip address 192.168.0.2 255.255.255.252    // 配置 IP 地址
R3(config-if-GigabitEthernet 0/0)# exit                // 退出
R3(config)#interface GigabitEthernet 0/2               // 进入 G0/2 接口
R3(config-if-GigabitEthernet 0/2)#ip address 100.100.100.1 255.255.255.252   // 配置 IP 地址
R3(config-if-GigabitEthernet 0/2)# exit                // 退出
R3(config)#interface GigabitEthernet 0/1               // 进入 G0/1 接口
R3(config-if-GigabitEthernet 0/1)#ip address 100.100.101.1 255.255.255.252   // 配置 IP 地址
R3(config-if-GigabitEthernet 0/1)#exit                 // 退出
```

（3）在 R1 上配置 IP 地址。

```
Router>enable                                          // 进入特权模式
Router#configure terminal                              // 进入全局模式
Router(config)#hostname R1                             // 将路由器名称更改为 R1
R1(config)#interface GigabitEthernet 0/0               // 进入 G0/0 接口
R1(config-if-GigabitEthernet 0/0)#ip address 100.100.100.2 255.255.255.252   // 配置 IP 地址
R1(config-if-GigabitEthernet 0/0)#exit                 // 退出
```

（4）在 R2 上配置 IP 地址。

```
Router>enable                                          // 进入特权模式
Router#configure terminal                              // 进入全局模式
Router(config)#hostname R2                             // 将路由器名称更改为 R2
R2(config)#interface GigabitEthernet 0/0               // 进入 G0/0 接口
R2(config-if-GigabitEthernet 0/0)#ip address 100.100.101.2 255.255.255.252   // 配置 IP 地址
R2(config-if-GigabitEthernet 0/0)#exit                 // 退出
```

2. 路由信息配置

（1）在 Core-SW 上配置默认路由信息。

```
Core-SW(config)#ip route 0.0.0.0 0.0.0.0 192.168.0.2          // 配置默认路由信息
```

（2）在 R3 上配置默认路由信息和静态路由信息。

```
R3(config)#ip route 0.0.0.0 0.0.0.0 100.100.100.2 10          // 配置默认路由信息
R3(config)#ip route 0.0.0.0 0.0.0.0 100.100.101.2 20          // 配置默认路由信息
R3(config)#ip route 192.168.10.0 255.255.255.0 192.168.0.1// 配置静态路由信息
R3(config)#ip route 192.168.20.0 255.255.255.0 192.168.0.1// 配置静态路由信息
```

（3）在 R1 和 R2 上配置静态路由信息。

```
R1(config)#ip route 0.0.0.0 0.0.0.0 100.100.100.1          // 在 R1 上配置静态路由信息
R2(config)#ip route 0.0.0.0 0.0.0.0 100.100.101.1          // 在 R2 上配置静态路由信息
```

3. DLDP 配置

在 R3 与 R1 连接的接口上配置 DLDP。

```
R3(config)#interface GigabitEthernet 0/2                        // 进入 G0/2 接口
R3(config-if-GigabitEthernet 0/2)#dldp 100.100.100.2 interval 100   // 配置 DLDP 探测间隔为 100 秒
R3(config-if-GigabitEthernet 0/2)#exit                         // 退出
```

➢ 任务验证

在 R3 上使用【show dldp interface GigabitEthernet 0/2】命令查看 DLDP 信息。

```
R3#show dldp interface GigabitEthernet 0/2
Interface  Type        Ip              Next-hop        Interval Retry Resume State
---------  -------    --------------  ---------------  -------- ----- ------ -----
Gi0/2      Active     100.100.100.2    0.0.0.0          100      4     3     Up
```

可以看到，DLDP 信息。

项目验证

（1）将 Agg-SW1 宕机，在 SW1 上使用【show spanning-tree summary】命令查看生成树信息。

```
SW1#show spanning-tree summary

Spanning tree enabled protocol mstp
MST 0 vlans map : 1-9, 11-19, 21-4094
  Root ID      Priority    32768
               Address      5000.0004.0001
               this bridge is root
               Hello Time   2 sec  Forward Delay 15 sec  Max Age 20 sec
```

Bridge ID Priority   32768
           Address   5000.0007.0001
           Hello Time   2 sec Forward Delay 15 sec Max Age 20 sec

Interface	Role	Sts	Cost	Prio	OperEdge	Type
Gi0/0	Desg	FWD	20000	128	True	P2P
Gi0/1	Desg	FWD	20000	128	True	P2P
Gi0/2	Desg	FWD	20000	128	True	P2P
Gi0/3	Desg	FWD	20000	128	True	P2P
Gi0/4	Desg	FWD	20000	128	True	P2P
Gi0/5	Desg	FWD	20000	128	True	P2P
Gi0/6	Desg	FWD	20000	128	True	P2P
Gi0/7	Root	FWD	20000	128	False	P2P
Gi0/8	Desg	FWD	20000	128	False	P2P

MST 1 vlans map : 10
  Region Root Priority   4096
          Address   5000.0004.0001
          this bridge is region root

   Bridge ID Priority   32768
              Address   5000.0007.0001

Interface	Role	Sts	Cost	Prio	OperEdge	Type
Gi0/0	Desg	FWD	20000	128	True	P2P
Gi0/1	Desg	FWD	20000	128	True	P2P
Gi0/2	Desg	FWD	20000	128	True	P2P
Gi0/3	Desg	FWD	20000	128	True	P2P
Gi0/4	Desg	FWD	20000	128	True	P2P
Gi0/5	Desg	FWD	20000	128	True	P2P
Gi0/6	Desg	FWD	20000	128	True	P2P
Gi0/7	Root	FWD	20000	128	False	P2P
Gi0/8	Desg	FWD	20000	128	False	P2P

MST 2 vlans map : 20
  Region Root Priority   4096
          Address   5000.0004.0001
          this bridge is region root

   Bridge ID Priority   32768
              Address   5000.0007.0001

```
Interface        Role   Sts   Cost      Prio      OperEdge   Type
---------------  ----   ---   --------- --------  --------   ---------------
Gi0/0            Desg   FWD   20000     128       True       P2P
Gi0/1            Desg   FWD   20000     128       True       P2P
Gi0/2            Desg   FWD   20000     128       True       P2P
Gi0/3            Desg   FWD   20000     128       True       P2P
Gi0/4            Desg   FWD   20000     128       True       P2P
Gi0/5            Desg   FWD   20000     128       True       P2P
Gi0/6            Desg   FWD   20000     128       True       P2P
Gi0/7            Root   FWD   20000     128       False      P2P
Gi0/8            Desg   FWD   20000     128       False      P2P
```

可以看到，当 Agg-SW1 出现故障时，SW1 在实例 1 中，G0/7 端口被转换成根端口，实例 1 包含的 VLAN 二层数据流会流向 Agg-SW2。

（2）RLDP 在出现环路时会自动关闭端口。此时，在 SW2 上将 G0/1 端口和 G0/2 端口互联，形成环路，查看 RLDP 的效果。

```
SW2#show rldp
rldp state         : enable
rldp hello interval: 3
rldp max hello     : 2
rldp local bridge  : 5000.0008.0001
rldp detect latency: 0
-----------------------------------
GigabitEthernet 0/1
port state      : error
neighbor bridge : 5000.0008.0001
neighbor port   : GigabitEthernet 0/1
loop detect information:
     action: shutdown-port
     state : error
```

可以看到，RLDP 检测到了端口环路，并已将 G0/1 端口关闭。

（3）在 R1 上关闭 G0/0 接口，在 R3 上使用【show dldp interface GigabitEthernet 0/2】命令查看 DLDP 信息。

```
R3#show dldp interface GigabitEthernet 0/2
Interface   Type     Ip               Next-hop         Interval  Retry  Resume  State
---------   ------   --------------   --------------   -------   -----  ------  -----
Gi0/2       Active   100.100.100.2    0.0.0.0          100       4      3       Down
```

可以看到，G0/2 接口的 DLDP 的状态为 Down。

项目拓展

一、理论题

（1）使用（ ）可以实现负载均衡。

    A．STP   B．RSTP   C．MSTP   D．RLDP

（2）（ ）不是 MSTP 中的端口。

    A．根端口   B．指定端口   C．阻塞端口   D．预备端口

（3）每个非根网桥都需要选举一个（ ）。

    A．根端口   B．指定端口   C．预备端口   D．备选端口

二、项目实训

1．实训背景

为了增强校园网的稳定性和可靠性，某校计算机工程学院决定对原有院部校园网进行一系列的改造：增加汇聚交换机形成冗余链路，以及在此基础上通过部署 MSTP 来实现网络防环与负载均衡；同时，通过部署 RLDP 来实现实时检测接入交换机。

实训拓扑结构如图 9-6 所示。

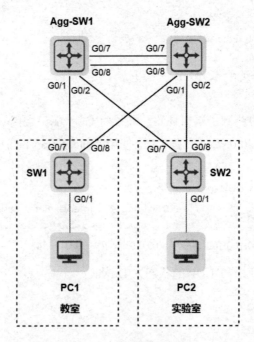

图 9-6　实训拓扑结构

2. 实训规划表

根据实训背景，并参考本项目的项目规划设计，完成实训规划表，如表 9-4～表 9-6 所示。

表 9-4   VLAN 规划

VLAN ID	VLAN 名称	网段	用途

表 9-5   端口规划

本端设备	本端端口	端口配置	对端设备	对端端口

表 9-6   IP 地址规划

设备	接口	IP 地址	用途

3. 实训要求

（1）根据端口规划表创建和配置 VLAN。

（2）根据 IP 地址规划表配置 IP 地址。

（3）在汇聚交换机和接入交换机上启用 MSTP，并对 MSTP 进行相关配置。

（4）启用 RLDP，并对 RLDP 进行相应配置。

（5）按照以下要求操作并截图保存。

① 在 SW1 上使用【show spanning-tree summary】命令查看生成树信息。

② 在 SW1 上使用【show rldp】命令查看 RLDP 的运行状态。

③ 将 Agg-SW1 宕机，在 SW1 上使用【show spanning-tree summary】命令查看生成树信息。

④ 在 SW2 上将 G0/1 端口和 G0/2 端口互联，并将二者都设置成 VLAN 20，使用【show rldp】命令查看 RLDP 的运行状态。

项目 10 基于 VRRP 的企业园区网络出口部署

项目描述

随着业务的不断拓展，某企业网络规模不断变大，但同时该企业对网络的稳定性和可靠性也有了更高的要求。为了满足该企业现有员工稳定用网，以及该企业未来发展的需求，该企业现计划对既有网络进行改造。对于这一需求，运维人员提出了两个改造办法。

（1）在出口位置部署 VRRP。

（2）在出口位置部署基于 BFD 的检测功能。

通过这些办法尽可能提高网络的稳定性和可靠性，确保业务的连续性。

项目拓扑结构如图 10-1 所示。

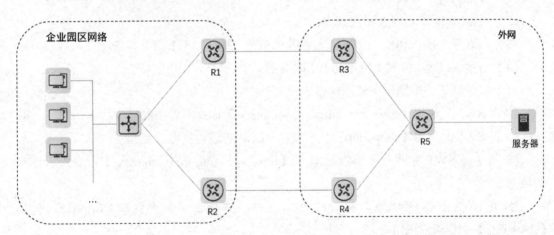

图 10-1 项目拓扑结构

项目相关知识

10.1　VRRP 概述

随着网络的快速普及和相关应用的日益深入，基础网络的可靠性备受关注。局域网中的主机通过配置默认网关来实现与外网的通信。如果默认网关出现故障，那么主机会与外网失去联系，从而导致业务中断。问题提出如图 10-2 所示。

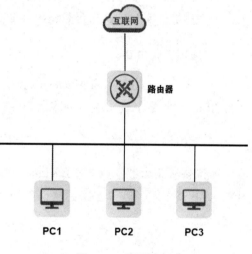

图 10-2　问题提出

为了解决这个问题，IETF 提出了 VRRP（Virtual Router Redundancy Protocol，虚拟路由冗余协议），该协议由 RFC 2388 规定。VRRP 是一种用于提高网络可靠性的路由容错协议。通过引入虚拟路由器的概念，在默认网关位置部署多台网关路由器，并将这些网关路由器虚拟化为一台虚拟路由器。此时，主机只要将默认网关的 IP 地址配置为虚拟路由器的 IP 地址，即可将默认网关动态分配到对应路由器组中的任意一台路由器上，实现网关备份。VRRP 工作的拓扑结构如图 10-3 所示。

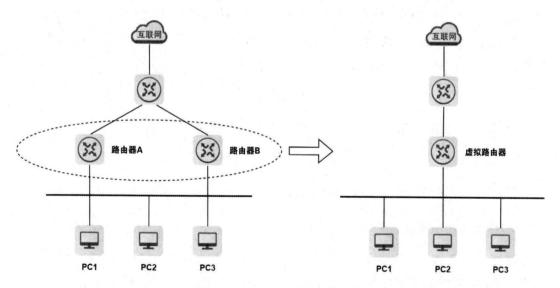

图 10-3　VRRP 工作的拓扑结构

10.2 VRRP 的基本概念

1. VRRP 组

VRRP 组是基于子网接口的抽象对象，由一个 VRID 和一个或多个虚拟 IP 地址定义。VRRP 组由一台虚拟主路由器和多台虚拟备份路由器组成。

2. VRRP 路由器

VRRP 路由器指运行 VRRP 的路由器。一台 VRRP 路由器可以加入一个或多个 VRRP 组，为网络提供冗余备份和负载均衡功能。

3. 虚拟主路由器

虚拟主路由器（Virtual Master Router）负责转发通过虚拟路由器的三层数据报文及对虚拟 IP 地址的 ARP 请求进行回应。

4. 虚拟备份路由器

虚拟备份路由器（Virtual Backup Router）不转发三层数据报文，也不回应虚拟 IP 地址的 ARP 请求。当虚拟主路由器出现故障时，虚拟备份路由器将通过竞选成为新的虚拟主路由器。

5. 优先级

优先级指的是设备在 VRRP 组中的优先等级，取值范围为 0～255，值越大表示优先级越高。值为 0 表示该路由器停止参与 VRRP 组，用来使虚拟备份路由器尽快成为虚拟主路由器，而不必等到计时器超时；而值为 255 则被保留给 IP 地址拥有者设置，无法手动配置，默认值为 100。

6. VRID

VRID 用于标识 VRRP 组。VRID 的取值范围是 1～255，默认值为 100。

7. 虚拟 IP 地址

虚拟 IP 地址就是虚拟路由器的 IP 地址，同一台虚拟路由器只有一个虚拟 IP 地址。

8. IP 地址拥有者

IP 地址拥有者指的是将真实 IP 地址配置为虚拟 IP 地址的虚拟路由器。如果某台 VRRP 路由器是 IP 地址拥有者，那么该 VRRP 路由器将一直是虚拟主路由器。

9. 虚拟 MAC 地址

虚拟 MAC（Virtual MAC）地址指的是虚拟路由器根据 VRID 生成的 MAC 地址。一台虚拟路由器拥有一个虚拟 MAC 地址，其格式为 00-00-5E-00-01-[VRID]。当虚拟路由器回应 ARP 请求时，使用虚拟 MAC 地址，而非端口的真实 MAC 地址。

10.3 VRRP 的工作机制

VRRP 定义了 3 种状态：Initialize（初始）状态、Master（活动）状态和 Backup（备份）状态。

（1）Initialize 状态：Initialize 状态为不可用状态，此状态下的虚拟路由器不会对 VRRP 通告报文做任何处理，通常设备启动或检测到故障时会进入 Initialize 状态。

（2）Master 状态：Master 状态下的虚拟路由器将成为虚拟主路由器，负责转发通过虚拟路由器的三层数据报文及对虚拟 IP 地址的 ARP 请求进行回应。

（3）Backup 状态：Backup 状态下的虚拟路由器将成为虚拟备份路由器，定期接收虚拟主路由器的 VRRP 通告报文，以便判断虚拟主路由器是否正常工作。

VRRP 的工作机制如图 10-4 所示。

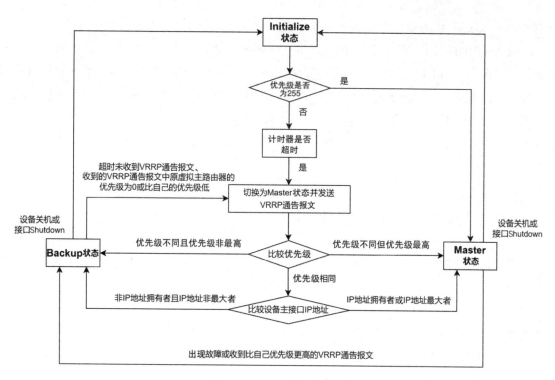

图 10-4　VRRP 的工作机制

（1）设备启动后，进入 Initialize 状态，查看自己的优先级是否为 255，如果优先级为

255，那么直接进入 Master 状态。

（2）如果优先级不为 255，那么设备等待计时器超时，超时后切换为 Master 状态并发送 VRRP 通告报文，开始选举虚拟主路由器。

（3）对于同一个 VRRP 组的设备应先比较各自的优先级。如果各设备的优先级不同，那么优先级最高的设备将被选举为虚拟主路由器，进入 Master 状态；其他设备自动进入 Backup 状态，成为虚拟备份路由器。各设备在优先级相同的情况下，主接口 IP 地址拥有者或 IP 地址最大者将被选举为虚拟主路由器，进入 Master 状态；反之，则成为虚拟备份路由器，进入 Backup 状态。进入 Master 状态的虚拟主路由器会立刻发送免费 ARP 通知局域网中的所有设备，从而把用户的流量引到此设备上来。

（4）当虚拟主路由器关机或端口 Shutdown 等情况发生时，其将由 Master 状态切换为 Initialize 状态。虚拟路由器有两种工作模式，即抢占模式和非抢占模式。在抢占模式下，较高优先级的设备可以直接抢占较低优先级的设备成为虚拟主路由器；在非抢占模式下，较高优先级的设备不能抢占较低优先级的设备成为虚拟路由器；默认模式为抢占模式。因此，当虚拟主路由器收到比自己优先级高的 VRRP 通告报文时，将切换到 Backup 状态成为虚拟备份路由器。

（5）当工作在 Backup 状态下的虚拟备份路由器超时未收到 VRRP 通告报文、收到的 VRRP 通告报文中原虚拟主路由器的优先级为 0 或比自己的优先级低时，虚拟备份路由器将切换为 Master 状态并发送 VRRP 通告报文，进行新一轮虚拟主路由器的选举。

在 VRRP 的工作过程中，只有一种报文，即 VRRP 通告报文。处于 Master 状态的虚拟主路由器通过 VRRP 通告报文公布其优先级和工作状况。VRRP 通告报文默认发送周期时间（Advertisement_Interval）为 1 秒，目的 IP 地址为组播地址 224.0.0.18。当虚拟主路由器主动放弃 Master 状态时，虚拟主路由器将发送优先级为 0 的 VRRP 通告报文，通知虚拟备份路由器无须等待计时器超时，快速切换为 Master 状态。其中，快速切换时间为 Skew_Time。

10.4　VRRP 负载均衡

传统的 VRRP 完成虚拟主路由器的选举后，处于 Master 状态的虚拟主路由器承担转发数据的责任；而处于 Backup 状态的虚拟备份路由器则一直处于监听的空闲状态。只有当虚拟主路由器关机、端口 Shoutdown 等情况发生时，虚拟备份路由器才可能切换为 Master 状态，接替原虚拟主路由器的角色开始转发数据。VRRP 主备切换如图 10-5 所示。可见，在传统的 VRRP 的工作机制下，网络资源的利用率非常低。

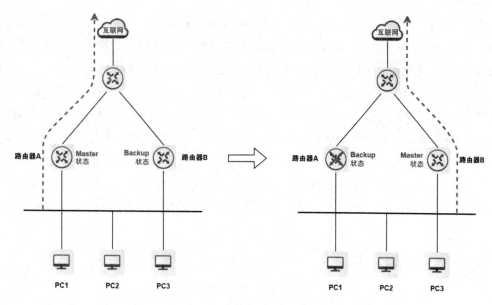

图 10-5　VRRP 主备切换

　　为了解决网络资源利用率低的问题，可以创建多个 VRRP 组，各 VRRP 组均采用单个 VRRP 组的工作机制。每个 VRRP 组都包含一台虚拟主路由器和若干台虚拟备份路由器。各台设备在不同 VRRP 组中的角色不同，互为备份，以实现虚拟网关冗余备份。同时，各 VRRP 组的虚拟主路由器由不同设备扮演，各设备分别承担对应 VRRP 组的数据转发功能，以达到负载均衡的目的，这大大提高了网络资源的利用率。VRRP 负载均衡原理如图 10-6 所示。

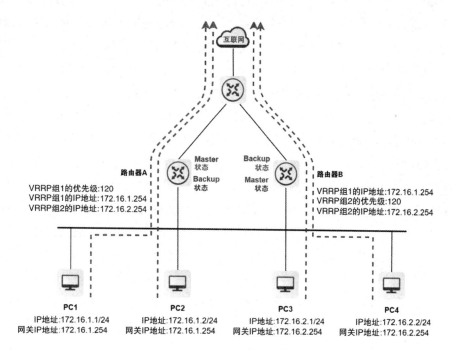

图 10-6　VRRP 负载均衡原理

在路由器 A 和路由器 B 上创建 VRRP 组 1 和 VRRP 组 2。其中，路由器 A 上的 VRRP 组 1 的优先级被手动配置为 120，路由器 B 上的 VRRP 组 1 的优先级为默认的 100。路由器 A 在 VRRP 组 1 中为 Master 状态，路由器 B 在 VRRP 组 1 中为 Backup 状态。同理，路由器 B 在 VRRP 组 2 中为 Master 状态，路由器 A 在 VRRP 组 2 中为 Backup 状态。因此，以虚拟 IP 地址 172.16.1.254 为网关 IP 地址的 PC1 和 PC2 产生的流量将由路由器 A 转发；而以虚拟 IP 地址 172.16.2.254 为网关 IP 地址的 PC3 和 PC4 产生的流量将由路由器 B 转发。在路由器 A 和路由器 B 正常工作的情况下，PC1 和 PC2 的流量转发任务由路由器 A 承担，而 PC3 和 PC4 的流量转发任务由路由器 B 承担，以实现负载均衡。同时，路由器 A、路由器 B 分别在 VRRP 组 2 和 VRRP 组 1 中作为虚拟备份路由器，互为备份。

10.5 VRRP Plus

虽然创建多台虚拟路由器既可以实现虚拟网关冗余备份又可以实现负载均衡，但是使用这种模式仅可以实现比较固定的静态负载均衡，且提高了配置的复杂性。近年来，产业界提出了一种全新的 VRRP 模式，即 VRRP Plus。在 VRRP Plus 下，用户无须额外配置虚拟路由器即可实现虚拟网关冗余备份和负载均衡。

VRRP Plus 通过引入虚拟转发器的概念，实现备份组内各路由器之间的负载均衡。在 VRRP Plus 下，虚拟主路由器负责为备份组内的所有设备分配虚拟 MAC 地址，各设备获取虚拟 MAC 地址后创建对应的虚拟转发器，虚拟转发器与虚拟 MAC 地址一一对应，负责转发目的 MAC 地址为该虚拟 MAC 地址的流量。可见，VRRP Plus 通过将一个虚拟 IP 地址与多个虚拟 MAC 地址对应，使备份组内的路由器都能转发流量，解决了虚拟路由器中处于 Backup 状态的设备因始终空闲而使网络资源利用率不高的问题。在锐捷相关产品中，VRRP Plus 支持基于主机、基于轮询和基于权重 3 种不同的负载均衡功能。

基于主机负载均衡功能的 VRRP Plus 工作流程图如图 10-7 所示。

路由器 A、路由器 B 和路由器 C 同属于 VRRP 组 1。其中，路由器 A 的优先级为 120，高于路由器 B 和路由器 C 的优先级，被选举为虚拟主路由器，路由器 B 和路由器 C 为虚拟备份路由器。处于 Master 状态的路由器 A 为所有设备分配了虚拟 MAC 地址。PC1、PC2 和 PC3 发送请求网关 IP 地址 172.16.1.254 的 ARP 请求，路由器 A 收到 ARP 请求后根据负载均衡算法，使用不同的虚拟 MAC 地址回应主机的 ARP 请求。其中，PC1 获取的 MAC 地址为路由器 A 的虚拟 MAC 地址，PC2 获取的 MAC 地址为路由器 B 的虚拟 MAC 地址，PC3 获取的 MAC 地址为路由器 C 的虚拟 MAC 地址。因此，PC1 的流量将通过路由器 A 转发，PC2 的流量将通过路由器 B 转发，PC3 的流量将通过路由器 C 转发，以实现流量的负载均衡。如果路由器 A 发生故障，那么路由器 B 和路由器 C 可以通过选举机制产生新的虚拟主路由器接替路由器 A 的工作，实现三者之间的冗余备份。

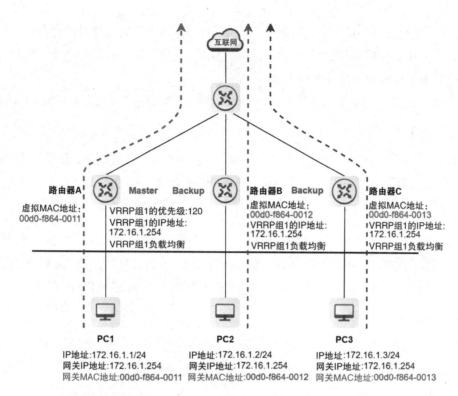

图 10-7 基于主机负载均衡功能的 VRRP Plus 工作流程

10.6 BFD

为了降低设备故障对业务运营的影响,提升整体网络的可靠性,我们期望设备能迅速识别与相邻设备之间的通信故障,以便迅速响应并确保业务的连续性。当前,网络中仅有部分链路配备了硬件级快速故障检测机制,而其余链路主要依赖上层协议自身的检测机制来识别故障。例如,常见的 OSPF、BGP、VRRP 等,均使用内置的检测机制进行故障检测。然而,这些检测机制的适用范围局限于特定的协议,且响应速度不够迅速,无法满足对实时性要求较高应用的需求。

BFD(Bidirectional Forwarding Detection,双向转发检测)旨在快速检测两台相邻设备之间的转发路径连通状态,并在检测到故障时及时通知上层应用。它提供了一个通用、标准化、与介质无关且与协议无关的快速故障检测机制。通过与上层协议协同工作,BFD能迅速响应并采取相应措施,从而确保业务的连续性。

1. BFD 会话建立机制

进行 BFD 检测之前,必须在链路两端建立一个 BFD 会话。BFD 会话的建立可以通过静态和动态两种方法来实现。静态建立 BFD 会话指的是通过命令行手动配置 BFD 会话参数,包括本地标识符和远端标识符,并手动发送 BFD 会话建立请求,从而启动 BFD 会话建立过程。而动态建立 BFD 会话指的是在满足触发 BFD 会话的条件时，由系统自动分配本地标识符，并从对端 BFD 消息中学习远端标识符，自动进入 BFD 会话建立过程。选择哪种方法取决于具体的网络环境和需求。

BFD 会话建立过程涉及 4 个状态：Down 状态、Init 状态、Up 状态和管理 Down 状态。

1）Down 状态

Down 状态用于指示 BFD 会话尚未建立。若在此状态下的 BFD 会话收到状态为 Down 的报文，则进入 Init 状态；若收到状态为 Init 的报文，则进入 Up 状态。

2）Init 状态

Init 状态用于表明设备当前正在尝试与对端进行通信，并等待对端的响应，以进入 Up 状态。一旦收到来自对端的状态为 Init 或 Up 的报文，设备将立即进入 Up 状态。若在一定时间内未收到任何响应，则此次 BFD 会话将因计时器超时而进入 Down 状态。

3）Up 状态

当网络链路两端的 BFD 会话成功建立时，将进入 Up 状态。当计时器超时，或收到来自对端的状态为 Down 的报文时，BFD 会话将进入 Down 状态。

4）管理 Down 状态

管理 Down 状态是指 BFD 会话被管理操作明确设置为 Down 状态，这种状态将持续保持，直至本地设备主动退出管理 Down 状态。需要注意的是，管理 Down 状态与链路的连通性无关。

假设路由器 A 和路由器 B 之间需要建立 BFD 会话，二者之间的 BFD 会话建立过程如图 10-8 所示。

（1）路由器 A 和路由器 B 启动 BFD 后进入 Down 状态，并发送状态为 Down 的报文。

（2）当路由器 A 或路由器 B 收到状态为 Down 的报文时，将进入 Init 状态。此时，设备会发送状态为 Init 的报文，并启动定时器。此定时器设计的初衷是防止因 BFD 会话无法正常建立而导致本地状态长时间停留在 Init 状态上。若定时器超时，则设备的本地状态被重置为 Down。

（3）当路由器 A 或路由器 B 收到状态为 Init 的报文时，将立即进入 Up 状态。这标志着路由器 A 或路由器 B 已成功建立 BFD 会话。

BFD 将在成功建立 BFD 会话的两个设备之间执行。一旦发现链路出现故障，将立即终止 BFD 邻居关系，并向上层协议发出通知，以便上层协议迅速进行必要的切换操作。值得注意的是，BFD 本身并不具备邻居发现功能，其邻居关系的建立依赖于上层协议提供的邻居信息。以 OSPF 为例，当 OSPF 建立邻居关系时，会将相关邻居信息通知给 BFD，BFD 依据这些信息建立 BFD 会话。

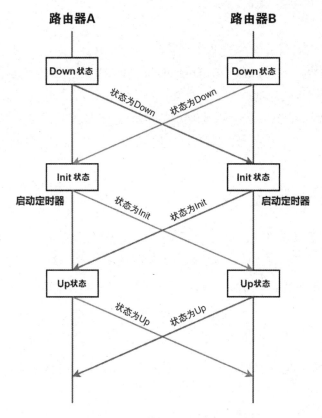

图 10-8 BFD 会话建立过程

2. BFD 检测模式

BFD 检测模式分为异步模式和查询模式，主要通过发送 BFD 控制报文完成，BFD 控制报文由 UDP 封装，目的端口为 3784。

1）异步模式

在异步模式下，链路两端的设备周期性地发送 BFD 控制报文，如果在预设的检测时间内没有收到对方发送的 BFD 控制报文，那么系统认为链路出现故障。异步模式是默认的 BFD 检测模式。

2）查询模式

当系统中存在大量的 BFD 会话时，在异步模式下定期发送的 BFD 控制报文将对系统的正常运作产生一定的影响。为了解决这个问题，可以采取查询模式进行操作。在查询模式下，一旦 BFD 会话建立完成，设备将暂停发送 BFD 控制报文，保持静默状态。当需要明确地验证连接的可用性时，系统将发送一个简短的 BFD 控制报文。如果在预设的检测时间内没有收到返回的报文，那么系统认为链路出现故障；否则，系统继续保持静默状态。

3. BFD 回声功能

在两台直接相连的设备中，若仅有一台设备支持 BFD，则可以通过启用 BFD 回声功能来实现对故障的快速检测。启用 BFD 回声功能后，BFD 会话的发送端会定期发送 BFD 回声报文，此时对端不会对此报文进行处理，而会直接将其转发并返回给发送端。发送端通过判断能否成功收到 BFD 回声报文来检测 BFD 会话状态。需要注意的是，使用 BFD 回声报文仅能检测直连网段的链路状态，而使用 BFD 控制报文则能进一步检测非直连网段的链路状态。

4. BFD 与 DLDP 的区别

BFD 与 DLDP 都属于 RLDP，但是在实现原理及应用上有较大的区别，具体如下。

1）端口要求

DLDP 只适用于以太网端口，而 BFD 与端口介质类型、封装格式，以及关联的上层协议等无关。

2）Probe 报文

DLDP 采用 ICMP 报文进行检测，而 BFD 采用 BFD 控制报文或 BFD 回声报文进行检测。

3）检测行为

DLDP 只进行单向检测，而 BFD 需要在两端同时启用并通过三次握手建立 BFD 会话，进行双向联动探测。

4）措施作用对象

DLDP 检测失败后只从逻辑上关闭端口，此时与所关闭端口相关的路由信息都会失效，而 BFD 检测的是基于邻居的 BFD 会话，只有与该邻居相关的路由信息会受到影响。

理论上来说，BFD 可以达到微秒级的检测级别，应用场景非常广泛，主要与 OSPF、BGP、VRRP 等联动，通过发送故障检测信息触发路由器的实时切换或主备切换，提高网络的可靠性，确保业务的连续性。

10.7 NQA

随着运营商增值业务的日益拓展，用户对网络服务质量的要求愈发严格。传统的网络性能分析手段已无法满足用户对业务多样性和实时检测的需求。

NQA（Network Quality Analysis，网络质量分析）是一种实时网络性能探测与分析技术。NQA 不仅具备实时检测多种协议运行性能的能力，可以为用户提供全面的网络运行指标，还可以对网络抖动、丢包率和网络时延等关键信息进行深入统计与分析，从而实现对网络故障的快速诊断与精确定位。

在 NQA 的工作机制中，测试流程由客户端启动，客户端根据测试类型构造出符合相应协议的测试报文并打上时间戳，随后将报文发送至服务器；服务器在收到客户端发送的测试报文后，会侦听指定的 IP 地址和端口，并对测试报文做出相应的响应；客户端根据发送的测试报文及收到的响应报文进行各项性能指标的统计与分析。目前，NQA 支持 ICMP、TCP、DHCP、DNS、FTP、HTTP、UDP、SNMP 等测试类型。

值得一提的是，NQA 可以与 Track 和应用模块实现联动，将测试结果及时通知给相关模块，从而触发相应的处理机制。尽管 NQA 亦能与 OSPF、VRRP 等实现联动，但在检测精度上，相比 BFD 提供的微秒级检测，NQA 稍显不足。因此，NQA 主要用于网络要求相对宽松的场景。

项目规划设计

本项目计划使用 5 台路由器、1 台交换机、2 台主机和 1 台服务器组成企业园区网络与外网。其中，SW1 作为部门网络接入交换机，5 台路由器分别为出口路由器、互联网和服务器网络的出口路由器，1 台服务器作为外网服务器，PC1 作为销售部主机，PC2 作为研发部主机。

其具体配置步骤如下。

（1）部署 VRRP：实现两台出口路由器的冗余备份和负载均衡。

（2）部署基于 BFD 的检测功能：实现两台出口路由器的实时检测和主备切换。

项目实施拓扑结构如图 10-9 所示。

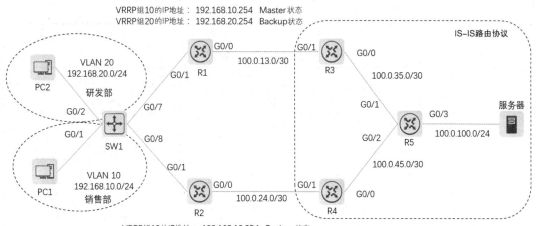

图 10-9　项目实施拓扑结构

根据图10-9进行项目10的所有规划。项目10的VLAN规划、端口规划、IP地址规划、VRRP规划如表10-1～表10-4所示。

表 10-1　项目 10 的 VLAN 规划

VLAN ID	VLAN 名称	网段	用途
VLAN 10	XiaoShou	192.168.10.0/24	销售部用户网段
VLAN 20	YanFa	192.168.20.0/24	研发部用户网段

表 10-2　项目 10 的端口规划

本端设备	本端端口	端口配置	对端设备	对端端口
SW1	G0/1	Access	PC1	Eth1
	G0/2	Access	PC2	Eth1
	G0/7	Trunk	R1	G0/1
	G0/8	Trunk	R2	G0/1
R1	G0/0	-	R3	G0/1
	G0/1	-	SW1	G0/7
R2	G0/0	-	R4	G0/1
	G0/1	-	SW1	G0/8
R3	G0/0	-	R5	G0/1
	G0/1	-	R1	G0/0
R4	G0/0	-	R5	G0/2
	G0/1	-	R2	G0/0
R5	G0/1	-	R3	G0/0
	G0/2	-	R4	G0/0
	G0/3	-	服务器	Eth1

表 10-3　项目 10 的 IP 地址规划

设备	接口	IP 地址
R1	G0/0	100.0.13.1/30
	G0/1.10	192.168.10.252/24
	G0/1.20	192.168.20.252/24
R2	G0/0	100.0.24.1/30
	G0/1.10	192.168.10.253/24
	G0/1.20	192.168.20.253/24
R3	G0/0	100.0.35.1/30
	G0/1	100.0.13.2/30

设备	接口	IP 地址
R4	G0/0	100.0.45.1/30
	G0/1	100.0.24.2/30
R5	G0/1	100.0.35.2/30
	G0/2	100.0.45.2/30
	G0/3	100.0.100.254/24
PC1	Eth1	192.168.10.1/24
PC2	Eth1	192.168.20.1/24
服务器	Eth1	100.0.100.100/24

表 10-4 项目 10 的 VRRP 规划

设备	端口	VRRP 组	IP 地址	优先级
R1	G0/1.10	10	192.168.10.254/24	120
	G0/1.20	20	192.168.20.254/24	100（默认值）
R2	G0/1.10	10	192.168.10.254/24	100（默认值）
	G0/1.20	20	192.168.20.254/24	120

项目实践

任务 10-1　部署 VRRP

➤ 任务描述

实施本任务的目的是实现两台出口路由器的冗余备份和负载均衡。本任务的配置包括以下内容。

（1）VLAN 配置：创建并配置 VLAN。

（2）IP 地址配置：为路由器配置 IP 地址。

（3）端口配置：配置互联端口，并配置端口默认的 VLAN。

（4）路由信息配置：为企业园区网络配置静态路由信息，为外网配置 IS-IS 路由协议。

（5）VRRP 配置：在 R1 和 R2 上配置 VRRP。

➤ 任务操作

1. VLAN 配置

在 SW1 上创建并配置 VLAN 10 和 VLAN 20。

```
Ruijie>enable                              // 进入特权模式
Ruijie#config terminal                     // 进入全局模式
Ruijie(config)#hostname SW1                // 将交换机名称更改为 SW1
SW1(config)#vlan 10                        // 创建 VLAN 10
SW1(config-vlan)#name XiaoShou             // 将 VLAN 命名为 XiaoShou
SW1(config-vlan)#exit                      // 退出
SW1(config)#vlan 20                        // 创建 VLAN 20
SW1(config-vlan)#name YanFa                // 将 VLAN 命名为 YanFa
SW1(config-vlan)#exit                      // 退出
```

2. IP 地址配置

（1）在 R1 上配置 IP 地址。

```
R1(config)#interface GigabitEthernet 0/0                              // 进入 G0/0 接口
R1(config-if-GigabitEthernet 0/0)#ip address 100.0.13.1 255.255.255.252        // 配置 IP 地址
R1(config-if-GigabitEthernet 0/0)#exit                              // 退出
R1(config)#interface GigabitEthernet 0/1.10                        // 进入 G0/1.10 子接口
R1(config-subif-GigabitEthernet 0/1.10)#encapsulation dot1Q 10        // 对 VLAN 10 进行封装
R1(config-subif-GigabitEthernet 0/1.10)#ip address 192.168.10.252 255.255.255.0   // 配置 IP 地址
R1(config-subif-GigabitEthernet 0/1.10)#exit                       // 退出
R1(config)#interface GigabitEthernet 0/1.20                        // 进入 G0/1.20 子接口
R1(config-subif-GigabitEthernet 0/1.20)#encapsulation dot1Q 20        // 对 VLAN 20 进行封装
R1(config-subif-GigabitEthernet 0/1.20)#ip address 192.168.20.252 255.255.255.0   // 配置 IP 地址
R1(config-subif-GigabitEthernet 0/1.20)#exit                       // 退出
```

（2）在 R2 上配置 IP 地址。

```
R2(config)#interface GigabitEthernet 0/0                              // 进入 G0/0 接口
R2(config-if-GigabitEthernet 0/0)#ip address 100.0.24.1 255.255.255.252        // 配置 IP 地址
R2(config-if-GigabitEthernet 0/0)#exit                              // 退出
R2(config)#interface GigabitEthernet 0/1.10                        // 进入 G0/1.10 子接口
R2(config-subif-GigabitEthernet 0/1.10)#encapsulation dot1Q 10        // 对 VLAN 10 进行封装
R2(config-subif-GigabitEthernet 0/1.10)#ip address 192.168.10.253 255.255.255.0   // 配置 IP 地址
R2(config-subif-GigabitEthernet 0/1.10)#exit                       // 退出
R2(config)#interface GigabitEthernet 0/1.20                        // 进入 G0/1.20 子接口
R2(config-subif-GigabitEthernet 0/1.20)#encapsulation dot1Q 20        // 对 VLAN 20 进行封装
R2(config-subif-GigabitEthernet 0/1.20)#ip address 192.168.20.253 255.255.255.0   // 配置 IP 地址
R2(config-subif-GigabitEthernet 0/1.20)#exit                       // 退出
```

（3）在 R3 上配置 IP 地址。

```
R3(config)#interface GigabitEthernet 0/0              // 进入 G0/0 接口
R3(config-if-GigabitEthernet 0/0)#ip address 100.0.35.1 255.255.255.252      // 配置 IP 地址
R3(config-if-GigabitEthernet 0/0)#exit               // 退出
R3(config)#interface GigabitEthernet 0/1             // 进入 G0/1 接口
R3(config-if-GigabitEthernet 0/1)#ip address 100.0.13.2 255.255.255.252      // 配置 IP 地址
R3(config-if-GigabitEthernet 0/1)#exit               // 退出
```

（4）在 R4 上配置 IP 地址。

```
R4(config)#interface GigabitEthernet 0/0              // 进入 G0/0 接口
R4(config-if-GigabitEthernet 0/0)#ip address 100.0.45.1 255.255.255.252      // 配置 IP 地址
R4(config-if-GigabitEthernet 0/0)#exit               // 退出
R4(config)#interface GigabitEthernet 0/1             // 进入 G0/1 接口
R4(config-if-GigabitEthernet 0/1)#ip address 100.0.24.2 255.255.255.252      // 配置 IP 地址
R4(config-if-GigabitEthernet 0/1)#exit               // 退出
```

（5）在 R5 上配置 IP 地址。

```
R5(config)#interface GigabitEthernet 0/1              // 进入 G0/1 接口
R5(config-if-GigabitEthernet 0/1)#ip address 100.0.35.2 255.255.255.252      // 配置 IP 地址
R5(config-if-GigabitEthernet 0/1)#exit               // 退出
R5(config)#interface GigabitEthernet 0/2             // 进入 G0/2 接口
R5(config-if-GigabitEthernet 0/2)#ip address 100.0.45.2 255.255.255.252      // 配置 IP 地址
R5(config-if-GigabitEthernet 0/2)#exit               // 退出
R5(config)#interface GigabitEthernet 0/3             // 进入 G0/3 接口
R5(config-if-GigabitEthernet 0/3)#ip address 100.0.100.254 255.255.255.0      // 配置 IP 地址
R5(config-if-GigabitEthernet 0/3)#exit               // 退出
```

3. 端口配置

（1）在 SW1 上配置与路由器互联的端口。

```
SW1(config)#interface range GigabitEthernet 0/7-8               // 批量进入端口
SW1(config-if-range)#switchport mode trunk                 // 修改端口模式为 Trunk
SW1(config-if-range)#switchport trunk allowed vlan only 10,20          // 配置端口允许的 VLAN 列表
SW1(config-if-range)#exit                      // 退出
```

（2）在 SW1 上配置与主机互联的端口。

```
SW1(config)#interface GigabitEthernet 0/1                  // 进入 G0/1 端口
SW1(config-if-GigabitEthernet 0/1)#switchport mode access         // 修改端口模式为 Access
SW1(config-if-GigabitEthernet 0/1#switchport access vlan 10       // 配置端口默认的 VLAN 为 VLAN 10
SW1(config-if-GigabitEthernet 0/1)#exit                // 退出
SW1(config)#interface GigabitEthernet 0/2                // 进入 G0/2 端口
SW1(config-if-GigabitEthernet 0/2)#switchport mode access         // 修改端口模式为 Access
SW1(config-if-GigabitEthernet 0/2)#switchport access vlan 20      // 配置端口默认的 VLAN 为 VLAN 20
SW1(config-if-GigabitEthernet 0/2)#exit                // 退出
```

4. 路由信息配置

（1）在 R1 上配置静态路由信息。

R1(config)#ip route 0.0.0.0 0.0.0.0 100.0.13.2	// 配置静态路由信息

（2）在 R2 上配置静态路由信息。

R2(config)#ip route 0.0.0.0 0.0.0.0 100.0.24.2	// 配置静态路由信息

（3）在 R1 上配置 NAT（Network Address Translation，网络地址转换）。

R1(config)#ip access-list standard 10	// 创建编号为 10 的基本 ACL
// 允许源 IP 地址网段为 192.168.10.0/24 的报文通过	
R1(config-std-nacl)#permit 192.168.10.0 0.0.0.255	
// 允许源 IP 地址网段为 192.168.20.0/24 的报文通过	
R1(config-std-nacl)#permit 192.168.20.0 0.0.0.255	
R1(config-std-nacl)#exit	// 退出
R1(config)#ip nat inside source list 10 interface GigabitEthernet 0/0 overload // 配置 NAT 绑定关系	
R1(config)#interface GigabitEthernet 0/1.10	// 进入 G0/1.10 子接口
R1(config-if-GigabitEthernet 0/1.10)#ip nat inside	// 配置当前接口为 NAT 的内部接口
R1(config-if-GigabitEthernet 0/1.10)#exit	// 退出
R1(config)#interface GigabitEthernet 0/1.20	// 进入 G0/1.20 子接口
R1(config-if-GigabitEthernet 0/1.20)#ip nat inside	// 配置当前接口为 NAT 的内部接口
R1(config-if-GigabitEthernet 0/1.20)#exit	// 退出
R1(config)#interface GigabitEthernet 0/0	// 进入 G0/0 接口
R1(config-if-GigabitEthernet 0/0)#ip nat outside	// 配置当前接口为 NAT 的外部接口
R1(config-if-GigabitEthernet 0/0)#exit	// 退出

（4）在 R2 上配置 NAT。

R2(config)#ip access-list standard 10	// 创建编号为 10 的基本 ACL
// 允许源 IP 地址网段为 192.168.10.0/24 的报文通过	
R2(config-std-nacl)#permit 192.168.10.0 0.0.0.255	
// 允许源 IP 地址网段为 192.168.20.0/24 的报文通过	
R2(config-std-nacl)#permit 192.168.20.0 0.0.0.255	
R2(config-std-nacl)#exit	// 退出
R2(config)#ip nat inside source list 10 interface GigabitEthernet 0/0 overload // 配置 NAT 绑定关系	
R2(config)#interface GigabitEthernet 0/1.10	// 进入 G0/1.10 子接口
R2(config-if-GigabitEthernet 0/1.10)#ip nat inside	// 配置当前接口为 NAT 的内部接口
R2(config-if-GigabitEthernet 0/1.10)#exit	// 退出
R2(config-if-GigabitEthernet 0/1.10)#interface GigabitEthernet 0/1.20	// 进入 G0/1.20 子接口
R2(config-if-GigabitEthernet 0/1.20)#ip nat inside	// 配置当前接口为 NAT 的内部接口
R2(config-if-GigabitEthernet 0/1.20)#exit	// 退出
R2(config)#interface GigabitEthernet 0/0	// 进入 G0/0 接口
R2(config-if-GigabitEthernet 0/0)#ip nat outside	// 配置当前接口为 NAT 的外部接口
R2(config-if-GigabitEthernet 0/0)#exit	// 退出

（5）在 R3 上配置 IS-IS 路由协议。

```
R3(config)#router isis 1                                // 创建并进入 IS-IS 视图
// 配置 IS-IS 进程的 NET（Network Entity Title，网络实体标识）地址
R3(config-router)#net 00.0000.0000.0003.00
R3(config-router)#is-type level-2                       // 配置 IS-IS 设备的类型
R3(config-router)#passive-interface GigabitEthernet 0/1// 配置被动接口
R3(config-router)#exit                                  // 退出
R3(config)#interface GigabitEthernet 0/1                // 进入 G0/1 接口
R3(config-if-GigabitEthernet 0/1)#ip router isis 1      // 启用 IS-IS 路由协议
R3(config-if-GigabitEthernet 0/1)#exit                  // 退出
R3(config)#interface GigabitEthernet 0/0                // 进入 G0/0 接口
R3(config-if-GigabitEthernet 0/0)#ip router isis 1      // 启用 IS-IS 路由协议
R3(config-if-GigabitEthernet 0/0)#exit                  // 退出
```

（6）在 R4 上配置 IS-IS 路由协议。

```
R4(config)#router isis 1                                // 创建并进入 IS-IS 视图
R4(config-router)#net 00.0000.0000.0004.00              // 配置 IS-IS 进程的 NET 地址
R4(config-router)#is-type level-2                       // 配置 IS-IS 设备的类型
R4(config-router)#passive-interface GigabitEthernet 0/1// 配置被动接口
R4(config-router)#exit                                  // 退出
R4(config)#interface GigabitEthernet 0/0                // 进入 G0/0 接口
R4(config-if-GigabitEthernet 0/0)#ip router isis 1      // 启用 IS-IS 路由协议
R4(config-if-GigabitEthernet 0/0)#exit                  // 退出
R4(config)#interface GigabitEthernet 0/1                // 进入 G0/1 接口
R4(config-if-GigabitEthernet 0/1)#ip router isis 1      // 启用 IS-IS 路由协议
R4(config-if-GigabitEthernet 0/1)#exit                  // 退出
```

（7）在 R5 上配置 IS-IS 路由协议。

```
R5(config)#router isis 1                                // 创建并进入 IS-IS 视图
R5(config-router)#net 00.0000.0000.0005.00              // 配置 IS-IS 进程的 NET 地址
R5(config-router)#is-type level-2                       // 配置 IS-IS 设备的类型
R5(config-router)#passive-interface GigabitEthernet 0/3// 配置被动接口
R4(config-if-GigabitEthernet 0/1)#exit                  // 退出
R5(config)#interface GigabitEthernet 0/1                // 进入 G0/1 接口
R5(config-if-GigabitEthernet 0/1)#ip router isis 1      // 启用 IS-IS 路由协议
R5(config-if-GigabitEthernet 0/1)#exit                  // 退出
R5(config)#interface GigabitEthernet 0/2                // 进入 G0/2 接口
R5(config-if-GigabitEthernet 0/2)#ip router isis 1      // 启用 IS-IS 路由协议
R5(config-if-GigabitEthernet 0/2)#exit                  // 退出
R5(config)#interface GigabitEthernet 0/3                // 进入 G0/3 接口
R5(config-if-GigabitEthernet 0/3)#ip router isis 1      // 启用 IS-IS 路由协议
R5(config-if-GigabitEthernet 0/3)#exit                  // 退出
```

5. VRRP 配置

（1）在 R1 上配置 VRRP。

```
R1(config)#interface GigabitEthernet 0/1.10                    // 进入 G0/1.10 子接口
R1(config-subif-GigabitEthernet 0/1.10)#vrrp 10 ip 192.168.10.254    // 配置 VRRP 组 10 的 IP 地址
R1(config-subif-GigabitEthernet 0/1.10)#vrrp 10 priority 120       // 配置 VRRP 组 10 的优先级为 120
R1(config-subif-GigabitEthernet 0/1.10)#exit                    // 退出
R1(config)#interface GigabitEthernet 0/1.20                    // 进入 G0/1.20 子接口
R1(config-subif-GigabitEthernet 0/1.20)#vrrp 20 ip 192.168.20.254  // 配置 VRRP 组 20 的 IP 地址
R1(config-subif-GigabitEthernet 0/1.20)#exit                    // 退出
```

（2）在 R2 上配置 VRRP。

```
R2(config)#interface GigabitEthernet 0/1.10                    // 进入 G0/1.10 子接口
R2(config-subif-GigabitEthernet 0/1.10)#vrrp 10 ip 192.168.10.254    // 配置 VRRP 组 10 的 IP 地址
R2(config-subif-GigabitEthernet 0/1.10)#exit                    // 退出
R2(config)#interface GigabitEthernet 0/1.20                    // 进入 G0/1.20 子接口
R2(config-subif-GigabitEthernet 0/1.20)#vrrp 20 ip 192.168.20.254    // 配置 VRRP 组 20 的 IP 地址
R2(config-subif-GigabitEthernet 0/1.20)#vrrp 20 priority 120       // 配置 VRRP 组 20 的优先级为 120
R2(config-subif-GigabitEthernet 0/1.20)#exit                    // 退出
```

➤ 任务验证

在 R1 上使用【show vrrp brief】命令查看 VRRP 组主备信息。

```
R1#show vrrp brief
Interface   Grp  Pri  timer  Own  Pre  State    Master addr      Group addr
Gi0/1.10    10   120  3.53   -    P    Master   192.168.10.252   192.168.10.254
Gi0/1.20    20   100  3.60   -    P    Backup   192.168.20.253   192.168.20.254
```

可以看到，R1 上有 2 个 VRRP 组，其中 VRRP 组 10 的状态为 Master，VRRP 组 20 的状态为 Backup。

在 R2 上使用【show vrrp brief】命令查看 VRRP 组主备信息。

```
R2#show  vrrp brief
Interface   Grp  Pri  timer  Own  Pre  State    Master addr      Group addr
Gi0/1.10    10   100  3.60   -    P    Backup   192.168.10.252   192.168.10.254
Gi0/1.20    20   120  3.53   -    P    Master   192.168.20.253   192.168.20.254
```

可以看到，R2 上有 2 个 VRRP 组，其中 VRRP 组 10 的状态为 Backup，VRRP 组 20 的状态为 Master。

任务 10-2 部署基于 BFD 的检测功能

➤ 任务描述

实施本任务的目的是实现两台出口路由器的实时检测和主备切换，以确保企业园区网络的稳定性和可靠性。本任务的配置包括以下内容。

（1）基于 BFD 的两台出口路由器检测配置：在企业园区网络的 R1 和 R2 上配置 BFD。

（2）基于 IS-IS 路由协议的实时检测配置：分别对 R3 与 R5 之间的链路、R4 与 R5 之间的链路进行 BFD 与 IS-IS 路由协议的联动配置。

> 任务操作

1. 基于 BFD 的两台出口路由器检测配置

在企业园区网络的 R1 和 R2 上配置 BFD。

```
R1(config)#interface GigabitEthernet 0/1.10          // 进入 G0/1.10 子接口
// 配置 VRRP 组通过 BFD 检测的 IP 地址及优先级降低阈值
R1(config-subif-GigabitEthernet 0/1.10)# vrrp 10 track bfd GigabitEthernet 0/0 100.0.13.2 30
R1(config-subif-GigabitEthernet 0/1.10)#exit          // 退出
R2(config)#interface GigabitEthernet 0/1.20          // 进入 G0/1.20 子接口
// 配置 VRRP 组通过 BFD 检测的 IP 地址及优先级降低阈值
R2(config-subif-GigabitEthernet 0/1.20)# vrrp 20 track bfd GigabitEthernet 0/0 100.0.24.2 30
R1(config-subif-GigabitEthernet 0/1.20)#exit          // 退出
```

2. 基于 IS-IS 路由协议的实时检测配置

（1）在 R3 上配置 BFD 与 IS-IS 路由协议联动。

```
R3(config)#router isis 1                              // 创建并进入 IS-IS 视图
R3(config-router)#bfd all-interfaces                  // 为所有接口启用 BFD
R3(config-router)#exit                                // 退出
R3(config)#interface GigabitEthernet 0/0             // 进入 G0/0 接口
R3(config-if-GigabitEthernet 0/0)#isis bfd           // 启用 BFD
// 设置 BFD 报文的发送间隔、接收间隔和超时次数
R3(config-if-GigabitEthernet 0/0)#bfd interval 100 min_rx 100 multiplier 3
R3(config-if-GigabitEthernet 0/0)#exit               // 退出
```

（2）在 R5 上配置 BFD 与 IS-IS 路由协议联动。

```
R5(config)#router isis 1                              // 创建并进入 IS-IS 视图
R5(config-router)#bfd all-interfaces                  // 为所有接口启用 BFD
R5(config-router)#exit                                // 退出
R5(config)#interface GigabitEthernet 0/1             // 进入 G0/1 接口
R5(config-if-GigabitEthernet 0/1)#isis bfd           // 启用 BFD
// 设置 BFD 报文的发送间隔、接收间隔和超时次数
R5(config-if-GigabitEthernet 0/1)#bfd interval 100 min_rx 100 multiplier 3
R5(config-if-GigabitEthernet 0/1)#exit               // 退出
```

（3）在 R4 上配置 BFD 与 IS-IS 路由协议联动。

```
R4(config)#router isis 1                              // 创建并进入 IS-IS 视图·
```

```
R4(config-router)#bfd  all-interfaces                    // 为所有接口启用 BFD
R4(config-router)#exit                                   // 退出
R4(config)#interface  GigabitEthernet 0/0                // 进入 G0/0 接口
R4(config-if-GigabitEthernet 0/0)#isis  bfd              // 启用 BFD
// 设置 BFD 报文的发送间隔、接收间隔和超时次数
R4(config-if-GigabitEthernet 0/0)#bfd  interval 100  min_rx 100  multiplier 3
R4(config-if-GigabitEthernet 0/0)#exit                   // 退出
```

（4）在 R5 上配置 BFD 与 IS-IS 路由协议联动。

```
R5(config)#interface  GigabitEthernet 0/2                // 进入 G0/2 接口
R5(config-if-GigabitEthernet 0/2)#isis  bfd              // 启用 BFD
// 设置 BFD 报文的发送间隔、接收间隔和超时次数
R5(config-if-GigabitEthernet 0/2)#bfd  interval 100  min_rx 100  multiplier 3
R5(config-if-GigabitEthernet 0/2)#exit                   // 退出
```

➤ 任务验证

在 R5 上使用【show bfd neighbors】命令查看 BFD 邻居信息。

```
R5#show  bfd  neighbors
IPV4 sessions: 2, UP: 2
IPV6 sessions: 0, UP: 0
OurAddr      NeighAddr       LD/RD           RH/RS    Holddown(mult)    State    Int
100.0.35.2   100.0.35.1      100004/100000   Up       0(3 )             Up       GigabitEthernet 0/1
100.0.45.2   100.0.45.1      100000/100000   Up       0(3 )             Up       GigabitEthernet 0/2
```

可以看到，R5 上有两个 BFD 邻居，分别是 R3 和 R4。

项目验证

（1）使用【ping】命令验证 PC2 能否与服务器正常通信。

```
PC2> ping 100.0.100.100
84 bytes from 100.0.100.100 icmp_seq=1 ttl=61 time=64.735 ms
84 bytes from 100.0.100.100 icmp_seq=2 ttl=61 time=4.649 ms
84 bytes from 100.0.100.100 icmp_seq=3 ttl=61 time=3.746 ms
84 bytes from 100.0.100.100 icmp_seq=4 ttl=61 time=14.541 ms
84 bytes from 100.0.100.100 icmp_seq=5 ttl=61 time=3.778 ms
```

可以看到，PC2 能与服务器正常通信。

（2）先在 R3 上将 G0/1 接口断开，然后在 R1 上使用【show vrrp 10】命令查看 VRRP 组 10 信息。

```
R1#show  vrrp 10
```

```
GigabitEthernet 0/1.10 - Group 10
  State is Backup
  Virtual IP address is 192.168.10.254 configured
  Virtual MAC address is 0000.5e00.010a
  Advertisement interval is 1 sec
  Preemption is enabled
    min delay is 0 sec
  Priority is 90
  Master Router is 192.168.10.253 , priority is 100
  Master Advertisement interval is 1 sec
  Master Down interval is 3.64 sec
  Tracking reachability of 1 host via BFD, 0 reachable:
    unreachable 100.0.13.2 on GigabitEthernet 0/0 priority decrement=30
```

可以看到，优先级变为了 90，且状态变为了 Backup。

在 R2 上使用【show vrrp brief】命令查看 VRRP 组主备信息。

```
R2#show vrrp brief
Interface    Grp  Pri  timer   Own  Pre  State   Master addr       Group addr
Gi0/1.10     10   100  3.60    -    P    Master  192.168.10.253    192.168.10.254
Gi0/1.20     20   120  3.64    -    P    Master  192.168.20.252    192.168.20.254
```

可以看到，R2 上有 2 个 VRRP 组，状态均为 Master。

项目拓展

一、理论题

（1）理论上 BFD 的检测级别可以达到（   ）。

    A．秒级   B．毫秒级

    C．微秒级   D．纳秒级

（2）在一个 VRRP 系统中，虚拟路由器使用（   ）回应 ARP 请求。

    A．虚拟主路由器的 MAC 地址

    B．虚拟备份路由器的 MAC 地址

    C．虚拟路由器的 MAC 地址

    D．FF-FF-FF-FF-FF-FF

（3）（   ）状态不是虚拟路由器的状态。

    A．Initialize   B．Down

    C．Backup   D．Master

二、项目实训

1. 实训背景

为了提高网络的稳定性和可靠性，确保业务的连续性，某高校对原有校园网进行升级改造，部署 VRRP，用于实现两台出口路由器的冗余备份与负载均衡；同时，部署基于 BFD 的检测功能，用于实现两台出口路由器的实时检测和主备切换。

实训拓扑结构如图 10-10 所示。

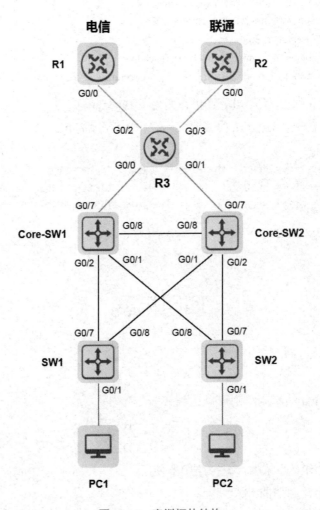

图 10-10　实训拓扑结构

2. 实训规划表

根据实训背景，并参考本项目的项目规划设计，完成实训规划表，如表 10-5～表 10-7 所示。

表 10-5　VLAN 规划

VLAN ID	VLAN 名称	网段	用途

表 10-6　端口规划

本端设备	本端端口	端口配置	对端设备	对端端口

表 10-7　IP 地址规划

设备	接口	IP 地址

3. 实训要求

（1）根据端口规划表创建和配置 VLAN。

（2）根据 IP 地址规划表配置 IP 地址。

（3）在核心交换机和接入交换机上启用 MSTP，并对 MSTP 进行相关配置。

（4）完成全网路由信息的配置。

（5）在核心交换机上部署 VRRP。

（6）在核心交换机上部署基于 BFD 的检测功能。

（7）按照以下要求操作并截图保存。

① 在 Core-SW1 上使用【show spanning-tree summary】命令查看生成树信息。

② 在 Core-SW1 上使用【show vrrp brief】命令查看 VRRP 组主备信息。

③ 在 R1 上使用【show bfd neighbors】命令查看 BFD 邻居信息。

④ 先在 R1 上将 G0/0 接口断开，然后在 Core-SW1 上使用【show vrrp *】命令查看 VRRP 组信息。

⑤ 在 Core-SW2 上使用【show vrrp brief】命令查看 VRRP 组主备信息。

项目 11　基于 VSU 的企业局域网可靠性部署

项目描述

　　某企业内部服务器提供在线电影、游戏等实时性业务服务，该企业的研发部、测试部和产品部对网络性能要求较高。为了全面提高局域网链路的带宽，优化员工的使用体验，降低局域网的复杂性和运维难度，该企业决定引入 VSU 对局域网进行升级。

　　项目拓扑结构如图 11-1 所示。

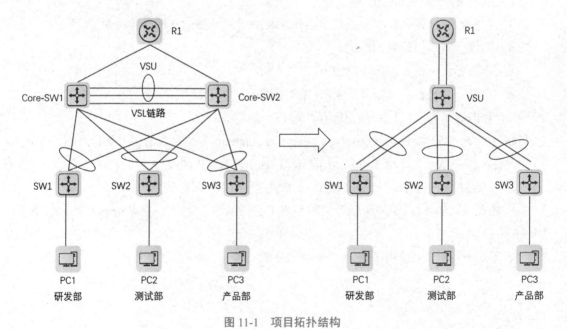

图 11-1　项目拓扑结构

项目相关知识

11.1　VSU 概述

在传统网络中，为了提高网络的稳定性和可靠性，往往会在核心层和汇聚层部署冗余设备形成多核心、多汇聚拓扑结构。而多核心、多汇聚拓扑结构极易引起环路。因此，需要采用【MSTP+VRRP+ 链路检测】机制实现最终的链路冗余备份和负载均衡。而这种机制对 MSTP 和 VRRP 的依赖将极大地提高网络配置的复杂性。

VSU（Virtual Switching Unit，虚拟交换单元）是一种将多台网络设备虚拟化为一台逻辑设备进行管理和使用的堆叠技术。VSU 应用示例如图 11-2 所示。

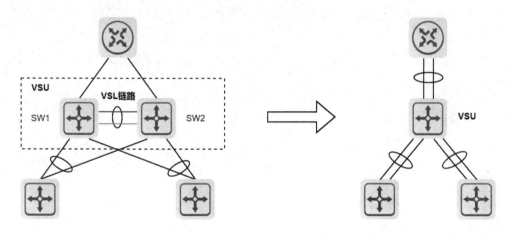

图 11-2　VSU 应用示例

使用 VSU 可以轻松实现跨设备的链路冗余备份，以便提高网络的稳定性和可靠性。同时，相比传统方案，使用 VSU 可以大大简化网络拓扑结构，降低网络运维难度。

1. VSU 的基本概念

1）VSU 系统

VSU 系统是由传统网络结构中的多台冗余设备组成的单一逻辑实体。接入层、汇聚层、核心层设备均可以组成 VSU 系统。

2）域编号

域编号（Domain ID）是 VSU 系统的唯一标识，取值范围为 1～255，默认值为 100。只有域编号相同的设备才能组成一个 VSU 系统。一个网络可以有多个域，域编号用于区分不同的 VSU。

3）设备编号

VSU 系统中的每台设备都被称为成员设备。设备编号（Switch ID）就是指 VSU 系统中唯一标识成员设备的编号，也被称为成员编号。设备编号的取值范围为 1～8，默认值为 1。

设备编号用于管理成员设备，以及配置成员设备上的端口。在单机模式下，将端口编号表示为 X/Y，如 GigabitEthernet0/1；在 VSU 模式下，将端口编号表示为 GigabitEthernet1/0/1。VSU 系统中所有成员的设备编号必须唯一，否则无法成功建立 VSU 系统。

4）设备优先级

设备优先级是成员设备的一个属性，主要用于选举设备角色。设备优先级的取值范围为 1～255，默认值为 100。设备优先级越高，被选举为主设备的可能性越大。

5）VSL

VSL（Virtual Switching Link，虚拟交换链路）是 VSU 系统中各设备之间传输控制信息和数据流的特殊聚合链路。VSL 端口以聚合口组的形式存在，根据流量平衡算法在各设备之间实现数据流的负载均衡。

用于连接 VSL 端口的物理端口被称为 VSL 成员端口。VSL 成员端口可以是以太网端口，也可以是光口。

2. 交换机的工作模式

交换机的工作模式分为单机模式和 VSU 模式两种，默认模式为单机模式。在建立 VSU 系统时，需要将交换机的工作模式切换为 VSU 模式。

3. 成员设备的角色

成员设备的角色按照功能不同，分为主设备、从设备和候选设备 3 种。

1）主设备

主设备（Active）负责管理和控制整个 VSU，一个 VSU 域只有一台主设备。

2）从设备

从设备（Standby）是主设备的备用设备，仅参与数据转发。从设备将收到的报文转发给主设备处理。当主设备发生故障时，从设备会被自动升级为主设备，接替原主设备的工作。

3）候选设备

候选设备（Candidate）是从设备的备用设备，仅参与数据转发。当从设备发生故障时，系统将自动从候选设备中选举一个作为从设备，接替原从设备的工作。同时，在将从设备升级为主设备的同时，系统会自动从候选设备中选举一个作为从设备。值得注意的是，候选设备只能被选举为从设备而不能被直接选举为主设备。

一个 VSU 系统包含一台主设备、一台从设备和若干台候选设备。其中，候选设备为可选设备，当成员设备超过两台时，除主设备和从设备外的设备均为候选设备。

4. 成员设备的状态

VSU 系统中的成员设备在运行过程中，存在 4 种可能的状态：OK 状态、Recovery 状态、Leave 状态和 Isolate 状态。当成员设备正常运作时，该设备将进入 OK 状态，即设备的最终稳定状态。当 VSU 系统发生分裂，且配备了 BFD 或链路聚合检测功能时，备用设备将进入 Recovery 状态。类似地，当两个分裂的 VSU 系统重新合并时，选举失败的设备将暂时进入 Recovery 状态。若系统中的成员设备重启，则该成员设备进入 Leave 状态。此外，当设备编号存在不唯一性时，优先级较低的成员设备将进入 Isolate 状态，同时 VSL 将进入 Down 状态。

11.2　VSU 的工作机制

1. VSU 建立过程

VSU 建立过程包括 VSL 检测阶段、拓扑发现阶段和角色选举阶段。

1）VSL 检测阶段

启动成员设备后，将根据 VSU 相关配置将物理端口识别为 VSL 端口，并检测直连设备的 VSL 端口连接关系，VSL 进入 Up 状态之后，设备进入拓扑发现阶段。

2）拓扑发现阶段

在拓扑发现阶段，成员设备通过在 VSL 处于 Up 状态的端口上泛洪 Hello 报文，与其他成员设备交互拓扑信息。Hello 报文包括设备编号、设备优先级、VSU 端口连接关系等内容。通过 Hello 报文泛洪，每个成员设备都将学习到整个 VSU 系统的拓扑信息，为下一步的角色选举做准备。

3）角色选举阶段

在角色选举阶段，将在全部成员设备中选举出主设备、从设备和候选设备。在进行角色选举时，按照"完成启动的设备优先、设备优先级高的设备优先、MAC 地址小的设备优先"的规则，先排序选举出主设备，再选举出从设备，剩下的设备为候选设备。

基于成员设备的启动顺序会影响角色选举，即使热加入设备的设备优先级比当前运行的 VSU 系统中主设备和从设备的设备优先级高，系统也不会发生角色切换。因此，VSU 系统支持热加入。

2. VSU 双主机检测

断开 VSL 后，原 VSU 系统中的主设备和从设备将被分到两个不同的 VSU 系统中作为主机，这种情况被称为 VSU 分裂。此时，网络中会出现两个配置相同的 VSU，导致 IP 地址冲突。为了防止因 VSU 分裂而出现双主机现象，需要配置相应的检测机制。目前，成员设备一般支持基于 BFD 的双主机检测和基于聚合口的双主机检测两种 VSU 双主机检测机制。

1）基于 BFD 的双主机检测

基于 BFD 的双主机检测需要在成员设备之间额外连接一条 VSL 作为双主机检测链路。这种 VSU 双主机检测机制采用扩展的 BFD，需要在检测链路上建立 BFD 会话后通过发送 BFD 报文进行检测，理论上来说检测速度可以达到微秒级，但对检测端口有一定的要求。检测端口必须是三层口，不支持二层口等；当用户将检测端口配置为其他类型时，基于 BFD 的双主机检测相关配置将被自动清除。

基于 BFD 的双主机检测拓扑结构如图 11-3 所示。

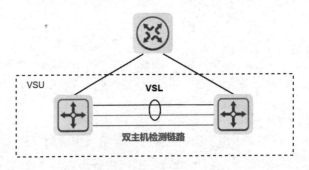

图 11-3　基于 BFD 的双主机检测拓扑结构

2）基于聚合口的双主机检测

基于聚合口的双主机检测需要配置在跨设备的业务聚合口上，一般通过 LACP 聚合链路的状态进行检测。如果断开 VSL，那么 LACP 聚合链路的状态会发生变化，从而触发双主机检测。因此，相连设备必须支持 LACP 报文的转发。

基于聚合口的双主机检测拓扑结构如图 11-4 所示。

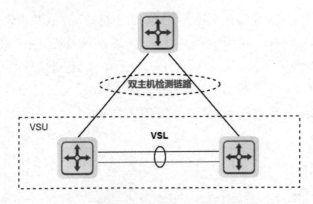

图 11-4　基于聚合口的双主机检测拓扑结构

当两台以上成员设备建立 VSU 系统时，成员设备之间只有两两相连才能实现完全的双主机检测。

3. VSU 报文转发

VSU 系统通过分布式转发技术实现 VSU 报文转发，每台成员设备都拥有完整的二层或三层转发能力。成员设备收到报文后先通过查询本机的二层转发表或三层转发表，得到报文的出接口地址或下一跳地址，然后进行转发。出接口可以和接收报文的端口在同一台成员设备上，也可以和接收报文的端口不在同一台成员设备上。VSU 报文转发过程对外界是透明的。对于三层报文来说，不管在 VSU 系统内部被多少台成员设备转发，都只增加 1 跳。

1）本地转发

当接收报文的端口和发送报文的出接口在同一台成员设备上时，报文转发被称为本地转发。此时，成员设备收到报文后，查询本地转发表，根据本地转发表中显示的出接口进行转发。本地转发拓扑结构如图 11-5 所示。

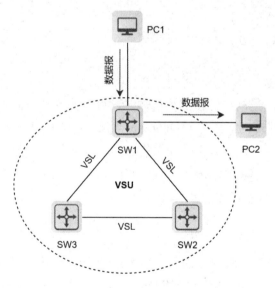

图 11-5　本地转发拓扑结构

2）跨设备转发

当接收报文的端口和发送报文的出接口不在同一台成员设备上时，报文转发被称为跨设备转发。此时，成员设备收到报文后，查找本地转发表，发现出接口在另一台成员设备上，成员设备根据单播最优路径将报文转发给另一台成员设备，另一台成员设备收到转发的报文后将其从出接口转发出去。跨设备转发拓扑结构如图 11-6 所示。

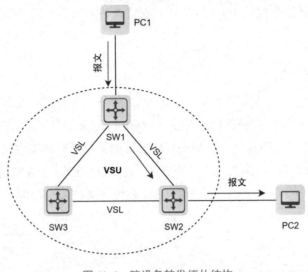

图 11-6 跨设备转发拓扑结构

11.3 VSU 的优势

相比传统组播方式，VSU 具有以下优势。

1. 提供轻量级动态扩容

VSU 支持热加入，当网络性能到达瓶颈时，可以通过动态热加入交换机实现扩容。例如，若 1 台交换机的转发能力为 14 400Mpps，则 2 台交换机组成的成员设备的转发能力将达到 28 800Mpps。在此基础上，动态热加入 1 台交换机，此时 3 台交换机组成的成员设备的转发能力将达到 43 200Mpps。与此同时，扩展后的 VSU 的端口数量将成倍增加，带宽将大幅度提高，实现轻量级动态扩容。

2. 降低网络的复杂性和运维难度

不同于传统的 MSTP+VRRP 组网，采用 VSU 利用多台设备组成 VSU 系统之后，只需要管理一台逻辑设备，不需要连接到多台物理设备上分别进行配置和管理，这样可以有效降低网络的复杂性和运维难度。

3. 提供链路冗余备份和负载均衡功能，提高网络的可靠性和稳定性

VSU 系统中的多台成员设备之间互为冗余设备，单台设备发生故障后，VSU 系统整体不受影响。VSU 系统与外围设备的聚合链路不仅为网络提供了跨设备的冗余链路，还实现了负载均衡。因此，VSU 系统可以大大提高网络的可靠性和稳定性。

VSU 通常用于高可用性要求的场景中，这种场景可能产生网络性能瓶颈，进而需要提供链路冗余备份和负载均衡功能。

项目规划设计

本项目计划使用 5 台交换机、1 台路由器和 3 台主机搭建 3 个部门的企业局域网。其中，3 台交换机作为部门网络接入交换机，2 台交换机作为核心交换机，1 台路由器作为出口路由器，3 台主机分别隶属于研发部、测试部和产品部。现在需要将 2 台交换机通过 VSU 虚拟成 1 台交换机。为了确保交换机的稳定，还需要启用 BFD。

其具体配置步骤如下。

（1）部署 VSU，实现 2 台交换机的冗余备份。

（2）部署 BFD，实现 VSU 双主机检测。

（3）配置基础网络，实现各部门网络与外网互联。

项目实施拓扑结构如图 11-7 所示。

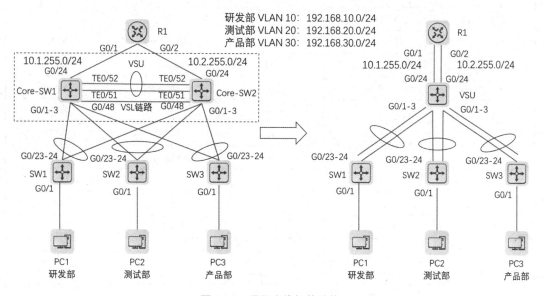

图 11-7　项目实施拓扑结构

根据图 11-7 进行项目 11 的所有规划。项目 11 的 VLAN 规划、端口规划、IP 地址规划如表 11-1～表 11-3 所示。

表 11-1　项目 11 的 VLAN 规划

VLAN ID	VLAN 名称	网段	用途
VLAN 10	YanFa	192.168.10.0/24	研发部用户网段
VLAN 20	CeShi	192.168.20.0/24	测试部用户网段
VLAN 30	ChanPin	192.168.30.0/24	产品部用户网段

表 11-2 项目 11 的端口规划

本端设备	本端端口	端口配置	对端设备	对端端口
R1	G0/1	-	Core-SW1	G0/24
	G0/2	-	Core-SW2	G0/24
Core-SW1	G0/1	Trunk	SW1	G0/23
	G0/2	Trunk	SW2	G0/23
	G0/3	Trunk	SW3	G0/23
	G0/24	-	R1	G0/1
	G0/48	BFD	Core-SW2	G0/48
	TE0/51	VSL	Core-SW2	TE0/51
	TE0/52	VSL	Core-SW2	TE0/52
Core-SW2	G0/24	-	R1	G0/2
	G0/1	Trunk	SW1	G0/24
	G0/2	Trunk	SW2	G0/24
	G0/3	Trunk	SW3	G0/24
	G0/48	BFD	Core-SW1	G0/48
	TE0/51	VSL	Core-SW1	TE0/51
	TE0/52	VSL	Core-SW1	TE0/52
SW1	G0/1	Access	PC1	Eth1
	G0/23	Trunk	Core-SW1	G0/1
	G0/24	Trunk	Core-SW2	G0/1
SW2	G0/1	Access	PC2	Eth1
	G0/23	Trunk	Core-SW1	G0/2
	G0/24	Trunk	Core-SW2	G0/2
SW3	G0/1	Access	PC3	Eth1
	G0/23	Trunk	Core-SW1	G0/3
	G0/24	Trunk	Core-SW2	G0/3

表 11-3 项目 11 的 IP 地址规划

设备	端口	IP 地址	用途
R1	G0/1	10.1.255.254/24	设备互联网段
	G0/2	10.2.255.254/24	设备互联网段
	Loopback 1	8.8.8.8/32	模拟外网地址
Core-SW1	G0/24	10.1.255.1/24	设备互联网段
Core-SW2	G0/24	10.2.255.1/24	设备互联网段

续表

设备	端口	IP 地址	用途
成员设备	VLAN 10	192.168.10.254/24	研发部网段网关
	VLAN 20	192.168.20.254/24	测试部网段网关
	VLAN 30	192.168.30.254/24	产品部网段网关
PC1	Eth1	192.168.10.1/24	研发部用户网段地址
PC2	Eth1	192.168.20.1/24	测试部用户网段地址
PC3	Eth1	192.168.30.1/24	产品部用户网段地址

项目实践

任务 11-1　部署 VSU

➤ 任务描述

实施本任务的目的是实现企业网络的核心交换机通过 VSU 将多台网络设备虚拟化为一台逻辑设备，简化对网络配置的管理，提升设备及链路的可靠性。本任务的配置包括以下内容。

创建域、修改优先级、添加 VSL 成员端口。

➤ 任务操作

（1）在 Core-SW1 上创建域、修改优先级、添加 VSL 成员端口。

```
Ruijie>enable                                      // 进入特权模式
Ruijie#config terminal                             // 进入全局模式
Ruijie(config)#hostname Core-SW1                   // 将交换机名称更改为 Core-SW1
Core-SW1(config)switch virtual domain 1            // 创建域，域编号为 1
Core-SW1(config-vs-domain)#switch 1                // 配置设备编号
Core-SW1(config-vs-domain)#switch 1 priority 150   // 配置设备优先级
Core-SW1(config-vs-domain)#switch 1 description SW1// 配置设备标识
Core-SW1(config-vs-domain)#exit                    // 退出
Core-SW1(config)#vsl-port                          // 进入 VSL 配置
Core-SW1(config-vsl-port)#port-member interface tenGigabitEthernet 0/51   // 添加 VSL 成员端口
Core-SW1(config-vsl-port)#port-member interface tenGigabitEthernet 0/52   // 添加 VSL 成员端口
Core-SW1(config-vsl-port)#exit                     // 退出
```

```
Core-SW1#write                              // 保存配置
Core-SW1#switch convert mode virtual        // 从单机模式切换成 VSU 模式
```

（2）在 Core-SW2 上创建域、修改优先级、添加 VSL 成员端口。

```
Ruijie>enable                               // 进入特权模式
Ruijie#config terminal                      // 进入全局模式
Ruijie(config)#hostname Core-SW2            // 将交换机名称更改为 Core-SW2
Core-SW2(config)switch virtual domain 1     // 创建域，域编号为 1
Core-SW2(config-vs-domain)#switch 2         // 配置设备编号
Core-SW2(config-vs-domain)#switch 2 priority 120    // 配置设备优先级
Core-SW2(config-vs-domain)#switch 2 description SW2// 配置设备标识
Core-SW2(config-vs-domain)#exit             // 退出
Core-SW2(config)#vsl-port                   // 进入 VSL 配置
Core-SW2(config-vsl-port)#port-member interface tenGigabitEthernet 0/51   // 添加 VSL 成员端口
Core-SW2(config-vsl-port)#port-member interface tenGigabitEthernet 0/52   // 添加 VSL 成员端口
Core-SW2(config-vsl-port)#exit              // 退出
Core-SW2#write                              // 保存配置
Core-SW2#switch convert mode virtual        // 从单机模式切换成 VSU 模式
```

➢ 任务验证

在成员设备上使用【show switch virtual】命令查看 VSU 信息。

```
VSU#show switch virtual
Switch_id   Domain_id   Priority   Position   Status   Role      Description
----------------------------------------------------------------------------
1(1)        1(1)        150(150)   LOCAL      OK       ACTIVE    SW1
2(2)        1(1)        120(120)   REMOTE     OK       STANDBY   SW2
```

可以看到，两台核心交换机成功建立了 VSU 系统，其中 SW1 为主设备，SW2 为从设备。

任务 11-2　部署 BFD

➢ 任务描述

在本任务中，为了确保企业网络中使用成员设备在发生故障时不出现双主机现象，可以采用 BFD 进行检测，当出现双主机现象时让其中一方进入 Recovery 状态，并关闭除 VSL 外的所有端口。本任务的配置包括以下内容。

配置 BFD 并关联检测端口。

➢ 任务操作

在成员设备上配置 BFD 并关联检测端口。

```
VSU(config)#interface  GigabitEthernet  1/0/48              // 进入 G1/0/48 端口
VSU(config-if-GigabitEthernet 1/0/48)#no  switchport        // 切换为三层口模式
VSU(config-if-GigabitEthernet 1/0/48)#exit                  // 退出
VSU(config)#interface  GigabitEthernet  2/0/48              // 进入 G2/0/48 端口
VSU(config-if-GigabitEthernet 2/0/48)#no  switchport        // 切换为三层口模式
VSU(config-if-GigabitEthernet 2/0/48)#exit                  // 退出
VSU(config)#switch  virtual  domain  1                      // 进入虚拟域 1
VSU(config-vs-domain)#dual-active  detection  bfd           // 配置 BFD 检测模式
VSU(config-vs-domain)#dual-active  bfd  interface  GigabitEthernet  1/0/48      // 关联 BFD 检测端口
VSU(config-vs-domain)#dual-active  bfd  interface  GigabitEthernet  2/0/48      // 关联 BFD 检测端口
VSU(config-vs-domain)#exit                                  // 退出
```

➢ 任务验证

在成员设备上使用【show switch virtual dual-active bfd 】命令查看端口状态。

```
VSU#show  switch  virtual  dual-active  bfd
BFD dual-active detection enabled: Yes
BFD dual-active interface configured:
  GigabitEthernet 1/0/48: UP
  GigabitEthernet 2/0/48: UP
```

可以看到，BFD 处于运行状态，检测端口处于启用状态。

任务 11-3　配置基础网络

➢ 任务描述

实施本任务的目的是实现各部门网络与外网互联。本任务的配置包括以下内容。

（1）VLAN 配置：创建并配置 VLAN。

（2）IP 地址配置：为成员设备和路由器配置 IP 地址。

（3）端口配置：配置与交换机、成员设备、主机互联的端口。

（4）默认路由信息配置：配置默认路由信息。

➢ 任务操作

1. VLAN 配置

（1）在成员设备上创建并配置 VLAN。

```
VSU(config)#vlan  10                    // 创建 VLAN 10
VSU(config-vlan)#name  YanFa           // 将 VLAN 命名为 YanFa
VSU(config-vlan)#exit                   // 退出
```

VSU(config-vlan)#vlan 20	// 创建 VLAN 20
VSU(config-vlan)#name CeShi	// 将 VLAN 命名为 CeShi
VSU(config-vlan)#exit	// 退出
VSU(config-vlan)#vlan 30	// 创建 VLAN 30
VSU(config-vlan)#name ChanPin	// 将 VLAN 命名为 ChanPin
VSU(config-vlan)#exit	// 退出

（2）在 SW1 上创建并配置 VLAN。

Ruijie>enable	// 进入特权模式
Ruijie#config terminal	// 进入全局模式
Ruijie(config)#hostname SW1	// 将交换机名称更改为 SW1
SW1(config)#vlan range 10,20,30	// 批量创建 VLAN
SW1(config-vlan-range)#exit	// 退出

（3）在 SW2 上创建并配置 VLAN。

Ruijie>enable	// 进入特权模式
Ruijie#config terminal	// 进入全局模式
Ruijie(config)#hostname SW2	// 将交换机名称更改为 SW2
SW2(config)#vlan range 10,20,30	// 批量创建 VLAN
SW2(config-vlan-range)#exit	// 退出

（4）在 SW3 上创建并配置 VLAN。

Ruijie>enable	// 进入特权模式
Ruijie#config terminal	// 进入全局模式
Ruijie(config)#hostname SW3	// 将交换机名称更改为 SW3
SW3(config)#vlan range 10,20,30	// 批量创建 VLAN
SW3(config-vlan-range)#exit	// 退出

2. IP 地址配置

（1）在成员设备上配置 IP 地址。

VSU(config)#interface vlan 10	// 进入 VLAN 10 接口
VSU(config-if-VLAN 10)#ip address 192.168.10.254 255.255.255.0	// 配置 IP 地址
VSU(config-if-VLAN 10)#exit	// 退出
VSU(config)#interface vlan 20	// 进入 VLAN 20 接口
VSU(config-if-VLAN 20)#ip address 192.168.20.254 255.255.255.0	// 配置 IP 地址
VSU(config-if-VLAN 20)#exit	// 退出
VSU(config)#interface vlan 30	// 进入 VLAN 30 接口
VSU(config-if-VLAN 30)#ip address 192.168.30.254 255.255.255.0	// 配置 IP 地址
VSU(config-if-VLAN 30)#exit	// 退出
VSU(config)#interface GigabitEthernet 1/0/24	// 进入 G1/0/24 接口
VSU(config-if-GigabitEthernet 1/0/24)#ip address 10.1.255.1 255.255.255.0	// 配置 IP 地址
VSU(config-if-GigabitEthernet 1/0/24)#exit	// 退出
VSU(config)#interface GigabitEthernet 2/0/24	// 进入 G2/0/24 接口
VSU(config-if-GigabitEthernet 2/0/24)#ip address 10.2.255.1 255.255.255.0	// 配置 IP 地址

VSU(config-if-GigabitEthernet 2/0/24)#exit   // 退出

（2）在 R1 上配置 IP 地址。

R1(config)#interface GigabitEthernet 0/1   // 进入 G0/1 接口
R1(config-if-GigabitEthernet 0/1)#ip address 10.1.255.254 255.255.255.0   // 配置 IP 地址
R1(config-if-GigabitEthernet 0/1)#exit   // 退出
R1(config)#interface GigabitEthernet 0/2   // 进入 G0/2 接口
R1(config-if-GigabitEthernet 0/2)#ip address 10.2.255.254 255.255.255.0   // 配置 IP 地址
R1(config-if-GigabitEthernet 0/2)#exit   // 退出
R1(config)#interface loopback 1   // 进入 Loopback1 接口
R1(config-if-Loopback 1)#ip address 8.8.8.8 255.255.255.255   // 配置 IP 地址
R1(config-if-Loopback 1)#exit   // 退出

3. 端口配置

（1）在成员设备上配置与交换机互联的端口。

VSU(config)# interface AggregatePort 1   // 创建并进入聚合组
VSU (config-if-AggregatePort 1)#exit   // 退出
VSU(config)#interface range GigabitEthernet 1/0/1,2/0/1   // 批量进入端口
VSU(config-if-range)#port-group 1   // 将端口加入聚合组
VSU(config-if-range)#exit   // 退出
VSU(config)# interface AggregatePort 1   // 进入聚合组
VSU (config-if-AggregatePort 1)#switchport mode trunk   // 配置端口模式为 Trunk
// 配置端口允许的 VLAN 列表
VSU(config-if-AggregatePort 1)#switchport trunk allowed vlan only 10,20,30
VSU(config-if-AggregatePort 1)#exit   // 退出
VSU(config)# interface AggregatePort 2   // 创建并进入聚合组
VSU (config-if-AggregatePort 2)#exit   // 退出
VSU(config)#interface range GigabitEthernet 1/0/2,2/0/2   // 批量进入端口
VSU(config-if-range)#port-group 2   // 将端口加入聚合组
VSU(config-if-range)#exit   // 退出
VSU(config)# interface AggregatePort 2   // 进入聚合组
VSU (config-if-AggregatePort 2)#switchport mode trunk   // 配置端口模式为 Trunk
// 配置端口允许的 VLAN 列表
VSU(config-if-AggregatePort 2)#switchport trunk allowed vlan only 10,20,30
VSU(config-if-AggregatePort 2)#exit   // 退出
VSU(config)# interface AggregatePort 3   // 创建并进入聚合组
VSU (config-if-AggregatePort 3)#exit   // 退出
VSU(config)#interface range GigabitEthernet 1/0/3,2/0/3   // 批量进入端口
VSU(config-if-range)#port-group 3   // 将端口加入聚合组
VSU(config-if-range)#exit   // 退出
VSU(config)# interface AggregatePort 3   // 进入聚合组
VSU (config-if-AggregatePort 3)#switchport mode trunk   // 设置端口模式为 Trunk
// 配置端口允许的 VLAN 列表
VSU(config-if-AggregatePort 3)#switchport trunk allowed vlan only 10,20,30

VSU(config-if-AggregatePort 3)#exit   // 退出

（2）在 SW1 上配置与成员设备、主机互联的端口。

SW1(config)#interface AggregatePort 1   // 创建并进入聚合组
SW1 (config-if-AggregatePort 1)#exit   // 退出
SW1(config)#interface range GigabitEthernet 0/23,0/24   // 批量进入端口
SW1(config-if-range)#port-group 1   // 将端口加入聚合组
SW1(config-if-AggregatePort 1)#switchport mode trunk   // 配置端口模式为 Trunk
// 配置端口允许的 VLAN 列表
SW1(config-if-AggregatePort 1)#switchport trunk allowed vlan only 10,20,30
SW1(config-if-AggregatePort 1)#exit   // 退出
SW1(config)#interface GigabitEthernet 0/1   // 进入 G0/1 端口
SW1(config-if-GigabitEthernet 0/1)#switchport mode access   // 配置端口模式为 Access
SW1(config-if-GigabitEthernet 0/1)#switchport access vlan 10   // 将端口加入 VLAN 10
SW1(config-if-GigabitEthernet 0/1)#exit   // 退出

（3）在 SW2 上配置与成员设备、主机互联的端口。

SW2(config)#interface AggregatePort 2   // 创建并进入聚合组
SW2 (config-if-AggregatePort 2)#exit   // 退出
SW2(config)#interface range GigabitEthernet 0/23,0/24   // 批量进入端口
SW2(config-if-range)#port-group 2   // 将端口加入聚合组
SW2(config-if-AggregatePort 2)#switchport mode trunk   // 配置端口模式为 Trunk
// 配置端口允许的 VLAN 列表
SW2(config-if-AggregatePort2)#switchport trunk allowed vlan only 10,20,30
SW2(config-if-AggregatePort2)#exit   // 退出
SW2(config)#interface GigabitEthernet 0/1   // 进入 G0/1 端口
SW2(config-if-GigabitEthernet 0/1)#switchport mode access   // 配置端口模式为 Access
SW2(config-if-GigabitEthernet 0/1)#switchport access vlan 20   // 将端口加入 VLAN 20
SW2(config-if-GigabitEthernet 0/1)#exit   // 退出

（4）在 SW3 上配置与成员设备、主机互联的端口。

SW3(config)#interface AggregatePort 3   // 创建并进入聚合组
SW3 (config-if-AggregatePort 3)#exit   // 退出
SW3(config)#interface range GigabitEthernet 0/23,0/24   // 批量进入端口
SW3(config-if-range)#port-group 3   // 将端口加入聚合组
SW3(config-if-AggregatePort 3)#switchport mode trunk   // 配置端口模式为 Trunk
// 配置端口允许的 VLAN 列表
SW3(config-if-AggregatePort3)#switchport trunk allowed vlan only 10,20,30
SW3(config-if-AggregatePort3)#exit   // 退出
SW3(config)#interface GigabitEthernet 0/1   // 进入 G0/1 端口
SW3(config-if-GigabitEthernet 0/1)#switchport mode access   // 配置端口模式为 Access
SW3(config-if-GigabitEthernet 0/1)#switchport access vlan 30   // 将端口加入 VLAN 30
SW3(config-if-GigabitEthernet 0/1)#exit   // 退出

4. 默认路由信息配置

在成员设备上配置默认路由信息。

```
VSU(config)#ip  route  0.0.0.0  0.0.0.0  10.1.255.254      // 配置默认路由信息
VSU(config)#ip  route  0.0.0.0  0.0.0.0  10.2.255.254      // 配置默认路由信息
```

➢ 任务验证

（1）在成员设备上使用【show ip interface brief】命令查看各接口的 IP 地址的配置情况和状态。

```
VSU#show  ip  interface  brief
Interface              IP-Address(Pri)     IP-Address(Sec)     Status      Protocol
GigabitEthernet  1/0/24     10.1.255.1/24      no address         up          up
GigabitEthernet  1/0/48     no address         no address         up          up
GigabitEthernet  2/0/24     10.2.255.1/24      no address         up          up
GigabitEthernet  2/0/48     no address         no address         up          up
VLAN  10               192.168.10.254/24   no address         up          up
VLAN  20               192.168.20.254/24   no address         up          up
VLAN  30               192.168.30.254/24   no address         up          up
```

可以看到，各接口的 IP 地址已经配置完成。

（2）测试各部门网络的连通性。

使用 PC1 Ping 外网地址 8.8.8.8。

```
PC1>ping  8.8.8.8

正在 Ping 8.8.8.8 具有 32 字节的数据：
来自 8.8.8.8 的回复：字节 =32 时间 =2ms TTL=63
来自 8.8.8.8 的回复：字节 =32 时间 =2ms TTL=63
来自 8.8.8.8 的回复：字节 =32 时间 =2ms TTL=63
来自 8.8.8.8 的回复：字节 =32 时间 =2ms TTL=63

8.8.8.8 的 Ping 统计信息：
    数据包：已发送 = 4，已接收 = 4，丢失 = 0 (0% 丢失 )，
往返行程的估计时间 ( 以毫秒为单位 )：
    最短 = 2ms，最长 = 3ms，平均 = 2ms
```

使用 PC2 Ping 外网地址 8.8.8.8。

```
PC2>ping  8.8.8.8

正在 Ping 8.8.8.8 具有 32 字节的数据：
来自 8.8.8.8 的回复：字节 =32 时间 =2ms TTL=63
来自 8.8.8.8 的回复：字节 =32 时间 =2ms TTL=63
来自 8.8.8.8 的回复：字节 =32 时间 =2ms TTL=63
来自 8.8.8.8 的回复：字节 =32 时间 =2ms TTL=63
```

8.8.8.8 的 Ping 统计信息：
　　　数据包：已发送 = 4，已接收 = 4，丢失 = 0 (0% 丢失)，
往返行程的估计时间 (以毫秒为单位)：
　　　最短 = 2ms，最长 = 3ms，平均 = 2ms

使用 PC3 Ping 外网地址 8.8.8.8。

PC3>ping 8.8.8.8

正在 Ping 8.8.8.8 具有 32 字节的数据：
来自 8.8.8.8 的回复：字节 =32 时间 =2ms TTL=63
来自 8.8.8.8 的回复：字节 =32 时间 =2ms TTL=63
来自 8.8.8.8 的回复：字节 =32 时间 =2ms TTL=63
来自 8.8.8.8 的回复：字节 =32 时间 =2ms TTL=63

8.8.8.8 的 Ping 统计信息：
　　　数据包：已发送 = 4，已接收 = 4，丢失 = 0 (0% 丢失)，
往返行程的估计时间 (以毫秒为单位)：
　　　最短 = 2ms，最长 = 3ms，平均 = 2ms

可以看到，各部门的网络均已经正常连通。

项目验证

（1）通过手动断开 VSU 链路来模拟成员设备链路出现故障的情况，使用【show switch virtual】命令查看从设备状态。

```
VSU-RECOVERY-2#show switch virtual

Switch_id   Domain_id    Priority    Position    Status      Role       Description
-----------------------------------------------------------------------------------
2(2)           1(1)      120(120)    LOCAL       Recovery    ACTIVE     SW2
```

（2）在 SW1 上使用【show AggregatePort 1 summary】命令查看链路聚合状态。

```
SW1#show  AggregatePort  1  summary

AggregatePort  MaxPorts  SwitchPort  Mode    Load balance         Ports
--------------------------------------------------------------- -------------
Ag1            8         Enabled     TRUNK   src-dst-mac          Gi0/23 ,Gi0/24
```

可以看到，进行基于 BFD 的双主机检测以后，系统将根据双主机检测规则选出 VSU 主设备。VSU 主设备没有受到影响，另一台交换机进入 Recovery 状态，网络连通性不受影响，数据流将通过 VSU 主设备转发。

（3）使用【ping】命令验证 PC1 与外网能否正常连通。

```
PC1>ping 8.8.8.8

正在 Ping 8.8.8.8 具有 32 字节的数据：
来自 8.8.8.8 的回复：字节 =32 时间 <1ms TTL=63
来自 8.8.8.8 的回复：字节 =32 时间 <1ms TTL=63
来自 8.8.8.8 的回复：字节 =32 时间 <1ms TTL=63
来自 8.8.8.8 的回复：字节 =32 时间 <1ms TTL=63

8.8.8.8 的 Ping 统计信息：
    数据包：已发送 = 4，已接收 = 4，丢失 = 0 (0% 丢失 )，
往返行程的估计时间 ( 以毫秒为单位 )：
    最短 = 0ms，最长 = 0ms，平均 = 0ms
```

可以看到，PC1 与外网已正常连通，不受成员设备故障的影响。

项目拓展

一、理论题

（1）VSU 是一种（　　）技术。

　　A．一虚多　　　　　　　　　　B．多虚一

　　C．一虚一　　　　　　　　　　D．多虚多

（2）（　　）不属于成员设备角色。

　　A．主设备　　　　　　　　　　B．从设备

　　C．候选设备　　　　　　　　　D．备份设备

（3）在 VSU 系统中，有多台成员设备可以同时属于（　　）。

　　A．主设备　　　　　　　　　　B．从设备

　　C．候选设备　　　　　　　　　D．备份设备

二、项目实训

1．实训背景

为了全面提高校园网的链路带宽，提升网络性能，降低局域网的复杂性和运维难度，某高校引入了 VSU 对内网进行升级改造。

实训拓扑结构如图 11-8 所示。

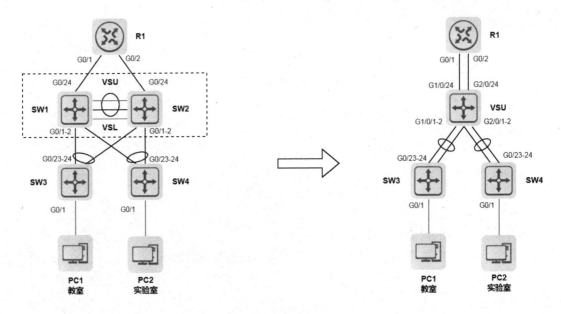

图 11-8   实训拓扑结构

2. 实训规划表

根据实训背景，并参考本项目的项目规划设计，完成实训规划表，如表 11-4～表 11-6 所示。

表 11-4   VLAN 规划

VLAN ID	VLAN 名称	网段	用途

表 11-5   端口规划

本端设备	本端端口	端口配置	对端设备	对端端口

表 11-6   IP 地址规划

设备	端口	IP 地址	用途

3. 实训要求

（1）在交换机上启用 VSU 并创建域、修改优先级、添加 VSL 成员端口。

（2）在成员设备上配置 BFD 并关联检测端口。

（3）为交换机和主机配置端口。

（4）为校园网配置默认路由信息。

（5）使用教室或实验室主机测试外网地址 8.8.8.8 并截图保存。

模块 5 拓展项目

项目 12 企业 WLAN 构建

项目描述

　　某企业随着员工数量的不断增加，移动办公的需求也日益凸显，但该企业在建设初期只进行了有线网络的部署，无法满足员工现有的移动办公需求，这在很大程度上限制了员工的办公灵活性和效率。为了满足员工日益增长的移动办公需求，提升整体工作效率，必须进行全面的 WLAN 覆盖。

　　此外，为了安全考虑，还需要确保该企业内部员工能顺畅、安全地访问网络资源，同时防止外部未经授权的人员接入该企业的 WLAN。对此，该企业希望采取一系列的安全管理措施，包括但不限于设置复杂的密码、启用加密通信、实施严格的访问控制等，以确保该企业的 WLAN 安全、稳定。

　　项目拓扑结构如图 12-1 所示。

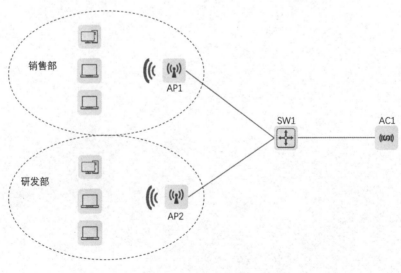

图 12-1　项目拓扑结构

项目相关知识

12.1　IEEE 802.11 的帧结构

WLAN（Wireless Local Area Network，无线局域网）由 STA（Station）、无线 AP 等组成。IEEE 802.11 的 MAC 层负责客户端与无线 AP 之间的通信，包括扫描、认证、接入、加密、漫游等。针对帧的不同功能，IEEE 802.11 中的 MAC 帧可以被细分为以下 3 种。

（1）控制帧：用于竞争期的握手通信和正向确认，以及结束非竞争期等。

（2）管理帧：用于 STA 与无线 AP 之间的协商、关系的控制，如关联、认证、同步等。

（3）数据帧：用于在竞争期和非竞争期传输数据。

IEEE 802.11 通用帧的格式如图 12-2 所示。

Frame Control	Duration ID	Address 1	Address 2	Address 3	Seq Control	Address 4	Frame Body	FCS
2 Byte	2 Byte	6 Byte	6 Byte	6 Byte	2 Byte	6 Byte	0~2312 Byte	4 Byte

图 12-2　IEEE 802.11 通用帧的格式

可以看出，IEEE 802.11 通用帧共有以下几个字段：Frame Control（帧控制）、Duration ID（持续时间标识）、Address 1（地址 1）、Address 2（地址 2）、Address 3（地址 3）、Seq Control（序列控制）、Address 4（地址 4）、Frame Body（帧主体）、FCS（帧校验序列）。下面对每个字段进行解析。

（1）Frame Control 报文的结构如图 12-3 所示。

Protocol Version	Type	Sub Type	To DS	From DS	More Fragment	Retry	Power Management	More Data	Protected Frame	Order
2bit	2bit	4bit	1bit	1bit	1bit	1bit	1bit	1bit	1bit	1bit

图 12-3　Frame Control 报文的结构

① Protocol Version：协议版本，通常为 0。

② Type 与 Sub Type：类型与次类型，用于制定所使用的帧类型，即上文提到的控制帧、管理帧、数据帧。Type 字段的值与 Sub Type 字段的值的说明如下。

00 表示管理帧；

01 表示控制帧；

10 表示数据帧；

11 表示保留。

③ To DS 与 From DS：用于表示是由工作站发送数据帧，还是由工作站接收数据帧。To DS 字段的值与 From DS 字段的值的说明如下。

00 表示所有管理帧与控制帧（非基础型数据帧）；

01 表示基础网络中无线工作站接收数据帧；

10 表示基础网络中无线工作站发送数据帧；

11 表示无线桥接器上的数据帧。

④ More Fragment：用于说明长帧被分段的情况，如果还有其他帧，那么 More Fragment 字段的值被置为 1。

⑤ Retry：用于表示重传帧位，重传的帧会将该字段的值设置为 1。

⑥ Power Management：用于指定传送端在完成目前的帧交换之后是否进入省电模式。为了延长电池的使用寿命，通常可以关闭网卡以节省电力。Power Management 字段的值的说明如下。

1 表示工作站即将进入省电模式；

0 表示工作站一直保持清醒状态。

由基站发送的帧，Power Management 字段的值必为 0。

⑦ More Data：用于表示服务处于省电模式的工作站，基站会暂存由传输系统接收的帧。如果基站设定此位，那么表示至少有一个帧待传送给休眠的工作站。

⑧ Protected Frame：如果帧受到数据链路层安全协议的保护，那么 Protected Frame 字段的值为 1。

⑨ Order：用于表示序列号域。在长帧分段传输时，Order 字段的值为 1，表示接收者应该严格按照顺序处理该帧；否则 Order 字段的值为 0。

（2）Duration ID：用于表示某帧和其确认帧占用信道的时间。Duration ID 字段的值由网络分配向量计算得到。

（3）Address 部分：一个 IEEE 802.11 通用帧最多可以包含 4 个地址，帧类型不同，这些地址也有所差异。通常来说，Address 1 表示接收端地址，Address 2 表示传输端地址，Address 3 表示接收端取出的过滤地址，一般不使用 Address 4。

（4）Seq Control：用于过滤重复帧，即用于过滤重组帧片段及丢弃重复帧。

（5）Frame Body：又称数据位，负责在不同工作站之间传输上层数据。在最初指定的规格中，IEEE 802.11 通用帧最多可以传输 2304 字节的数据。因为 IEEE 802.11 的数据链路层控制报文头部占 8 字节，所以其最多可以传输 2296 字节的数据。

（6）FCS：通常采用循环冗余校验（Cyclic Redundancy Check，CRC）。对 MAC 标头的所有位及 Frame Body 进行计算后得出的值，会被填充到 FCS 字段中。如果接收方收到帧进行检验后，发现 FCS 字段有误，那么会将其丢弃，且不进行应答。

12.2　MAC 层的工作原理

IEEE 802.11 的 MAC 协议与 IEEE 802.3 相似，考虑到在 WLAN 中，无线电波传输距离受限，并非所有节点都能监听到信号，且无线网卡工作在半双工模式下，一旦发生碰撞，重新发送数据会降低吞吐量，因此，IEEE 802.11 对 CSMA/CD（带冲突检测的载波侦听多路访问）进行了一些修改，采用 CSMA/CA（带冲突避免的载波感应多路访问）来避免有冲突的发送。

1. CSMA/CA 的工作原理

（1）检测信道是否正在使用，如果信道空闲，那么等待 DIFS（Distributed Inter-Frame Space，分配的帧间空隙）时间间隔后，发送数据。

（2）如果信道正在使用，那么根据 CSMA/CA 退避算法，STA 将冻结退避计时器。经过 DIFS 时间间隔后，继续监听，只要信道空闲，退避计时器就进行倒计时，当退避计时器减少到 0 时（此时信道可能是空闲的），STA 发送帧并等待确认。

（3）如果目标 STA 正确接收到该帧，则经过 SIFS（Short Inter-Frame Space，短的帧间空隙）时间间隔后，向源 STA 发送 ACK 帧。如果源 STA 收到 ACK 帧，那么确定数据正确传输，经过 DIFS 时间间隔后，会出现一段空闲时间，各 STA 开始争用信道，重复步骤（1）。

（4）如果源 STA 没有收到 ACK 帧，那么需要重新发送原数据帧，直到收到 ACK 帧或经过若干次重传失败后放弃发送为止。

注意，SIFS 用于分隔属于一次对话的各帧，长度一般为 9μs 或 20μs；DIFS 用于发送数据帧和管理帧，长度为 SIFS+(2×Slot Time)；Slot Time 表示时隙，不同厂商对其规定不同。

2. MAC 层的功能

MAC 层是 IEEE 802.11 的主要部分，其主要功能如下。

（1）信道管理：包括信道扫描、信道测量、信道切换等。

（2）连接管理：包括认证、断开认证、建立连接、重新连接、断开连接、请求 P2P 连接、管理直接连接等。

（3）QoS 支持：包括支持交通流管理接口等。

（4）功率控制：包括电源管理、发送功率通知等。

（5）安全管理：包括密钥管理、帧密钥错误丢弃通知等。

（6）时间同步：包括高层同步支持等。

（7）特性管理：包括管理合并 ACK 帧、管理信息库等。

12.3　WLAN 组网模式

WLAN 有两种组网模式，分别为胖 AP 组网、瘦 AP+AC（Access Controller，接入控制器）组网，这两种组网模式具有不同的特点，用于不同的应用场景中。

在胖 AP 组网模式下，AP 负责无线信号的发送和接收，同时支持数据传输和用户认证功能。在这种组网模式下，AP 直接连接到交换机或路由器，形成一个简单的 WLAN。这种组网模式的优点是部署简单、成本较低，适用于中小型企业和家庭用户。然而，随着 WLAN 规模的扩大，胖 AP 组网模式的缺点逐渐显现出来，如管理复杂、扩展性差、安全性低等。

在瘦 AP+AC 组网模式下，AP 仅负责无线信号的发送和接收，不支持数据传输和用户认证功能；AC 负责对整个 WLAN 进行集中管理和控制，包括用户认证、流量控制等。这种组网模式的优点是易于管理、扩展性强、安全性高，适用于大型企业、园区和公共场所；缺点是成本较高，部署过程相对复杂。

瘦 AP+AC 组网模式的连接方式如图 12-4 所示。

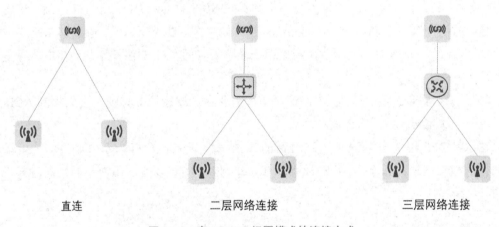

图 12-4　瘦 AP+AC 组网模式的连接方式

12.4　CAPWAP 隧道技术

在瘦 AP+AC 组网模式下，AC 负责 AP 的管理与配置，那么 AC 和 AP 如何互相发现和通信呢？在瘦 AP+AC 组网模式的 WLAN 中，AP 与 AC 通信接口的定义，成为整个 WLAN 的关键。国际标准化组织及部分厂商为统一 AP 与 AC 通信接口制定了一些协议，目前普遍使用的协议是 CAPWAP。

CAPWAP 定义了 AP 与 AC 之间如何通信，为实现 AP 和 AC 互通提供了一个通用封装和传输机制。

1. CAPWAP 的基本概念

CAPWAP 用于 AP 和 AC 互通，实现 AC 对其所关联的 AP 的集中管理和控制。CAPWAP 主要包括以下内容。

（1）AP 对 AC 的自动发现，以及 AP 对 AC 的状态进行运行、维护。AP 启动后，将通过 DHCP 自动获取 IP 地址，并基于 UDP 主动联系 AC，AP 运行后，将接受 AC 的管理与监控。

（2）AC 负责 AP 的配置（VLAN、信道、功率等）管理。

（3）STA 发送的数据被封装后通过 CAPWAP 隧道进行转发。在进行隧道转发时，STA 数据报文将被 AP 封装到 CAPWAP 隧道中，通过 CAPWAP 隧道发送给 AC，由 AC 转发。

2. CAPWAP 的隧道转发与本地转发

从 STA 数据转发的角度出发，瘦 AP+AC 组网模式可以进一步被分为两种：隧道转发和本地转发。

1）隧道转发

在进行隧道转发时，所有 STA 数据报文和 CAPWAP 控制报文都先通过 CAPWAP 隧道被转发到 AC 中，再由 AC 集中交换和处理。因此，AC 不但要对 AP 进行管理，还要作为 AP 流量的转发中枢。隧道转发的工作原理如图 12-5 所示。

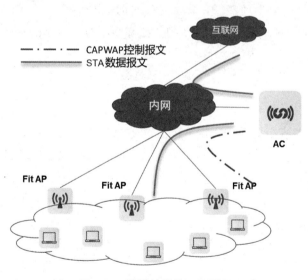

图 12-5　隧道转发的工作原理

2）本地转发

在进行本地转发时，AC 只对 AP 进行管理，数据都由本地直接转发，即 AP 的管理流（CAPWAP 控制报文）被封装在 CAPWAP 隧道中，转发给 AC，由 AC 负责处理。AP 的业务流（STA 数据报文）不进行 CAPWAP 封装，而直接由 AP 转发给上联交换机，由上联交换机进行转发。因此，用户数据对应的 VLAN 对 AP 不再透明，AP 需要根据用户所处的 VLAN 添加相应的 802.1q 标签，转发给上联交换机，上联交换机按照 802.1q 规则直接转发该 STA 数据报文。本地转发的工作原理如图 12-6 所示。

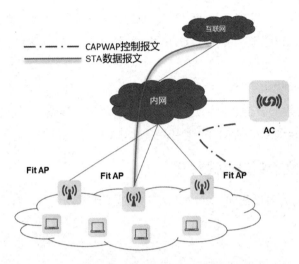

图 12-6 本地转发的工作原理

对比隧道转发和本地转发可以发现，随着 STA 传输速率的不断提高，AC 的转发压力不断增大。如果采用隧道转发，那么对 AC 的包处理能力和原有有线网络的数据转发都是较大的挑战；而如果采用本地转发，那么 AC 只对 AP 与 STA 进行管理和控制，不负责 STA 数据的转发，这样既减轻了 AC 的负担，又减少了有线网络的网络流量。

3. 隧道转发与本地转发的典型案例

1）隧道转发的典型案例

在酒店 WLAN 的应用场景中，用户的上网流量几乎都是访问外网的，以纵向流量为主，几乎所有流量都先发送给 AC，再转发到外网中。综合考虑用户的上网安全和网络流量的特征，如果采用本地转发，那么在增加接入交换机和 AP 的包处理工作量的基础上并不能提升网络性能；而如果采用隧道转发，那么有利于保证用户数据安全，同时可以充分利用 AC 的包处理能力提升网络性能。

2）本地转发的典型案例

在校园网基于 WLAN 进行互动的教学场景中，教师计算机和学生平板计算机在教室的各台设备之间有大量的数据交互。以横向流量为主，如果采用隧道转发，那么这些数据都需要先从教室的各台设备上经骨干网发送给 AC，然后经骨干网转发回教室的各台设备，这样既耗费有线网络和无线 AC 的资源，同时数据延迟比较大。如果采用本地转发，那么这些数据将直接通过教室的交换机进行处理，这样不仅减少了骨干网的负载，还有效解决了数据延迟的问题。

12.5　CAPWAP 隧道建立过程

启动 AP 后要先找到 AC，然后和 AC 建立 CAPWAP 隧道，这需要经历 AP 通过 DHCP 服务器获取 IP 地址、AP 通过发现机制寻找 AC（Discover）、AP 和 AC 建立 DTLS（Datagram Transport Layer Security，数据包传输层安全协议）连接、在 AC 中注册 AP（Join）、固件升级（Image Data）、AP 配置请求（Configure）、AP 状态事件响应（State Event）、AP 工作（Run）、AP 配置更新（Update Config）等过程。CAPWAP 隧道建立过程如图 12-7 所示。

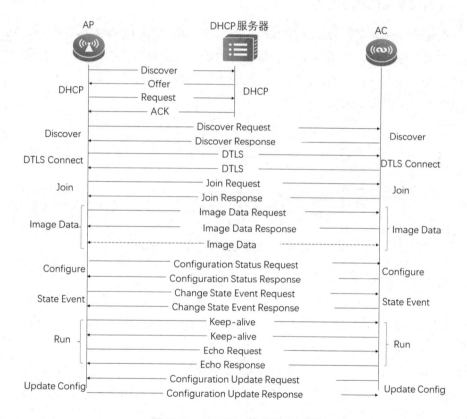

图 12-7　CAPWAP 隧道建立过程

1. AP 通过 DHCP 服务器获取 IP 地址

AP 启动后，AP 将作为一个 DHCP 客户端寻找 DHCP 服务器。找到 DHCP 服务器后，将最终获取 IP 地址、租约、DNS、Option 字段等信息，其中 Option 字段中包括 AC 的 IP 地址，获取 IP 地址后将通过 Option 字段中的 IP 地址联系 AC。

AP 通过 DHCP 服务器获取 IP 地址的过程包括 Discover（发现）、Offer（提供）、Request（请求）、ACK（确认），如图 12-8 所示。

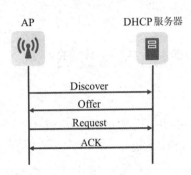

图 12-8　AP 通过 DHCP 服务器获取 IP 地址的过程

2. AP 通过发现机制寻找 AC

在 AP 通过 DHCP 服务器获取 IP 地址的过程中，AP 是从 Option 字段中获取 AC 的 IP 地址的。如果网络中原有的 DHCP 服务器并没有提供这项配置，那么可以预先对 AP 配置 AC 的 IP 地址，这样 AP 启动后，就可以基于 AC 的 IP 地址寻找 AC 了，AP 通过发现机制寻找 AC 的过程如图 12-9 所示。

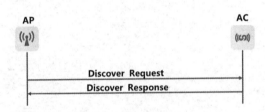

图 12-9　AP 通过发现机制寻找 AC 的过程

AP 可以通过单播或广播寻找 AC，具体情形如下。

（1）通过单播寻找 AC：如果 AP 上存在 AC 的 IP 地址，那么通过单播发送报文寻找 AC。

（2）通过广播寻找 AC：如果 AP 上不存在 AC 的 IP 地址或通过单播发送报文没有回应，那么通过广播发送报文寻找 AC。

AP 会给所有 AC 发送 Discover Request（发现请求）报文，AC 收到该报文后，会发送 Discover Response（发现响应）报文给 AP。AP 可能收到多个 AC 发送的 Discover Response 报文，AP 将根据 Discover Response 报文中的 AC 的优先级或其他策略（AP 的个数等）来确定与哪个 AC 建立 CAPWAP 隧道。

3. AP 和 AC 建立 DTLS 连接

DTLS 提供了在 UDP 传输场景中的安全解决方案，能防止出现消息被窃听、篡改，以及身份被冒充等问题。

在 AP 通过 Discover 机制寻找 AC 的过程中，AP 收到 Discover Response 报文后，会开始与 AC 建立 CAPWAP 隧道。由于从下一个阶段在 AC 中注册 AP 开始的 CAPWAP 控制报文都必须经过 DTLS 加密传输，因此在本阶段 AP 和 AC 将通过协商建立 DTLS 连接。

AP 和 AC 建立 DTLS 连接的过程如图 12-10 所示。

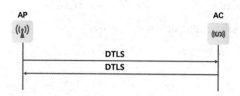

图 12-10　AP 和 AC 建立 DTLS 连接的过程

4. 在 AC 中注册 AP

在 AC 中注册 AP 的前提是 AC 和 AP 使用相同的工作机制，包括系统版本等信息。

AP 和 AC 建立 CAPWAP 隧道后，开始建立控制通道。在建立控制通道的过程中，AP 发送 Join Request（加入请求）报文（包括 AP 的当前版本等信息）给 AC，AC 收到该报文后，将校验 AP 是否在黑白名单中，AC 通过校验规则检查 AP 的当前版本。在 AC 中注册 AP 的过程如图 12-11 所示。

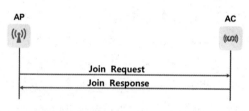

图 12-11　在 AC 中注册 AP 的过程

5. 固件升级

对比 AC 的版本，如果 AP 的当前版本较旧，那么 AP 通过发送 Image Data Request（映像数据请求）报文和 Image Data Response（映像数据响应）报文在 CAPWAP 隧道中更新版本。更新完成后，会重新启动 AP，重新进行发现 AC、建立 CAPWAP 隧道等过程。固件升级的过程如图 12-12 所示。

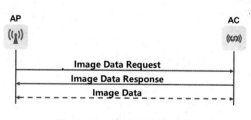

图 12-12　固件升级的过程

6. AP 配置请求

AP 在 AC 中注册成功且固件版本检测通过后，将发送 Configuration Status Request（配置状态请求）报文（包括 AC 名称、AP 当前配置状态等信息）给 AC，AC 收到 AP 发送的 Configuration Status Request 报文后，将进行 AP 配置和 AC 配置的匹配检查，如果不匹配，那么 AC 将发送 Configuration Status Response（配置状态响应）报文给 AP，AC 对 AP 配置进行覆盖。AP 配置请求的过程如图 12-13 所示。

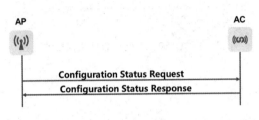

图 12-13　AP 配置请求的过程

7．AP 状态事件响应

完成 AP 配置请求后，AP 将发送 Change State Event Request（更改状态事件请求）报文（包括 Radio、Result、Code 等信息）给 AC，AC 收到 AP 发送的 Change State Event Request 报文后，会对 AP 配置进行数据检测，并将检测结果通过 Change State Event Response 报文发送给 AR。如果检测未通过，那么重新进行 AP 配置请求；如果检测通过，那么 AP 将进入 Run（工作）状态，开始提供 WLAN 接入服务。

除在完成第一次 AP 配置请求后，AP 会发送 Change State Event Request 报文外，AP 自身的 Run 状态发生变化时，AP 也会发送 Change State Event Request 报文。AP 状态事件响应的过程如图 12-14 所示。

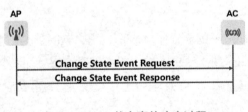

图 12-14　AP 状态事件响应过程

8．AP 工作

AP 开始工作后，需要与 AC 互联，通过发送两种报文给 AC 来维护 AC 和 AP 的数据隧道和控制隧道。

1）数据隧道

Keep-alive（保持连接）数据通信用于 AP 和 AC 双方确认 CAPWAP 中数据隧道的 Run 状态，确保数据隧道保持畅通。AP 周期性发送 Keep-alive 报文给 AC，AC 收到 AP 周期性发送的该报文后，将确认数据隧道的 Run 状态。如果数据隧道的 Run 状态正常，那么 AC 回应 Keep-alive 报文，AP 保持当前状态继续工作，定时器重新开始计时；如果数据隧道的 Run 状态不正常，那么 AC 会根据故障类型进入自检程序或发出警告。

AP 与 AC 之间的 Keep-alive 数据隧道周期性检测机制如图 12-15 所示。

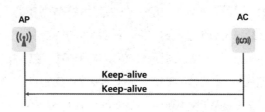

图 12-15　AP 与 AC 之间的 Keep-alive 数据隧道周期性检测机制

2）控制隧道

AP 周期性发送 Echo Request（回显请求）报文（包括 AP 与 AC 之间控制隧道的 Run 状态的相关信息）给 AC，并希望得到 AC 的回复，以确定控制隧道的 Run 状态。AC 收到 AP 周期性发送的 Echo Request 报文后，将检测控制隧道的 Run 状态。如果控制隧道的 Run 状态正常，那么 AC 回应 Echo Response（回显响应）报文给 AP，并重置隧道超时定时器；如果控制隧道的 Run 状态不正常，那么 AC 进入自检程序或发出警告。AP 与 AC 之间的 Echo 控制隧道周期性检测机制如图 12-16 所示。

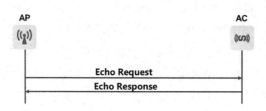

图 12-16　AP 与 AC 之间的 Echo 控制隧道周期性检测机制

9. AP 配置更新

当 AC 在运行中需要对 AP 配置进行更新时，AC 发送 Configure Update Request（配置更新请求）报文给 AP，AP 收到 AC 发送的该报文后将发送 Configure Update Response（配置更新响应）报文给 AC，并进行配置更新。AP 配置更新的过程如图 12-17 所示。

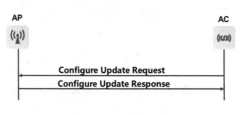

图 12-17　AP 配置更新的过程

12.6　WLAN 的主要安全技术

IEEE 802.11 WLAN 一般作为连接 IEEE 802.3 有线网络的入口。为了确保该入口的安全，保证只有授权用户才能通过无线 AP 访问网络资源，必须采用有效的认证技术。WLAN 用户通过认证并被赋予访问权限后，必须确保其传送的数据不被泄露。其主要方法是对数据报文进行加密。目前，WLAN 的主要安全技术包括 WEP（Wired Equivalent Privacy，有线等效保密）、WPA（Wi-Fi Protected Access，Wi-Fi 保护接入）、WPA2、WPA3、WAPI（WLAN Authentication and Privacy Infrastructure，WLAN 鉴别与保密基础结构）等，这些技术都通过加密方式和认证手段来提高 WLAN 的安全性。

1. WEP

WEP 用于保护 WLAN 中授权用户传输的数据的安全性，防止这些数据被窃听。WEP 采用 RC4（Rivest Cipher 4）算法对传输的数据进行加密，加密密钥长度有 64 位和 128 位两种，其中有 24 bit 的初始向量（IV）是由系统产生的，故 AP 和 STA 上配置的密钥长度是 40 位或 104 位，这个密钥就是在接入 WLAN 时所需输入的 Wi-Fi 密码。WEP 采用静态密钥进行加密，接入同一个 SSID（Service Set Identifier，服务集标识符）中的所有 STA 使用相同的密钥访问 WLAN。WEP 采用的认证手段有开放认证和密钥认证两种。

（1）开放认证：用户不经过认证即可接入 WLAN。

（2）密钥认证：用户只有输入密码后才能接入 WLAN。

密钥认证要求 STA 必须支持 WEP，STA 与 AP 必须配置匹配的静态密钥。如果双方的静态密钥不匹配，那么 STA 无法通过认证。在共享密钥认证的过程中，采用共享密钥认证的无线接口之间需要交换质询消息，通信双方共需要交换 4 个认证帧。共享密钥认证过程如图 12-18 所示。

图 12-18　共享密钥认证过程

（1）STA 向 AP 发起包含认证请求的认证帧（第 1 个认证帧）。

（2）AP 向 STA 返回包含明文质询消息的认证帧（第 2 个认证帧），明文质询消息的长度为 128 字节，由 WEP 密钥流生成器利用随机密钥和初始向量产生。

（3）STA 使用静态密钥加密质询消息，并通过认证帧（第 3 个认证帧）将加密后的质询消息发送给 AP。

（4）AP 收到认证帧（第 3 个认证帧）后，将使用静态密钥对其中的质询消息进行解密，并将解密后的质询消息与原始质询消息进行比较。若二者匹配，则 AP 会向 STA 发送认证帧（第 4 个认证帧），确认 STA 成功通过认证；若二者不匹配或 AP 无法解密质询消息，则 AP 拒绝 STA 的认证请求。

STA 通过共享密钥认证成功后，将采用同一个静态密钥加密随后的 IEEE 802.11 数据帧与 AP 通信。

共享密钥认证的安全性看似比开放系统认证的安全性要高，但是实际上存在着巨大的安全漏洞。如果攻击者截获 AP 发送的明文质询消息，以及 STA 返回的加密质询消息，那么攻击者可能从中提取出静态密钥。攻击者一旦掌握静态密钥，就可以解密所有数据帧。采用共享密钥认证因难以为企业 WLAN 提供有效保护，故目前已经不再使用。

2. WPA/WPA2

在起初制定 WPA 时，在 WEP 的基础上提出了 TKIP（Temporal Key Integrity Protocol，时限密钥完整性协议），该协议的核心加密算法是 RC4。而 WPA2 作为 WPA 的第 2 版，提出了 CCMP（Counter Mode with Cipher-Block Chaining Message Authentication Code Protocol，计数器模式密码块链接信息认证码协议），该协议的核心加密算法是 AES（Advanced Encryption Standard，高级加密标准），Wi-Fi 产品需要采用 AES 的芯片组来支持 WPA2。

如今，为了实现更好地兼容，WPA 和 WPA2 都可以使用 TKIP 或 CCMP，二者的区别主要表现在报文的格式上，二者在安全性上几乎没有差别。

WPA 采用的认证手段与 WPA2 采用的认证手段相同，都是 PSK（Pre-Shared Key，预共享密钥）认证和 EAP（Extensible Authentication Protocol，可扩展认证协议）认证。

（1）PSK 认证：用户输入 PSK 即可接入 WLAN。在不同的设备上对该认证手段的称呼不一，有 WPA/WPA2 个人版、WPA/WPA2-Personal、WPA/WPA2-Passphrase 等。

（2）EAP 认证：使用 RADIUS（Remote Authentication Dial In User Service，远程身份认证拨号用户服务）服务器可以对用户进行认证。在不同的设备上对该认证手段的称呼不一，有 WPA/WPA2 企业版、WPA/WPA2 企业 AES、WPA/WPA2 Enterprise 认证、WPA/WPA2 802.1X 认证、WPA/WPA2 RADIUS 认证等。

WPA/WPA2 定义的 PSK 认证是一种弱认证，很容易受到暴力字典攻击（通过大量猜测和穷举来尝试获取用户口令的攻击）。虽然 WPA/WPA2 是为小型 WLAN 设计的，但实际上很多企业也使用 WPA/WPA2。由于所有 STA 上的 PSK 都是相同的，因此如果用户不小心将 PSK 泄露，WLAN 的安全性将受到威胁。为了确保 WLAN 的安全性，所有 STA 都必须重新配置一个新的 PSK。

目前，WPA2 已经成为一种强制性的标准，所有 Wi-Fi 产品基本上都支持 WPA2，多数家庭使用的 Wi-Fi 产品基本上都采用 WPA2 定义的 PSK 认证。

3. WPA3

WPA2 在 2017 年被发现存在安全漏洞，采用 WPA2 进行加密的 Wi-Fi 可能遭受 KRACK（Key Reinstallation Attacks，密钥重装攻击），攻击者利用这个漏洞诱导用户重新安装使用过的密钥，并通过一系列手段破解用户密钥，从而接入 Wi-Fi。

为了应对这一安全漏洞，Wi-Fi 联盟组织发布了 WPA3，它是 WPA2 的后续版本。WPA3 在 WPA2 的基础上进行了改进，增加了许多新功能，提供了更强大的加密保护功能。根据 Wi-Fi 的用途和安全需求的不同，WPA3 分为 WPA3 个人版、WPA3 企业版，以及 OWE（Opportunistic Wireless Encryption，机会性无线加密）认证。

1) WPA3 个人版

WPA3 个人版采用了更加安全的 SAE（Simultaneous Authentication of Equals，对等实体同时验证）取代了 WPA2 个人版采用的预先设置共享密钥的 PSK 认证的认证手段。SAE 在密钥认证的 4 次握手前增加了 SAE 握手，这使每次协商的 PMK（Pair wise Master Key，成对主密钥）都是不同的，也就保证了密钥的随机性，可以有效防范 KRACK。同时，使用 SAE 会直接拒绝服务多次尝试发起连接的设备，进而有效防止暴力字典攻击。

2) WPA3 企业版

WPA3 企业版在 WPA2 企业版的基础上，添加了一种更加安全的可选模式，即 WPA3-Enterprise 192bit，该模式提供了更强的安全保护功能。

3) OWE 认证

在开放 Wi-Fi 中，用户无须输入密码即可接入 Wi-Fi，用户传输的数据是未加密的，这增加了攻击者接入 Wi-Fi 的风险。OWE 提出了一种增强型开放网络认证手段。在该认证手段下，用户仍然无须输入密码即可接入 Wi-Fi，保留了开放式 Wi-Fi 用户接入的便利性。同时，OWE 采用密钥交换算法（Diffie-Hellman）在用户和 Wi-Fi 产品之间交换密钥，对用户和 Wi-Fi 产品之间传输的数据进行加密，以保护用户数据的安全性。

4. WAPI

WAPI 是一种以 IEEE 802.11 为基础的 WLAN 安全标准。WAPI 能提供比 WEP 和 WPA 更好的安全保护功能，WAPI 由以下部分构成。

WAI（WLAN Authentication Infrastructure，WLAN 鉴别基础结构）：用于 WLAN 中身份鉴别和密钥管理的安全方案。

WPI（WLAN Privacy Infrastructure，WLAN 保密基础结构）：用于 WLAN 中数据传输保护的安全方案，包括数据加密、数据鉴别和重放保护等功能。

项目规划设计

本项目计划使用 2 台主机、2 台 AP、1 台交换机和 1 台 AC 构建企业 WLAN，将 AC 与 AP 接入 SW1 进行管理，将销售部和研发部的主机分别接入各自的 WLAN 中。

其具体配置步骤如下。

（1）配置基础网络：实现企业 WLAN 的基础配置。

（2）配置 WLAN：实现销售部和研发部的主机与企业 WLAN 互联。

（3）配置 WLAN 安全：实现 WLAN 加密，防止攻击者接入。

项目实施拓扑结构如图 12-19 所示。

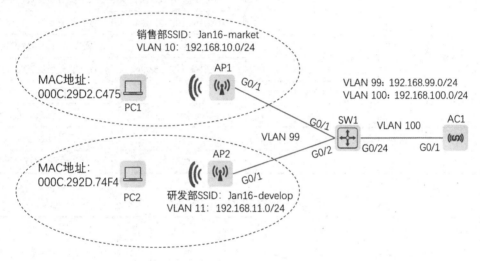

图 12-19　项目实施拓扑结构

根据图 12-19 进行项目 12 的所有规划。项目 12 的 VLAN 规划、端口规划、IP 地址规划、WLAN 规划、AP-Group 规划、黑白名单规划如表 12-1～表 12-6 所示。

表 12-1　项目 12 的 VLAN 规划

VLAN ID	VLAN 名称	网段	用途
VLAN 10	User-market	192.168.10.0/24	销售部用户网段
VLAN 11	User-develop	192.168.11.0/24	研发部用户网段
VLAN 99	GW-AP	192.168.99.0/24	AP 管理网段
VLAN 100	GW-SW	192.168.100.0/24	设备管理网段

表 12-2　项目 12 的端口规划

本端设备	本端端口	端口配置	对端设备	对端端口
SW1	G0/1	Trunk	AP1	G0/1
	G0/2	Trunk	AP2	G0/1
	G0/24	Trunk	AC1	G0/1
AC1	G0/1	Trunk	SW1	G0/24
AP1	G0/1	Trunk	SW1	G0/1
AP2	G0/1	Trunk	SW1	G0/2

表 12-3　项目 12 的 IP 地址规划

设备	接口	IP 地址	用途
SW1	VLAN 10	192.168.10.254/24	销售部用户网段网关
		192.168.10.1-253/24	DHCP 分配给无线用户
	VLAN 11	192.168.11.254/24	研发部用户网段网关
		192.168.11.1-253/24	DHCP 分配给无线用户
	VLAN 99	192.168.99.254/24	AP 管理网关
	VLAN 100	192.168.100.254/24	设备管理网关
AC1	VLAN 100	192.168.100.1/24	设备管理地址
	Loopback 0	1.1.1.1/32	CAPWAP 隧道接口地址

表 12-4　项目 12 的 WLAN 规划

WLAN ID	SSID	加密方式	密钥	是否广播	用途
1	Jan16-market	WPA2	Jan16@123	是	销售部用户连接 SSID 以加入网络
2	Jan16-develop	WPA2	Jan16@456	是	研发部用户连接 SSID 以加入网络

表 12-5　项目 12 的 AP-Group 规划

AP-Group	WLAN ID	VLAN ID	用途
Jan16-market	1	10	销售部用户通过 VLAN 10 获取地址
Jan16-develop	2	11	研发部用户通过 VLAN 11 获取地址

表 12-6　项目 12 的黑白名单规划

黑白名单	启用	最大数量	MAC 地址列表
白名单	是	2	000C.29D2.C475 000C.292D.74F4

项目实践

任务 12-1　配置基础网络

➤ 任务描述

实施本任务的目的是实现企业 WLAN 的基础配置。本任务的配置包括以下内容。

（1）VLAN 配置：创建并配置 VLAN。

（2）IP 地址配置：为 SW1 及 AC1 配置 IP 地址。

（3）端口配置：配置互联端口，并配置端口默认的 VLAN。

（4）路由信息配置：在 SW1 及 AC1 上配置默认路由信息。

➤ 任务操作

1. VLAN 配置

（1）在 SW1 上创建并配置 VLAN。

```
Ruijie>enable                              // 进入特权模式
Ruijie#config  terminal                    // 进入全局模式
Ruijie(config)#hostname  SW1               // 将交换机名称更改为 SW1
SW1 (config)#vlan 10                       // 创建 VLAN  10
SW1(config-vlan)#name  User-market         // 将 VLAN 命名为 User-market
SW1(config-vlan)#exit                      // 退出
SW1(config)#vlan  11                       // 创建 VLAN  11
SW1(config-vlan)#name  User-develop        // 将 VLAN 命名为 User-develop
SW1(config-vlan)#exit                      // 退出
SW1(config)#vlan  99                       // 创建 VLAN  99
SW1(config-vlan)#name  GW-AP               // 将 VLAN 命名为 GW-AP
SW1(config-vlan)#exit                      // 退出
SW1(config)#vlan  100                      // 创建 VLAN  100
SW1(config-vlan)#name  GW-SW               // 将 VLAN 命名为 GW-SW
SW1(config-vlan)#exit                      // 退出
```

（2）在 AC1 上创建并配置 VLAN。

```
Ruijie>enable                              // 进入特权模式
Ruijie#config  terminal                    // 进入全局模式
Ruijie(config)#hostname  AC1               // 将 AC 名称更改为 AC1
```

```
AC1 (config)#vlan 10                                        // 创建 VLAN 10
AC1(config-vlan)#name User-market                           // 将 VLAN 命名为 User-market
AC1(config-vlan)#exit                                       // 退出
AC1(config)#vlan 11                                         // 创建 VLAN 11
AC1(config-vlan)#name User-develop                          // 将 VLAN 命名为 User-develop
AC1(config-vlan)#exit                                       // 退出
AC1(config)#vlan 99                                         // 创建 VLAN 99
AC1(config-vlan)#name GW-AP                                 // 将 VLAN 命名为 GW-AP
AC1(config-vlan)#exit                                       // 退出
AC1(config)#vlan 100                                        // 创建 VLAN 100
AC1(config-vlan)#name GW-SW                                 // 将 VLAN 命名为 GW-SW
AC1(config-vlan)#exit                                       // 退出
```

2. IP 地址配置

（1）在 SW1 上配置 IP 地址。

```
SW1(config)#interface vlan 10                                           // 进入 VLAN 10 接口
SW1(config-if-VLAN 10)#ip address 192.168.10.254 255.255.255.0          // 配置 IP 地址
SW1(config-if-VLAN 10)#exit                                             // 退出
SW1(config)#interface vlan 11                                           // 进入 VLAN 11 接口
SW1(config-if-VLAN 11)#ip address 192.168.11.254 255.255.255.0          // 配置 IP 地址
SW1(config-if-VLAN 11)#exit                                             // 退出
SW1(config)#interface vlan 99                                           // 进入 VLAN 99 接口
SW1(config-if-VLAN 99)# ip address 192.168.99.254 255.255.255.0         // 配置 IP 地址
SW1(config-if-VLAN 99)#exit                                             // 退出
SW1(config)#interface vlan 100                                          // 进入 VLAN 100 接口
SW1(config-if-VLAN 100)#ip address 192.168.100.254 255.255.255.0        // 配置 IP 地址
SW1(config-if-VLAN 100)#exit                                            // 退出
```

（2）在 AC1 上配置 IP 地址。

```
AC1(config)#interface vlan 100                                          // 进入 VLAN 100 接口
AC1(config-if-VLAN 100)# ip address 192.168.100.1 255.255.255.0         // 配置 IP 地址
AC1(config-if-VLAN 100)#exit                                            // 退出
AC1(config)# interface loopback 0                                       // 进入 Loopback 0 接口
AC1(config-if-Loopback 0)#ip address 1.1.1.1 255.255.255.255            // 配置 IP 地址
AC1(config-if-Loopback 0)#exit                                          // 退出
```

3. 端口配置

（1）在 SW1 上配置与 AP、AC 互联的端口。

```
SW1(config)#interface range GigabitEthernet 0/1-2                       // 批量进入端口
SW1(config-if-range)#switchport mode trunk                              // 修改端口模式为 Trunk
SW1(config-if-range)#switchport trunk native vlan 99                    // 配置端口默认的 VLAN 为 99
SW1(config-if-range)#exit                                               // 退出
SW1(config)# interface GigabitEthernet 0/24                             // 进入 G0/24 端口
```

```
SW1(config-if-GigabitEthernet 0/24)# switchport mode trunk      // 修改端口模式为 Trunk
SW1(config-if-GigabitEthernet 0/24)#exit                        // 退出
```

（2）在 AC1 上配置与 SW1 互联的端口。

```
AC1(config)# interface GigabitEthernet 0/1                      // 进入 G0/1 端口
AC1(config-if-GigabitEthernet 0/1)# switchport mode trunk       // 修改端口模式为 Trunk
AC1(config-if-GigabitEthernet 0/1)#exit                         // 退出
```

4．路由信息配置

（1）在 SW1 上配置默认路由信息。

```
SW1(config)# ip route 1.1.1.1 255.255.255.255 192.168.100.1      // 配置默认路由信息
```

（2）在 AC1 上配置默认路由信息。

```
AC1(config)# ip route 0.0.0.0 0.0.0.0 192.168.100.254            // 配置默认路由信息
```

➢ 任务验证

（1）在 SW1 上使用【show ip interface brief】命令查看接口 IP 地址的配置情况。

```
SW1#show ip interface brief
Interface           IP-Address(Pri)         IP-Address(Sec)     Status          Protocol
VLAN 1              no address              no address          up              down
VLAN 10             192.168.10.254/24       no address          up              up
VLAN 11             192.168.11.254/24       no address          up              up
VLAN 99             192.168.99.254/24       no address          up              up
VLAN 100            192.168.100.254/24      no address          up              up
```

可以看到，接口 IP 地址。

（2）在 AC1 上使用【show ip interface brief】命令查看接口 IP 地址的配置情况。

```
AC1#show ip interface brief
Interface           IP-Address(Pri)         IP-Address(Sec)     Status          Protocol
Loopback 0          1.1.1.1/32              no address          up              up
VLAN 1              no address              no address          up              down
VLAN 100            192.168.100.1/24        no address          up              up
```

可以看到，接口 IP 地址。

任务 12-2　配置 WLAN

➢ 任务描述

实施本任务的目的是让销售部和研发部的主机与企业 WLAN 互联。本任务的配置包括以下内容。

（1）DHCP 配置：在 SW1 上配置 DHCP。

（2）WLAN 配置：在 AC1 上配置 WLAN。

➤ 任务操作

1. DHCP 配置

在 SW1 上配置 DHCP。

```
SW1(config)#service dhcp                                // 启用 DHCP 服务
SW1(config)#ip dhcp pool GW-AP                           // 设置 DHCP 地址池的名称为 GW-AP
SW1(dhcp-config)# option 138 ip 1.1.1.1                  // 配置分配的 138 选项字段指向 AC1 的
Loopback0 接口
// 配置 DHCP 地址池分配的网段为 192.168.99.0/24
SW1(dhcp-config)# network 192.168.99.0 255.255.255.0
SW1(dhcp-config)# dns-server 8.8.8.8                     // 配置 DNS 服务器地址为 8.8.8.8
// 配置 DHCP 地址池分配的网关 IP 地址为 192.168.99.254
SW1(dhcp-config)# default-router 192.168.99.254
SW1(dhcp-config)#exit                                    // 退出
SW1(config)#ip dhcp pool User-market                     // 设置 DHCP 地址池的名称为 User-market
// 配置 DHCP 地址池分配的网段为 192.168.10.0/24
SW1(dhcp-config)#network 192.168.10.0 255.255.255.0
SW1(dhcp-config)#dns-server 8.8.8.8                      // 配置 DNS 服务器地址为 8.8.8.8
// 配置 DHCP 地址池分配的网关 IP 地址为 192.168.10.254
SW1(dhcp-config)#default-router 192.168.10.254
SW1(dhcp-config)#exit                                    // 退出
SW1(config)#ip dhcp pool User-develop                    // 设置 DHCP 地址池的名称为 User-develop
// 配置 DHCP 地址池分配的网段为 192.168.11.0/24
SW1(dhcp-config)#network 192.168.11.0 255.255.255.0
SW1(dhcp-config)#dns-server 8.8.8.8                      // 配置 DNS 服务器地址为 8.8.8.8
// 配置 DHCP 地址池分配的网关 IP 地址为 192.168.11.254
SW1(dhcp-config)#default-router 192.168.11.254
SW1(dhcp-config)#exit                                    // 退出
```

2. WLAN 配置

（1）创建 SSID。

```
AC1(config)# wlan-config 1 Jan16-market                 // 创建 WLAN1 的 SSID 为 Jan16-market
AC1(config-wlan)#exit                                    // 退出
AC1(config)# wlan-config 2 Jan16-develop                // 创建 WLAN2 的 SSID 为 Jan16-develop
AC1(config-wlan)#exit                                    // 退出
```

（2）创建 AP-Group，并关联 WLAN 和 VLAN。

```
AC1(config)#ap-group Jan16-market                       // 创建名为 Jan16-market 的 AP-Group
AC1(config-group)#interface-mapping 1 10                 // 配置 WLAN 1 关联 VLAN 10
```

```
AC1(config-group)#exit                          // 退出
AC1(config)#ap-group Jan16-develop              // 创建名为 Jan16-develop 的 AP-Group
AC1(config-group)#interface-mapping 2 11        // 配置 WLAN 2 关联 VLAN 11
AC1(config-group)#exit                          // 退出
```

（3）在 AC1 上对 AP 进行配置。

```
AC1(config)#ap-config 5869.6c2f.dc7e            // 进入 AP1 的配置模式
AC1(config-ap)#ap-group Jan16-market            // 将 AP1 加入名为 Jan16-market 的 Ap-Group
AC1(config-ap)#ap-name AP1                      // 修改 AP 的名称
AC1(config-ap)#exit                             // 退出
AC1(config)#ap-config 5869.6c2f.dc96            // 进入 AP2 的配置模式
AC1(config-ap)#ap-group Jan16-develop           // 将 AP2 加入名为 Jan16-develop 的 AP-Group
AC1(config-ap)#ap-name AP2                      // 修改 AP 的名称
AC1(config-ap)#exit                             // 退出
```

➤ 任务验证

（1）在 AC1 上使用【show ap-config summary】命令查看 AP 的状态信息。

```
AC1#show ap-config summary
========= show ap status =========
Radio: Radio ID or Band: 2.4G = 0#, 5G = 2#
       E = enabled, D = disabled, N = Not exist
       Current Sta number
       Channel: * = Global
       Power Level = Percent


Online AP number: 2
Offline AP number: 0


AP Name   IP Address    Mac Address     Radio               Radio              Up/Off time     State
------------------------  --------------  -------------  -----------------  -------------------  -------------  -----
AP1       192.168.99.1  5869.6c2f.dc7e  1 E 0 1 100 2   E 0 149* 100       0:01:32:51      Run
AP2       192.168.99.2  5869.6c2f.dc96  1 E 1 6* 100 2  E 0 153* 100       0:01:30:58      Run
```

可以看到，两台 AP 均处于 Run 状态，表示 AP 已经连接到 AC，并正常工作。

（2）在 AC1 上使用【show wlan-config summary】命令查看 WLAN 的配置信息。

```
AC1#show wlan-config summary
Total Wlan Num : 2
Wlan id  Profile Name          SSID              STA NUM
-------  --------------------  --------------------  --------
1                              Jan16-market      0
2                              Jan16-develop     0
```

可以看到，创建了 Jan16-market 和 Jan16-develop 两个 SSID。

任务 12-3　配置 WLAN 安全

➤ 任务描述

实施本任务的目的是实现企业 WLAN 加密，防止攻击者接入。本任务的配置包括以下内容。

（1）加密配置：采用 WPA2 共享密钥认证对 WLAN 进行配置。

（2）黑白名单配置：在 AC1 上配置黑白名单。

➤ 任务操作

1. 加密配置

在 AC1 上对销售部和研发部的 WLAN 进行加密。

```
AC1(config)#wlansec 1                                      // 进入 WLAN 1 的安全配置模式
AC1(config-wlansec)#security rsn  enable                   // 启用 RSN（WPA2）功能
AC1(config-wlansec)#security rsn  ciphers aes enable       // 启用 AES 加密
AC1(config-wlansec)#security rsn  akm psk enable           // 启用共享密钥认证
AC1(config-wlansec)#security rsn  akm psk set-key ascii Jan16@123         // 配置无线密码
AC1(config-wlansec)#exit                                   // 退出
AC1(config)#wlansec 2                                      // 进入 WLAN 2 的安全配置模式
AC1(config-wlansec)#security rsn  enable                   // 启用 RSN 功能
AC1(config-wlansec)#security rsn  ciphers aes enable       // 启用 AES 加密
AC1(config-wlansec)#security rsn  akm psk enable           // 启用共享密钥认证
AC1(config-wlansec)#security rsn  akm psk set-key ascii Jan16@456         // 配置无线密码
AC1(config-wlansec)#exit                                   // 退出
```

2. 黑白名单配置

在 AC1 上配置黑白名单。

```
AC1(config)#wids     // 进入 WIDS（Wireless Intrusion Detection System，无线入侵检测系统）模式
AC1(config-wids)#whitelist max 40                          // 调整白名单的容量
AC1(config-wids)#whitelist mac-address 000C.29D2.C475      // 允许接入 WLAN 的 MAC 地址
AC1(config-wids)#whitelist mac-address 000C.292D.74F4      // 允许接入 WLAN 的 MAC 地址
AC1(config-wids)#exit                                      // 退出
```

➤ 任务验证

（1）在 SW1 上使用【show ip dhcp binding】命令查看 DHCP 服务器地址池的分配情况。

```
SW1#show ip dhcp binding
```

```
Total number of clients  : 2
Expired clients          : 0
Running clients          : 2


IP address          Hardware address        Lease expiration            Type
192.168.10.2        000c.29d2.c475          000 days 19 hours 06 mins   Automatic
192.168.11.2        000c.292d.74f4          000 days 22 hours 12 mins   Automatic
```

可以看到，192.168.10.0/24 网段和 192.168.11.0/24 网段均已分配了 IP 地址给主机。

（2）在 AC1 上使用【show wids whitelist】命令查看白名单情况。

```
AC1#show wids whitelist

------------ White list Information --------------
NUM          MAC-ADDRESS
1            000c.292d.74f4
2            000c.29d2.c475
```

可以看到，白名单内已经添加 PC1、PC2 的 MAC 地址。

项目验证

（1）在 PC1 上使用【ipconfig /all】命令查看 IP 地址的配置情况。

```
Windows IP 配置

    主机名 . . . . . . . . . . . . . : PC1
    主 DNS 后缀 . . . . . . . . . . . :
    节点类型 . . . . . . . . . . . . : 混合
    IP 路由已启用 . . . . . . . . . . : 否
    WINS 代理已启用 . . . . . . . . . : 否


以太网适配器 Ethernet0:

    连接特定的 DNS 后缀 . . . . . . . :
    描述 . . . . . . . . . . . . . . : Intel(R) 82574L Gigabit Network Connection
    物理地址 . . . . . . . . . . . . : 00-0C-29-D2-C4-75
    DHCP 已启用 . . . . . . . . . . . : 是
    自动配置已启用 . . . . . . . . . : 是
    IPv4 地址 . . . . . . . . . . . . : 192.168.10.2( 首选 )
    子网掩码 . . . . . . . . . . . . : 255.255.255.0
    获得租约的时间 . . . . . . . . . : 2024 年 2 月 29 日 10:26:20
```

租约过期的时间 . . . . ：2024 年 3 月 1 日 10:26:20

默认网关 . . . . ：192.168.10.254

DHCP 服务器 . . . . ：192.168.10.254

DNS 服务器 . . . . ：8.8.8.8

TCPIP 上的 NetBIOS . . . . . . ：已启用

可以看到，PC1 通过 Jan16-market 获取了 IP 地址。

（2）在 PC2 上使用【ipconfig /all】命令查看 IP 地址的配置情况。

Windows IP 配置

主机名 . . . . ：PC2

主 DNS 后缀 . . . . ：

节点类型 . . . . ：混合

IP 路由已启用 . . . . ：否

WINS 代理已启用 . . . . ：否

以太网适配器 Ethernet0:

连接特定的 DNS 后缀 . . . . ：

描述 . . . . ：Intel(R) 82574L Gigabit Network Connection

物理地址 . . . . ：00-0C-29-2D-74-F4

DHCP 已启用 . . . . ：是

自动配置已启用 . . . . ：是

IPv4 地址 . . . . ：192.168.11.2(首选)

子网掩码 . . . . ：255.255.255.0

获得租约的时间 . . . . ：2024 年 2 月 29 日 10:07:59

租约过期的时间 . . . . ：2024 年 3 月 1 日 10:07:58

默认网关 . . . . ：192.168.11.254

DHCP 服务器 . . . . ：192.168.11.254

DNS 服务器 . . . . ：8.8.8.8

TCPIP 上的 NetBIOS . . . . . . ：已启用

可以看到，PC2 通过 Jan16-develop 获取到了 IP 地址。

项目拓展

一、理论题

（1）IEEE 802.11 支持两种基本的认证手段，这两种认证手段是（　　　）。（多选）

A. 开放系统认证　　　　　　　　　　B. 共享密钥认证

C．Web 认证　　　　　　　　　D．MAC 认证

（2）确保企业 WLAN 安全的措施不包括（　　）。

　　A．身份认证

　　B．数据加密和完整性

　　C．接入控制

　　D．免费开放

（3）以下不属于 WPA3 相对于 WPA2 在安全性上的主要改进的是（　　）。

　　A．引入了 SAE 以增强密钥的随机性和防范 KRACK 攻击

　　B．添加了 WPA3-Enterprise 192bit 模式，提供了更强的安全保护功能

　　C．允许用户在没有任何加密措施的情况下直接接入开放性 Wi-Fi 网络

　　D．提出了 OWE 认证，用于在开放网络中保护用户数据安全

二、项目实训

1．实训背景

某大学为教学楼的 5 楼、6 楼设立了多间创业工作室，现入驻两个学生团队，使用两个工作室，该大学在这两个工作室中各部署了一台无线 AP，为两个团队提供 WLAN 接入。两个团队中的成员使用 WLAN 一段时间后发现，网络经常卡顿，十分影响日常办公。经调查发现，是因在 4 楼机房的学生经常接入 5 楼的 WLAN，影响了整体 WLAN 带宽。为了防止学生继续蹭网，现需要配置 WLAN 接入密码并设置黑白名单。

实训拓扑结构如图 12-20 所示。

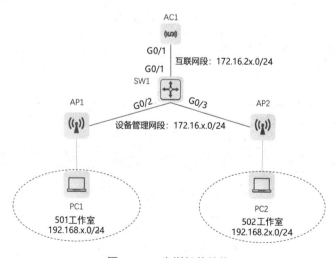

图 12-20　实训拓扑结构

2．实训规划表

根据实训背景，并参考本项目的项目规划设计，完成实训规划表，如表 12-7～表 12-12

所示。

表 12-7　VLAN 规划

VLAN ID	VLAN 名称	网段	用途

表 12-8　端口规划

本端设备	本端端口	端口配置	对端设备	对端端口

表 12-9　IP 地址规划

设备	接口	IP 地址	用途

表 12-10　WLAN 规划

WLAN ID	SSID	加密方式	密钥	是否广播	用途

表 12-11　AP-Group 规划

AP-Group	WLAN ID	VLAN ID	用途

表 12-12　黑白名单规划

黑白名单	启用	最大数量	MAC 地址列表

3. 实训要求

（1）在交换机及 AP 上创建 VLAN 信息，并将端口划分到相应的 VLAN 中。

（2）根据 IP 地址规划表配置 IP 地址。

（3）在交换机上配置 DHCP。

（4）对 WLAN 进行加密及隐藏。

（5）在 AP 上配置黑白名单。

（6）按照以下要求操作并截图保存。

① 在 SW1 上使用【show ip dhcp binding】命令查看 DHCP 服务器地址池的分配情况。

② 在 AP1 上使用【show wids whitelist】命令查看白名单情况。

③ 在 AP1 上使用【show wids blacklist】命令查看黑名单情况。

④ 在 PC1、PC2 上使用【ipconfig /all】命令查看 IP 地址的配置情况。

⑤ 使用【ping】命令验证 PC1 与 PC2 能否正常通信。

项目 13　基于 IPv6 的企业网部署

项目描述

鉴于业务升级的需求，某企业现已顺利搬迁至新园区，并在其中设立了 A 栋楼、B 栋楼、C 栋楼。为了顺应当前网络技术发展趋势，并保障网络的稳定性和前瞻性，该企业决定在 A 栋楼、B 栋楼、C 栋楼中全面构建 IPv6 网络架构。同时，为了提升网络配置的效率和管理的便捷性，该企业计划运用 DHCPv6，为 A 栋楼、B 栋楼、C 栋楼的主机提供自动化的 IPv6 地址分配服务。

此外，为了确保各楼栋之间通信的连续性与稳定性，该企业计划使用 OSPFv3 维护网络路由系统。此举旨在保障各楼栋之间通信的顺畅，为该企业的业务拓展奠定坚实的网络基础。项目拓扑结构如图 13-1 所示。

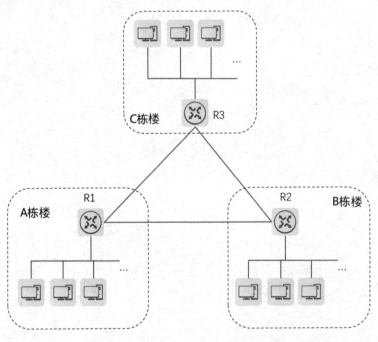

图 13-1　项目拓扑结构

项目相关知识

13.1　IPv6 地址概述

IETF 在 20 世纪 90 年代提出了下一代互联网协议——IPv6，IPv6 支持几乎无限的地址空间。IPv6 采用全新的地址配置方式，使配置变得更加简单。IPv6 还采用全新的报文格式，提高了报文处理的效率和安全性，同时能更好地支持 QoS。

IPv6 采用 128 位的地址长度，其地址总数可达 2^{128} 个，好像使地球上的每粒"沙子"都可以拥有一个 IP 地址。这不仅解决了网络地址资源数量限制的问题，还解决了限制万物互联的地址数量问题。与 IPv4 相比，IPv6 具有诸多优点。

1. 地址空间巨大

与 IPv4 相比，IPv6 可以提供 2^{128} 个地址，地址数量几乎不会被耗尽，可以满足未来网络的大量应用，如物联网等。

2. 层次化设计

规划设计时，IPv6 地址吸取了 IPv4 地址分配不连续带来的问题的教训，采用层次化设计，将前 3 位固定，将第 4～16 位顶级聚合，理论上来说，互联网骨干设备上的 IPv6 路由表中只有 2^{13}=8192 条路由信息。

3. 效率高，扩展灵活

相对于 IPv4 报头大小的可变（可以为 20～60 字节），IPv6 报头采用了定长设计。相对于 IPv4 报头中数量多达 12 个的选项，IPv6 报头被分为基本报头和扩展报头，基本报头中只有选路所需要的 8 个字段，其他功能字段都在扩展报头中，这样有利于提高路由器的转发效率，也可以根据新的需求设计出新的扩展报头，以使其具有良好的扩展性。

4. 支持即插即用

IPv6 支持即插即用，设备在连接到网络时，可以通过自动配置的方式获取网络前缀和参数，并可以结合设备自身的链路地址自动生成地址，这简化了网络管理的步骤。

5. 更好的安全性保障

IPv6 因通过扩展报头的形式支持 IPSec，无须借助其他安全加密设备，故可以直接为上层数据提供加密和身份认证，以确保数据传输的安全性。

6. 引入流标签的概念

使用 IPv6 新增的 Flow Label 字段，加上相同的源 IP 地址和目的 IP 地址，可以标记数据包属于某个相同的数据流，业务可以根据不同的数据流进行更细致的分类，实现优先级的控制。例如，基于数据流的 QoS 等应用，适用于对连接的服务质量有特殊要求的通信，如音频或视频等可以实现实时数据传输。

13.2 IPv6 数据包的封装

因为 IPv4 报头中的功能字段过多，路由器在进行选路时需要读取全部字段，但很多字段是空白的，这样会导致转发效率低，所以 IPv6 报头被分为基本报头和扩展报头。其中，基本报头中只包含基本字段，如源 IP 地址、目的 IP 地址等，扩展字段使用扩展报头，被添加在基本报头的后面。

1. 基本报头

基本报头大小被固定为 40 字节，其中包括 8 个字段，格式如图 13-2 所示。

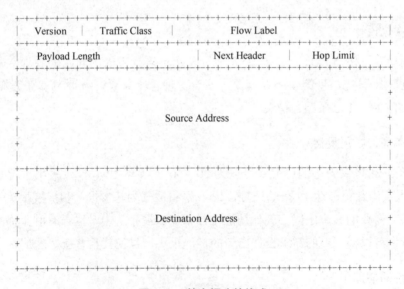

图 13-2　基本报头的格式

（1）Version：4 位，在指定 IPv6 时，Version 字段的值为 6。

（2）Traffic Class：8 位，功能与 IPv4 报头中 TOS 字段的功能类似，用于区分不同类型或优先级的 IPv6 数据包。根据 RFC 2647 定义的差分服务技术可知，Traffic Class 字段使用了 6 位作为 DSCP（Differentiated Services Code Point，区分服务码点），DSCP 的值可以表示为 0~63。

（3）Flow Label：20 位，用于标识同一个数据流。Flow Label 字段为 IPv6 的新增字段。由于使用 Flow Label 字段可以标识一个数据流中的所有数据包，因此路由器可以使用该字段辨别一个数据流，而不用处理数据流中的各数据包报头，提高了处理效率。

（4）Payload Length：16 位，数据包的有效载荷，指报头后数据部分的长度，单位是字节，最大值为 65 535。Payload Length 字段和 IPv4 报头中 Total Length（总长度）字段的不同在于，IPv4 报头中的 Total Length 字段表示的是报头和数据两部分的长度，而 IPv6 报头中的 Payload Length 字段表示的是数据部分（不包括基本报头）的长度。

（5）Next Header：8 位，指明基本报头后的扩展报头或上层协议中的协议类型。如果只有基本报头而无扩展报头，那么 Next Header 字段的值表示的是数据部分承载的协议类型，类似于 IPv4 报头中的 Protocol（协议）字段，且与 IPv4 报头中 Protocol 字段的值相同。表 13-1 所示为常用的 Next Header 字段的值及对应的扩展报头或上层协议类型。

表 13-1　常用的 Next Header 字段的值及对应的扩展报头或上层协议类型

Next Header 字段的值	对应的扩展报头或上层协议类型
0	逐跳选项扩展报头
6	TCP
17	UDP
43	路由选择扩展报头
44	分段扩展报头
50	ESP 扩展报头
51	AH 扩展报头
58	ICMPv6
60	目的选项扩展报头
89	OSPFv3

（6）Hop Limit：8 位，功能类似于 IPv4 报头中 TTL 字段的功能，最大值为 255。每经过一跳，Hop Limit 字段的值会减 1，Hop Limit 字段的值减为 0 后，数据包会被丢弃。对于 IPv6 报头来说，此时会发送一条 ICMPv6（Internet Control Message Protocol version 6，第 6 版互联网控制报文协议）超时消息，以通知数据包已经被丢弃。

（7）Source Address：128 位，数据包的源 IPv6 地址，必须是单播地址。

（8）Destination Address：128 位，数据包的目的 IPv6 地址，可以是单播地址，也可以是组播地址。

2. 扩展报头

扩展报头是可选报头，位于 IPv6 基本报头的后面，其作用是取代 IPv4 报头中的 Options（选项）字段。IPv6 报头采用定长设计，并把 IPv4 报头的部分字段独立出来，将其设计为分段扩展报头。这样做的好处是大大提高了中间节点对 IPv6 数据包的转发效率。每个 IPv6 数据包都可以没有扩展报头，也可以有扩展报头，每个扩展报头的长度都是 8 字节的整数倍。IPv6 基本报头和 IPv6 扩展报头中的 Next Header 字段表示紧跟在此报头后面的是什么，可能是另一个扩展报头，也可能是上层协议。

IPv6 扩展报头被当作 IPv6 静载荷的一部分，在 IPv6 基本报头的 Payload Length 字段内计算。

IPv6 报文结构示例如图 13-3 所示。

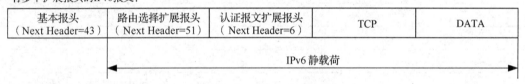

图 13-3　IPv6 报文结构示例

目前，RFC 2460 定义了 6 个 IPv6 报文的扩展报头：逐跳选项扩展报头、目的选项扩展报头、路由选择扩展报头、分段扩展报头、AH 扩展报头、ESP 扩展报头。

逐跳选项扩展报头和目的选项扩展报头的数据部分都采用了"类型 - 长度 - 值"（Type-Length-Value，TLV）的选项设计，如图 13-4 所示。

Option Data Type （选项数据类型）	Option Data Length （选项数据长度）	Option Data Value （选项数据值）

图 13-4　扩展报头数据部分的选项设计

（1）Option Data Type：8 位，用于标识类型，最高 2 位表示设备识别此扩展报头时的处理方法（值为 00 表示跳过这个选项；值为 01 表示丢弃数据包，不通知发送方；值为 10 表示丢弃数据包，无论目的 IPv6 地址是否为组播地址，都向发送方发送 ICMPv6 差错报文；值为 11 表示丢弃数据包，当目的 IPv6 地址不是组播地址时，向发送方发送 ICMPv6 差错报文）；第 3 位表示在选路过程中，数据部分能否被改变（值为 0 表示不能被改变；值为 1 表示能被改变）。

值得注意的是，如果存在 AH 扩展报头，那么在计算数据包的校验值时，可以变化的数据部分需要被当作 8 位的全 0 的值进行处理。

（2）Option Data Length：8 位，用于指示选项数据（Option Data）的长度，最大值为 255。

（3）Option Data Value：长度可变，最大长度为 255 字节，包含选项的具体数据。

13.3　IPv6 地址的表达方式

对于 IPv4 地址来说，人们习惯上将其分成 4 个地址块，每个地址块都有 8 位，中间用点分隔。为了方便书写和记忆，一般将其换算成十进制形式表示。例如，11000000.10101000.00000001.00000001 可以表示为 192.168.1.1。这种表达方式被称为点分十进制。

对于 IPv6 地址（由 128 位组成）来说，可以将 16 位分成 1 个地址块，一共分为 8 个地址块，中间用冒号分隔。下面是一个 IPv6 地址的完整表达方式。

2001:0fe4:0001:2c00:0000:0000:0001:0ba1

显然，这样的地址是非常不便于书写和记忆的，可以在此基础上对 IPv6 地址的表达方式进行一些简化。

（1）简化规则 1：可以省略每个地址块起始部分的 0。

例如，上述 IPv6 地址可以被简化为 2001:fe4:1:2c00:0:0:1:ba1。

需要注意的是，各地址块只有起始部分的 0 可以被省略，中间和后面的 0 不可以被省略。注意，在上述示例中，第 5 个地址块和第 6 个地址块都是由 4 个 0 组成的，可以将 4 个 0 简化为 1 个 0。

（2）简化规则 2：可以用 :: 取代由 1 个或连续多个 0 组成的地址块。

例如，上述 IPv6 地址可以被简化为 2001:fe4:1:2c00::1:ba1。

需要注意的是，在整个 IPv6 地址中，只能出现一次 ::。例如，以下是一个 IPv6 地址的完整表达方式。

2001:0000:0000:0001:0000:0000:0000:0001

若错误地将其简化为 2001::1::1，则会无法判断具体哪些地址块被省略，以致引起歧义。

以上 IPv6 地址可以有以下两种表达方式。

表达方式 1：2001::1:0:0:0:1。

表达方式 2：2001:0:0:1::1。

IPv6 地址也可以分为两部分，即网络号和主机号，为了区分这两部分，在 IPv6 地址后面应加上【/ 数字（十进制）】的组合，其中，数字用于确定从头开始的几位是网络号。

例如，某 IPv6 地址可以表示为 2001::1/64。

13.4　IPv6 地址的结构

IPv6 地址的结构为"子网前缀（Subnet Prefix）+ 接口标识（Interface ID）"，其中，子网前缀相当于 IPv4 地址中的网络位，接口标识相当于 IPv4 地址中的主机位，IPv6 地址共 128 位。

IPv6 地址的结构如图 13-5 所示。

Subnet Prefix	Interface ID

图 13-5　IPv6 地址的结构

IPv6 中较常用的网络是长度有 64 位前缀的网络。

IPv6 地址可以分为单播地址、组播地址和任播地址 3 种。

1.　单播地址

IPv6 的单播地址用于唯一标识一个接口，类似于 IPv4 的单播地址。发送到 IPv6 的单播地址的数据包将被传输到该地址标识的唯一接口上，一个单播地址只能标识一个接口，但一个接口可以有多个单播地址。

常见的单播地址可以细分为以下几种。

1）链路本地地址

使用链路本地（Link-local）地址可以在节点未配置全球单播地址的前提下，仍然互相通信。

链路本地地址只在同一条链路上的节点之间有效，启动 IPv6 后自动生成，使用特定的前缀 FE80::/10，接口标识可以使用 EUI-64 自动生成，也可以手动配置。链路本地地址用于实现无状态自动配置、邻居发现等。同时，OSPFv3、RIPng 等协议都工作在该地址上。EBGP 对等体也可以使用该地址建立对等体关系。路由表中路由信息的下一跳地址或主机的默认网关 IP 地址都是链路本地地址。

2）唯一本地地址

唯一本地地址是 IPv6 网络中可以自行随意使用的私有网络地址，使用特定的前缀 FD00/8。唯一本地地址的结构如图 13-6 所示。

Prefix	Global ID	Subnet ID	Interface ID

图 13-6　唯一本地地址的结构

- 固定前缀：8 位，FD00/8。
- Global ID（全球标识）：40 位，通过伪随机方式产生。
- Subnet ID（子网 ID）：16 位，根据网络规划自定义。
- Interface ID：64 位，相当于 IPv4 地址中的主机位。

3）全球单播地址

全球单播地址相当于 IPv4 中的公共网络地址，目前已分配的固定前缀是 001，已分配的地址范围是 2000::/3。全球单播地址的结构如图 13-7 所示。

001	TLA	RES	NLA	SLA	Interface ID

图 13-7　全球单播地址的结构

- 001：3 位，目前已分配的固定前缀为 001。
- TLA（Top Level Aggregation，顶级聚合）：13 位，IPv6 的管理机构根据 TLA 分配不同的地址给某些骨干网的 ISP（互联网服务提供商），最多可以得到 8192 条顶级路由信息。
- RES：8 位，保留使用，为未来扩充 TLA 或 NLA 预留。
- NLA（Next Level Aggregation，次级聚合）：24 位，骨干网根据 NLA 为各中小 ISP 分配不同的网段，各中小 ISP 也可以针对 NLA 进一步分割不同的网段，将其分配给不同的用户。
- SLA（Site Level Aggregation，站点级聚合）：16 位，企业内部根据 SLA 把同一个地址分成不同的网段，分配给各站点使用，一般用于企业内网规划，最多可以有 65 536 个子网。

2. 组播地址

在 IPv6 中不存在广播报文，要通过组播来实现，广播本身就是组播的一种应用。

组播地址用于标识一组接口，如果某数据包的目的 IP 地址是组播地址，那么该数据包会被组播组的所有接口接收。组播地址的结构如图 13-8 所示。

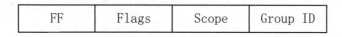

FF	Flags	Scope	Group ID

图 13-8　组播地址的结构

- FF：8 位，组播地址前 8 位都以 FF::/8 开头。
- Flags：4 位，前 3 位为 0，最后 1 位取 0 表示永久分配组播地址，取 1 表示临时分配组播地址。
- Scope：4 位，用于标识传播范围。
  - 0010　Link（链路）：这种 Scope 类型的组播地址仅在本地链路上有效，即它们只能在连接到同一条物理链路的设备之间传播。链路本地 Scope 的组播地址通常用于网络发现、地址解析等与本地链路相关的操作。
  - 0101　Site（站点）：虽然站点的本地 Scope 在早期的 IPv6 设计中存在，但是它已经被废弃，不再使用。
  - 1000　Organization（组织）：虽然标准的 IPv6 地址结构中并没有直接定义"组织"Scope，但是在某些特定的应用场景中可能需要类似的概念来定义在特定组织或机构内部有效的组播地址。这些地址可能通过特定的前缀或配置来实现类似的隔离、限制效果。

1110 Global（全球）：这种 Scope 类型的组播地址可以在整个 IPv6 互联网范围内传播，通常用于需要跨多个网络区域进行通信的场景，如全球性的视频会议、分布式计算任务等。

- Group ID：112 位，表示组播组标识。

1）IPv6 固定的组播地址

IPv6 固定的组播地址如表 13-2 所示。

表 13-2　IPv6 固定的组播地址

节点	组播地址	相当于 IPv4 的哪些地址
所有节点	FF02::1	广播地址
所有路由器	FF02::2	224.0.0.2
所有 OSPFv3 路由器	FF02::5	224.0.0.5
所有 OSPFv3 DR 和 BDR	FF02::6	224.0.0.6
所有 RP 路由器	FF02::9	224.0.0.9
所有 PIM 路由器	FF02::D	224.0.0.13

被请求节点的组播地址由固定前缀 FF02::1:FF00:0/104 和单播地址的最后 24 位组成。

2）特殊地址

0:0:0:0:0:0:0:0（简化为 ::）未指定地址：不能被分配给任何节点，表示当前状态下没有地址，若设备刚接入网络后，本身没有地址，则发送数据包的源 IP 地址使用该地址。该地址不能用作目的 IP 地址。

0:0:0:0:0:0:0:1（简化为 ::1）环回接口地址：作为发送后返回给自己的 IPv6 报文，不能被分配给任何物理接口。

3. 任播地址

任播的概念最初是在 RFC 1546（Host Anycasting Service）中提出并定义的，主要为 DNS 服务器和 HTTP 提供服务。IPv6 中没有为任播地址规定单独的地址空间，任播地址和单播地址使用相同的地址空间。任播地址可以同时被分配给多台设备，也就是说，多台设备可以有相同的任播地址，当数据包的目的 IP 地址是任播地址时，数据包会根据路由器的路由表指导，被转发到距源设备最近且拥有该目的 IP 地址的设备上。

图 13-9 所示为任播地址应用示例。服务器 A、服务器 B 和服务器 C 配置的是同一个任播地址，根据路径的开销可知，用户主机访问该任播地址时，会选择开销为 2 的路径（即转发给服务器 C）。

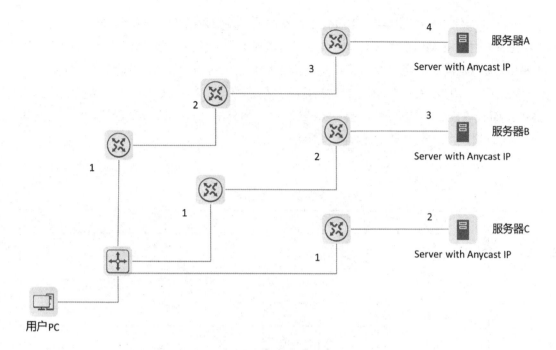

图 13-9   任播地址应用示例

任播的优势在于源节点不需要了解为其提供服务的具体节点，即可接收特定服务。当一个节点无法工作时，带有任播地址的数据包会被发送到其他两个主机节点上。从任播成员中选择哪个节点作为目标节点，取决于路由协议重新收敛后的路由表情况。

任播可以分为基于网络层的任播和基于应用层的任播。二者的主要区别是：基于网络层的任播仅依靠网络本身选择目标节点，而基于应用层的任播通过一定的探测手段和算法来选择性能最好的目标节点。RFC 2491 和 RFC 2526 定义了一些保留的任播地址，如子网路由器任播地址，用于满足不同的任播应用访问需求。

13.5   ICMPv6

在 IPv6 网络中，可以使用 ICMPv6 进行网络连通性测试。基于 IPv6 的特性，ICMPv6 的功能更加强大，设计技术面更广。

ICMPv6 是 IPv6 的一个重要组成部分，IPv6 网络中要求所有节点都支持 ICMPv6。当 IPv6 网络中的任意一个节点不能正确处理收到的 IPv6 报文时，便会通过 ICMPv6 向源节点发送差错报文，用于通知源节点当前报文的传输情况。该功能与 ICMPv4 的功能基本一致，都可以用于传递各种差错信息。需要注意的是，ICMPv6 只能用于网络诊断、管理等，不能用于解决网络中存在的问题。例如，如果某中间节点收到的报文过大，导致不能转发给下一跳地址，那么此时该节点会使用 ICMPv6 报文向源节点通告报文过大的问题，由源节点调整报文长度，重新发送。

在 IPv4 网络中，ICMPv4 用于收集各种网络信息，协助诊断和排除各种网络故障。而在 IPv6 网络中，ICMPv6 具备 5 种网络功能：错误报告、网络诊断、邻居发现、组播实现和路由信息重定向。使用 ICMPv6 可以完成很多使用 ICMPv4 无法完成的工作。例如，在 IPv4 网络中，ARP、IGMP、RARP 等都是独立存在的；而在 IPv6 网络中，这些协议均由 ICMPv6 替代实现，不需要新增额外的协议支持。另外，ICMPv6 还可以用于 IPv6 网络的无状态地址自动配置、重复地址检查、前缀重新编址等。

表 13-3 所示为常用的 ICMPv6 差错报文。

表 13-3 常用的 ICMPv6 差错报文

类型	类型含义	代码	代码含义
1	目的 IP 地址不可达	0	没有路由信息到达目的 IP 地址
		1	与目的 IP 地址的通信被禁止
		2	超过了源 IP 地址的范围
		3	地址不可达
		4	端口不可达
		5	源 IP 地址的入口 / 出口策略失败
		6	拒绝路由信息到达目的 IP 地址
2	分组过大	0	包太大
3	超时	0	传输过程中 Hop Limit 超时
		1	分片重组超时
4	参数问题	0	参数错误
		1	首部字段错误
		2	Next Header 类型不可识别
		3	IPv6 选项不可识别

表 13-4 所示为常用的 ICMPv6 查询报文。

表 13-4 常用的 ICMPv6 查询报文

类型	代码	报文名称	使用场景
128	0	回显请求	Ping 请求
129	0	回显应答	Ping 响应
133	x	路由请求	网关发现和 IPv6 地址自动配置
134	x	路由通告	网关发现和 IPv6 地址自动配置
135	x	邻居请求	邻居发现及重复地址检测
136	x	邻居通告	邻居发现及重复地址检测
137	x	重定向	路由信息重定向

13.6　NDP

NDP（Neighbor Discover Protocol，邻居发现协议）是 IPv6 中十分重要的协议。它通过 ICMPv6 查询报文，进行通信。IPv6 的很多功能都依赖 NDP 完成。

NDP 定义了 5 种报文，用于实现邻居表管理、默认网关自动发现、无状态地址自动配置、路由信息重定向等功能。这 5 种报文分别是：RS（Router Solicitor，路由器请求）报文、RA（Router Advertisement，路由器通告）报文、NS（Neighbor Solicitor，邻居请求）报文、NA（Neighbor Advertisement，邻居通告）报文和重定向报文。这 5 种报文均以组播形式发送，若报文是由主机发送给路由器的，则报文的目的 IP 地址使用 IPv6 固定的组播地址 FF02::2。若报文是由路由器发送给主机的，则报文的目的 IP 地址使用 IPv6 固定的组播地址 FF02::1。

1. RS 报文

RS 报文的类型为 133、代码为 0，用于使用主机寻找本地链路上存在的路由器。主机接入 IPv6 网络后，会开始周期性地发送 RS 报文，收到 RS 报文的路由器会立即回复 RA 报文。在无状态地址配置的过程中，主机发送 RS 报文给路由器，路由器回复 RA 报文，以获取 IPv6 地址的子网前缀，并使用子网前缀结合单播地址，快速获取 IPv6 地址。RS 报文的格式如图 13-10 所示。

类型（133）	代码（0）	校验和
保留		
选项		

图 13-10　RS 报文的格式

主机在发送 RS 报文时，会将目的 IP 地址设置为本地链路内所有路由信息的组播地址 FF02::2，源 IP 地址为本地接口以 FE80（所有启用 IPv6 的网络接口均会以链路本地地址固定前缀 FE80::/10 结合 EUI-64 规范，自动生成一个链路本地地址）开头的链路本地地址。当源 IP 地址为链路本地地址时，源接口会将自己的链路层地址放在 RS 报文的 Options 字段中，路由器收到该报文时，即可创建关于该主机 IPv6 地址与链路层地址映射关系的邻居表。

2. RA 报文

RA 报文的类型为 134、代码为 0，用于向邻居节点通告自己的存在。RA 报文的格式如图 13-11 所示。

类型（134）		代码（0）		校验和	
跳数限制	M位	O位	保留	路由器生存期	
可达时间					
重传时间					
选项					

图 13-11　RA 报文的格式

路由器可以周期性地发送 RA 报文，也可以在收到 RS 报文后触发报文发送。若路由器周期性地发送 RA 报文，则 RA 报文中的目的 IP 地址会被设置为本地链路内所有节点的组播地址 FF02::1。若 RA 报文因收到 RS 报文而触发报文发送，则目的 IP 地址被设置为收到的 RS 报文中的单播地址。

RA 报文中关键字段的解释如下。

（1）跳数限制：告知主机后续通信过程中单播报文的默认跳数。

（2）M 位：当值为 1 时，告知主机通过 DHCPv6 来获取 IPv6 地址参数。

（3）O 位：当值为 1 时，告知主机通过 DHCPv6 来获取其他配置信息。

（4）保留：保留字段。

（5）路由器生存期：告知主机本路由器作为默认网关的有效期，单位是秒，默认有效期为 30 分，最大时间为 18.2 时。若该字段的值为 0，则代表该路由器不能作为默认网关（NDP 可以实现网关自动发现，对于未配置默认网关的主机，收到 RA 报文后，可以使用该路由器作为默认网关）。

（6）可达时间：设置接收 RA 报文的主机，判断邻居可达时间。

（7）重传时间：规定主机延迟发送连续 NDP 的时间。

（8）选项：包括路由器接口的链路层地址（主机可以根据该链路层地址构建关于路由器的 IPv6 地址与链路层地址的邻居表）、MTU（最大传输单元）、单播前缀等信息。

路由器接口默认关闭 RA 报文发送功能。

3．NS 报文

NS 报文的类型为 135、代码为 0，用于解析其他相邻节点的链路层地址。NS 报文的格式如图 13-12 所示。

类型（135）	代码（0）	校验和
保留		
目标地址		
选项		

图 13-12　NS 报文的格式

NS 报文中关键字段的解释如下。

（1）目标地址：需要解析的 IPv6 地址，不允许出现组播地址。

（2）选项：放入 NS 报文发送者的链路层地址。

4. NA 报文

NA 报文的类型为 136、代码为 0，主机节点和路由器均可以发送 NA 报文。IPv6 可以通过 NA 报文来通告自己的存在，也可以通过 NA 报文来通知邻居更新自己的链路层地址。NA 报文的格式如图 13-13 所示。

类型（136）	代码（0）		校验和	
R位	S位	O位	保留	
目标地址				
选项				

图 13-13　NA 报文的格式

NA 报文中关键字段的解释如下。

（1）R 位：值为 1，表示发送者为路由器。

（2）S 位：值为 1，表示 NA 报文是 NS 报文的响应。节点在使用 NA 报文回复 NS 报文时，目标地址为单播地址。要告诉邻居需要更新自己的链路层地址，应将组播地址 FF02::1 作为目标地址通告给本地链路中的所有节点。

（3）O 位：值为 1，表示需要更改原邻居表信息。

（4）目标地址：标识携带的链路层地址对应的 IPv6 地址。

（5）选项：携带被请求的链路层地址。

NS 报文与 NA 报文除了可以用于实现地址解析，还可以用于实现重复地址检测（Duplicated Address Detection，DAD）。

当节点 Host-A 获取一个新的 IPv6 的单播地址时，需要通过 NS 报文来解析该 IPv6 的单播地址在当前网络中是否存在冲突，此时的目标地址为被请求节点的组播地址。例如，若节点 Host-A 的 IPv6 地址为 2001::1234:5678/64，则对应的被请求节点的组播地址为 FF02::1:FF34:5678/104。被请求节点的组播地址的结构为"固定前缀 FF02::1:FF00:0/104+该单播地址的最后 24 位"。如果 IPv6 的单播地址已被网络中的节点 Host-B 使用，那么节点 Host-B 就是该组播组成员，在收到 NS 报文时，也会用 NA 报文响应。收到 NA 报文的节点 Host-A 会判定地址重复，需重新获取 IPv6 地址。若未收到 NA 报文，则 IPv6 地址配置生效。如果节点此时需要通过 NS 报文来检测邻居的可达性，那么目标地址为单播地址。

5. 重定向报文

重定向报文的类型为 137、代码为 0，当网关路由器发现更优的转发路径时，会发送重定向报文告知主机。

与 ICMPv4 的重定向功能类似，对于某个目的 IP 地址，当主机的默认网关并未到达目的 IP 地址的最优下一跳地址时，默认网关路由器会发送重定向报文，通知主机修改前往该目的 IP 地址的下一跳地址为其他路由器，主机收到重定向报文后，会在路由表中添加一条路由信息。

重定向报文的格式如图 13-14 所示。

类型（137）	代码（0）	校验和
保留		
目标地址（更优的路由器网关地址）		
目的IP地址（需要到达的目标地址）		
选项		

图 13-14　重定向报文的格式

13.7　EUI–64 规范

在 IPv6 网络中，需要根据 EUI-64 规范为每个启用了 IPv6 的接口都生成链路本地地址，或为无状态地址自动配置的主机生成单播地址。

1. 使用 EUI–64 规范的计算方式

链路本地地址及 IPv6 的单播地址均属于全球单播地址，全球单播地址规定 IPv6 地址的后 64 位为接口标识，相当于 IPv4 地址中的主机位。

使用 EUI-64 规范是生成接口标识的常见方式。它采用接口的 MAC 地址生成 IPv6 的接口标识。MAC 地址的前 24 位表示厂商标识，后 24 位表示制造商分配的唯一扩展标识。MAC 地址的第 7 位是一个 U/L 位，U/L 位的值为 1 时，表示 MAC 地址全局唯一；U/L 位的值为 0 时，表示 MAC 地址本地唯一。

在计算 EUI-64 规范时，先在 MAC 地址的前 24 位和后 24 位间插入一串 16 位的固定值，即 1111 1111 1111 1110（FFFE），然后将 U/L 位的值从 0 变为 1，这样就生成了一个 64 位的接口标识，且该接口标识的值全局唯一。图 13-15 所示为使用 EUI-64 规范生成接口标识的过程。

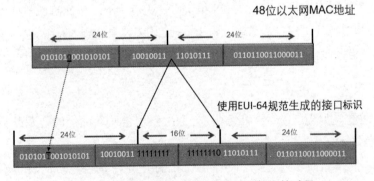

图 13-15　使用 EUI-64 规范生成接口标识的过程

2. 根据 EUI-64 规范生成 IPv6 的单播地址

启用了无状态地址自动配置的网络拓扑结构如图 13-16 所示。

G0/1

R1 　　　　　　　　　　　　　　PC1

图 13-16　启用了无状态地址自动配置的网络拓扑结构

PC1 网卡的 MAC 地址为 54-89-98-2F-6E-C9，根据 EUI-64 规范生产的 64 位接口标识为 5689:98ff:fe2f:6ec9。

```
PC1>ipconfig

Link local IPv6 address...........: fe80::5689:98ff:fe2f:6ec9
IPv6 address......................: 2020::5689:98ff:fe2f:6ec9 / 64
IPv6 gateway......................: 2020::1
IPv4 address......................: 0.0.0.0
Subnet mask.......................: 0.0.0.0
Gateway...........................: 0.0.0.0
Physical address..................: 54-89-98-2F-6E-C9
DNS server........................:
```

查看 R1 的 G0/1 接口的 IPv6 地址。

```
R1(config)#show ipv6 interface brief

GigabitEthernet 0/1              [up/up]
        FE80::8205:88FF:FED0:D8D3
        2020::1
```

其中，IPv6 地址的子网前缀为 2020::，此时 R1 通告给 PC1 的 RA 报文中包含有关 2020:: 的前缀。

结合子网前缀及已经计算出来的 64 位接口标识，即可得到 IPv6 的单播地址为 2020:: 5689:98ff:fe2f:6ec9。

3. 根据 EUI-64 规范生成链路本地地址

当使用 IPv6 时，接口会自动根据 EUI-64 规范生成链路本地地址。此时，主机网卡的 MAC 地址为 00-0C-29-61-88-FD，根据 EUI-64 规范为该 MAC 地址修改 U/L 位及在 MAC 地址中插入 FFFE，得到一个 64 位接口标识——5689:98ff:fe2f:6ec9。结合链路本地地址的固定前缀 fe80::/10，最终获取的链路本地地址为 fe80::5689:98ff:fe2f:6ec9。

13.8　有状态地址自动配置

在生产环境中，基于 DNS 访问业务系统是非常重要的，因此 IPv6 网络同样需要部署 DHCPv6 基础信息服务，为客户端提供基于 IPv6 的有状态地址自动配置服务。

1. DHCPv6 报文的类型

服务器与客户端之间使用 UDP 交互 DHCPv6 报文，客户端使用的 UDP 端口是 546，服务器使用的 UDP 端口是 547。DHCPv6 报文的类型如表 13-5 所示。

表 13-5　DHCPv6 报文的类型

DHCPv6 报文类型	说明
Solicit（请求）	客户端通过发送 Solicit 报文来确定服务器的位置
Advertise（通告）	服务器通过回复 Advertise 报文来对 Solicit 报文进行响应，宣告自己能提供 DHCPv6 服务
Request（请求）	客户端通过发送 Request 报文来向服务器请求 IPv6 地址和其他配置信息
Confirm（确认）	客户端通过向任意可达的服务器发送 Confirm 报文来检查自己目前获取的 IPv6 地址是否适用于已连接的链路
Renew（更新）	客户端通过向给其提供地址和配置信息的服务器发送 Renew 报文来延长地址的生存期并更新配置信息
Rebind（重新绑定）	如果 Renew 报文没有收到应答，那么客户端通过向任意可达的服务器发送 Rebind 报文来延长地址的生存期并更新配置信息
Reply（回复）	响应 Request 报文、Confirm 报文、Renew 报文、Rebind 报文、Release 报文和 Decline 报文的报文
Release（释放）	客户端通过向为其分配地址的服务器发送 Release 报文来表明自己不再使用一个或多个租用的地址
Decline（拒绝）	客户端通过向服务器发送 Decline 报文来声明服务器分配的一个或多个地址在客户端所在链路上已被使用
Reconfigure（重新配置）	服务器通过向客户端发送 Reconfigure 报文来提示客户端，服务器上存在新的网络配置信息
Information-Request（请求配置）	客户端通过向服务器发送 Information-Request 报文来请求除 IPv6 地址外的网络配置信息

2. DHCPv6 的工作过程

DHCPv6 的工作过程如图 13-17 所示。

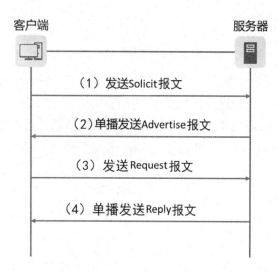

图 13-17　DHCPv6 的工作过程

（1）客户端向组播地址 FF02::1:2 发送 Solicit 报文，用于发现服务器的位置。

Solicit 报文可以选择携带参数 Rapid Commit，该参数用于客户端快速获取 IPv6 地址。地址 FF02::1:2 为链路的本地组播地址，所有配置为服务器或代理服务器的设备，均属于该组播组成员。

（2）服务器收到 Solicit 报文之后，若 Solicit 报文携带参数 Rapid Commit，则将携带 IPv6 地址及其他网络参数的 Advertise 报文单播发送给客户端，至此，客户端的 IPv6 地址分配完成，不需要继续交互 DHCPv6 报文。若服务器不支持 Rapid Commit 功能，或 Solicit 报文中未携带参数 Rapid Commit，则通过单播 Advertise 报文通知客户端，服务器可以为其提供 IPv6 地址及其他网络参数。

（3）客户端收到服务器发送的 Advertise 报文后，向服务器发送目的 IP 地址为 FF02::1:2 的 Request 报文，该报文中携带服务器的 DUID（DHCPv6 设备的唯一标识）。

如果客户端收到多个服务器发送的 Advertise 报文，那么根据 Advertise 报文中的 Priority 等参数，选择优先级最高的一台服务器，并向所有的服务器发送目的 IP 地址为 FF02::1:2 的 Request 报文，该报文中携带服务器的 DUID。

（4）服务器向客户端单播发送 Reply 报文，确认将 IPv6 地址及其他网络参数分配给客户端。

13.9　OSPFv3

OSPF 是一种典型的链路状态路由协议。OSPFv3 用于在 IPv6 网络中提供路由功能，是 IPv6 网络中的主流路由协议之一。OSPFv3 的工作机制与 OSPFv2 的工作机制基本相同，但 OSPFv3 与 OSPFv2 不能兼容，这是因为 OSPFv3 与 OSPFv2 分别是根据 IPv6 网络、IPv4 网络开发出来的。

1. OSPFv3 的工作机制

OSPFv3 是运行在 IPv6 网络中的动态路由协议。运行 OSPFv3 的路由器将物理接口链路本地地址作为源 IP 地址，发送 OSPFv3 报文。在同一条链路上，不同路由器会互相学习对方的链路本地地址，并在进行报文转发的过程中将这些地址当作下一跳地址使用。

（1）在 OSPFv3 网络初始状态下，所有路由器都是组播地址 FF02::5 的成员。路由器向组播地址 FF02::5 发送报文，如图 13-18 所示，用于建立 OSPFv3 邻居关系。

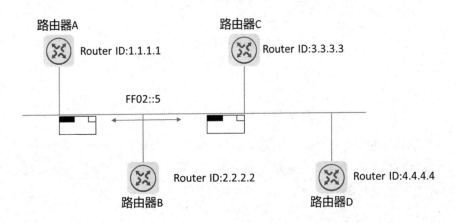

图 13-18　路由器向组播地址 FF02::5 发送报文

（2）如图 13-19 所示，OSPFv3 邻居关系建立完成后，开始进行 DR 和 BDR 的选举。首先，根据路由器接口的优先级的取值进行选举，默认值为 1，取值范围为 0～255，值越大，优先级越高。当值为 0 时，设备不参与 DR 和 BDR 的选举。若值相同，则根据路由器的 Router ID 的大小进行选举，Router ID 大的路由器的优先级高。需要注意的是，OSPFv3 的 Router ID 的格式与 OSPFv2 的 Router ID 的格式相同，但是 OSPFv3 的 Router ID 必须手动配置。落选路由器被称为 DR Other，DR Other 会继续使用组播地址 FF02::5/8 发送 Hello 报文，其他需要以组播形式发送的报文使用组播地址 FF02::6/8。

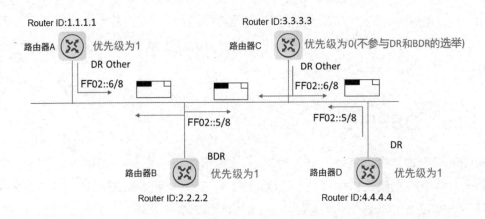

图 13-19　DR 和 BDR 的选举

（3）完成 DR 和 BDR 的选举后，路由器之间会先进行 LSDB 同步，然后采用 SPF 算法计算路由信息。

2. OSPFv3 与 OSPFv2 的相同点

（1）路由器的类型相同，包括 IR、BR（Backbone Router，骨干路由器）、ABR 和 ASBR。

（2）邻居发现和建立机制相同。

（3）LSA 的泛洪和老化机制相同。

（4）均采用 SPF 算法，作为路由信息计算算法。

（5）支持的区域类型相同，包括骨干区域、标准区域、末节区域、非完全末节区域、完全末节区域和完全非完全末节区域。

（6）DR 和 BDR 的选举过程相同。

（7）支持的接口封装类型相同，包括 P2P、P2MP、BMA、NBMA 等类型。

（8）基本报文的类型相同，都使用 Hello 报文、DD 报文、LSR 报文、LSU 报文、LSAck 报文。

（9）度量值的计算方法相同，都采用链路开销进行计算。

（10）都使用组播形式交互某些报文。

3. OSPFv3 与 OSPFv2 的不同点

（1）在广播链路上，若使用 OSPFv2，则建立 OSPF 邻居关系双方的接口地址必须属于同一个网段，基于子网运行，若使用 OSPFv3（OSPFv3 是基于链路运行的），则路由器之间使用链路本地地址作为协议通信地址，即两个节点与同一条链路相连，即使它们的 IPv6 地址的子网前缀不同，也能通过该链路进行通信，建立邻居关系（因基于链路运行，故 OSPFv3 路由器学习到的路由信息的下一跳地址为邻居的链路本地地址）。

（2）OSPFv3 支持运行多个 OSPF 实例，可以在同一条链路上配置两个实例，让同一条链路运行在两个区域内。

（3）OSPFv3 的 Router ID 的格式与 OSPFv2 的 Router ID 的格式相同，均为 32 位 IPv4 地址；但 OSPFv3 不具备 Router ID 选举的能力，需手动配置。

（4）OSPFv3 与 OSPFv2 的认证方式不同，OSPFv2 报文本身携带认证信息，而 OSPFv3 报文本身不携带认证信息，通过扩展报头认证。

（5）OSPFv3 与 OSPFv2 报文的组播地址不同。OSPFv2 报文使用的组播地址为 224.0.0.5 和 224.0.0.6，其中，组播地址 224.0.0.5 用于 DR 向 DR Other 发送协议报文，组播地址 224.0.0.6 用于 DR Other 向 DR 发送协议报文（Hello 报文继续使用组播地址 224.0.0.5 发送）。OSPFv3 使用的组播地址为 FF02::5 和 FF02::6，其中，组播地址 FF02::5 用于 DR 向 DR Other 发送协议报文，组播地址 FF02::6 用于 DR Other 向 DR 发送协议报文（Hello 报文继续使用组播地址 FF02::5 发送）。

项目规划设计

本项目计划使用 3 台路由器和 3 台主机构建 A 栋楼、B 栋楼、C 栋楼的 IPv6 网络。为了便于管理，本项目计划使用 DHCPv6 对 3 栋楼的用户主机的 IPv6 地址进行自动分配。其中，R1、R2、R3 作为 3 栋楼网络的核心，计划使用 Area 0（骨干区域）；A 栋楼计划使用 Area 1；B 栋楼计划使用 Area 2；C 栋楼计划使用 Area 3，以实现 3 栋楼的网络互联。

其具体配置步骤如下。

（1）部署 DHCPv6，实现 A 栋楼、B 栋楼、C 栋楼用户主机的 IPv6 地址自动分配。

（2）配置 OSPFv3，实现 A 栋楼、B 栋楼、C 栋楼的网络互联。

项目实施拓扑结构如图 13-20 所示。

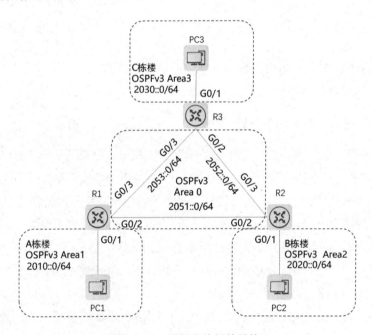

图 13-20 项目实施拓扑结构

根据图 13-20 进行项目 13 的所有规划。项目 13 的 Router ID 规划、地址池规划、端口规划、IP 地址规划如表 13-6～表 13-9 所示。

表 13-6 项目 13 的 Router ID 规划

设备	Router ID	用途
R1	1.1.1.1	R1 的 Router ID
R2	2.2.2.2	R2 的 Router ID
R3	3.3.3.3	R3 的 Router ID

表 13-7 项目 13 的地址池规划

地址池	子网前缀	用途
Jan16-A	2010::/64	A 栋楼的地址池
Jan16-B	2020::/64	B 栋楼的地址池
Jan16-C	2030::/64	C 栋楼的地址池

表 13-8 项目 13 的端口规划

本端设备	本端端口	端口配置	对端设备	对端端口
R1	G0/2	-	R2	G0/2
	G0/3	-	R3	G0/3
	G0/1	-	PC1	Eth1
R2	G0/2	-	R1	G0/2
	G0/3	-	R3	G0/2
	G0/1	-	PC2	Eth1
R3	G0/2	-	R2	G0/3
	G0/3	-	R1	G0/3
	G0/1	-	PC3	Eth1

表 13-9 项目 13 的 IPv6 地址规划

设备	接口	IPv6 地址	用途
R1	G0/2	2051::1/64	A 栋楼与 B 栋楼的网络互联地址
	G0/3	2053::1/64	A 栋楼与 C 栋楼的网络互联地址
	G0/1	2010::1/64	A 栋楼网段网关 IP 地址
R2	G0/2	2051::2/64	A 栋楼与 B 栋楼的网络互联地址
	G0/3	2052::1/64	B 栋楼与 C 栋楼的网络互联地址
	G0/1	2020::1/64	B 栋楼网段网关 IP 地址
R3	G0/2	2052::2/64	B 栋楼与 C 栋楼的网络互联地址
	G0/3	2053::2/64	A 栋楼与 C 栋楼的网络互联地址
	G0/1	2030::1/64	C 栋楼网段网关 IP 地址

项目实践

任务 13-1　部署 DHCPv6

➢ 任务描述

实施任务的目的是实现 A 栋楼、B 栋楼、C 栋楼用户主机的 IPv6 地址自动分配，需要先规划好 IPv6 地址网段，再使用 DHCPv6 为用户主机自动分配 IPv6 地址。本任务的配置包括以下内容。

（1）IPv6 地址配置：在路由器上配置 IPv6 地址。

（2）DHCPv6 配置：在路由器上配置 DHCPv6 地址池，并在连接用户主机的接口上应用 DHCPv6 地址池。

➢ 任务操作

1. IPv6 地址配置

（1）在 R1 上配置 IPv6 地址。

```
Ruijie>enable                                              // 进入特权模式
Ruijie#config terminal                                     // 进入全局模式
Ruijie(config)#hostname R1                                 // 将路由器名称更改为 R1
R1 (config)#interface GigabitEthernet 0/1                  // 进入 G0/1 接口
R1 (config-if-GigabitEthernet 0/1)#ipv6 enable             // 启用 IPv6
R1 (config-if-GigabitEthernet 0/1)#ipv6 address 2010::1/64 // 配置 IPv6 地址
R1 (config-if-GigabitEthernet 0/1)#exit                    // 退出
R1 (config)#interface GigabitEthernet 0/2                  // 进入 G0/2 接口
R1 (config-if-GigabitEthernet 0/2)#ipv6 enable             // 启用 IPv6
R1 (config-if-GigabitEthernet 0/2)# ipv6 address 2051::1/64 // 配置 IPv6 地址
R1 (config-if-GigabitEthernet 0/2)#exit                    // 退出
R1 (config)#interface GigabitEthernet 0/3                  // 进入 G0/3 接口
R1 (config-if-GigabitEthernet 0/3)#ipv6 enable             // 启用 IPv6
R1 (config-if-GigabitEthernet 0/3)#ipv6 address 2053::1/64 // 配置 IPv6 地址
R1 (config-if-GigabitEthernet 0/3)#exit                    // 退出
```

（2）在 R2 上配置 IPv6 地址。

```
Ruijie>enable                                              // 进入特权模式
```

```
Ruijie#config  terminal                                        // 进入全局模式
Ruijie(config)#hostname  R2                                    // 将路由器名称更改为 R2
R2 (config)#interface  GigabitEthernet 0/1                     // 进入 G0/1 接口
R2 (config-if-GigabitEthernet 0/1)#ipv6 enable                 // 启用 IPv6
R2 (config-if-GigabitEthernet 0/1)#ipv6 address 2020::1/64     // 配置 IPv6 地址
R2 (config-if-GigabitEthernet 0/1)#exit                        // 退出
R2 (config)#interface  GigabitEthernet 0/2                     // 进入 G0/2 接口
R2 (config-if-GigabitEthernet 0/2)#ipv6 enable                 // 启用 IPv6
R2 (config-if-GigabitEthernet 0/2)# ipv6 address 2051::2/64    // 配置 IPv6 地址
R2 (config-if-GigabitEthernet 0/2)#exit                        // 退出
R2 (config)#interface  GigabitEthernet 0/3                     // 进入 G0/3 接口
R2 (config-if-GigabitEthernet 0/3)#ipv6 enable                 // 启用 IPv6
R2 (config-if-GigabitEthernet 0/3)#ipv6 address 2052::1/64     // 配置 IPv6 地址
R2 (config-if-GigabitEthernet 0/3)#exit                        // 退出
```

（3）在 R3 上配置 IPv6 地址。

```
Ruijie>enable                                                  // 进入特权模式
Ruijie#config  terminal                                        // 进入全局模式
Ruijie(config)#hostname  R3                                    // 将路由器名称更改为 R3
R3 (config)#interface  GigabitEthernet 0/1                     // 进入 G0/1 接口
R3 (config-if-GigabitEthernet 0/1)#ipv6 enable                 // 启用 IPv6
R3 (config-if-GigabitEthernet 0/1)#ipv6 address 2030::1/64     // 配置 IPv6 地址
R3 (config-if-GigabitEthernet 0/1)#exit                        // 退出
R3 (config)#interface  GigabitEthernet 0/2                     // 进入 G0/2 接口
R3 (config-if-GigabitEthernet 0/2)#ipv6 enable                 // 启用 IPv6
R3 (config-if-GigabitEthernet 0/2)# ipv6 address 2052::2/64    // 配置 IPv6 地址
R3 (config-if-GigabitEthernet 0/2)#exit                        // 退出
R3 (config)#interface  GigabitEthernet 0/3                     // 进入 G0/3 接口
R3 (config-if-GigabitEthernet 0/3)#ipv6 enable                 // 启用 IPv6
R3 (config-if-GigabitEthernet 0/3)#ipv6 address 2053::2/64     // 配置 IPv6 地址
R3 (config-if-GigabitEthernet 0/3)#exit                        // 退出
```

2.　DHCPv6 配置

（1）在 R1 上配置 DHCPv6 地址池，并在连接用户主机的接口上应用 DHCPv6 地址池。

```
R1(config)# ipv6 dhcp pool Jan16-A                             // 定义 DHCPv6 地址池
R1(dhcp-config)# prefix-delegation pool 2010::/64             // 配置子网前缀
R1(dhcp-config)# exit                                          // 退出
R1(config)#int GigabitEthernet 0/1                            // 进入 G0/1 接口
R1(config-if-GigabitEthernet 0/1)#ipv6 dhcp server Jan16-A    // 应用 DHCPv6 地址池
R1(config-if-GigabitEthernet 0/1)#no ipv6 nd suppress-ra      // 启用 RA 报文的通告功能
R1(config-if-GigabitEthernet 0/1)#ipv6 nd managed-config-flag     // 启用有状态自动配置地址标志位
R1(config-if-GigabitEthernet 0/1)#exit                        // 退出
```

（2）在 R2 上配置 DHCPv6 地址池，并在连接用户主机的接口上应用 DHCPv6 地址池。

```
R2(config)# ipv6 dhcp pool Jan16-B                        // 定义 DHCPv6 地址池
R2(dhcp-config)# prefix-delegation pool 2020::/64         // 配置子网前缀
R2(dhcp-config)# exit                                     // 退出
R2(config)#int GigabitEthernet 0/1                        // 进入 G0/1 接口
R2(config-if-GigabitEthernet 0/1)#ipv6 dhcp server Jan16-B  // 应用 DHCPv6 地址池
R2(config-if-GigabitEthernet 0/1)#no ipv6 nd suppress-ra    // 启用 RA 报文的通告功能
R2(config-if-GigabitEthernet 0/1)#ipv6 nd managed-config-flag    // 启用有状态自动配置地址标志位
R2(config-if-GigabitEthernet 0/1)#exit                    // 退出
```

（3）在 R3 上配置 DHCPv6 地址池，并在连接用户主机的接口上应用 DHCPv6 地址池。

```
R3(config)# ipv6 dhcp pool Jan16-C                        // 定义 DHCPv6 地址池
R3(dhcp-config)# prefix-delegation pool 2030::/64         // 配置子网前缀
R3(dhcp-config)# exit                                     // 退出
R3(config)#int GigabitEthernet 0/1                        // 进入 G0/1 接口
R3(config-if-GigabitEthernet 0/1)#ipv6 dhcp server Jan16-C  // 应用 DHCPv6 地址池
R3(config-if-GigabitEthernet 0/1)#no ipv6 nd suppress-ra    // 启用 RA 报文的通告功能
R3(config-if-GigabitEthernet 0/1)#ipv6 nd managed-config-flag    // 启用有状态自动配置地址标志位
R3(config-if-GigabitEthernet 0/1)#exit                    // 退出
```

> 任务验证

（1）在 R1 上使用【show ipv6 dhcp pool】命令查看 DHCPv6 地址池的配置信息。

```
R1#show ipv6 dhcp pool
DHCPv6 pool: Jan16-A
  Prefix pool: 2010::/64
            preferred lifetime 86400, valid lifetime 86400
```

可以看到，R1 的 DHCPv6 地址池的配置信息。

（2）在 R2 上使用【show ipv6 dhcp pool】命令查看 DHCPv6 地址池的配置信息。

```
R2#show ipv6 dhcp pool
DHCPv6 pool: Jan16-B
  Prefix pool: 2020::/64
            preferred lifetime 86400, valid lifetime 86400
```

可以看到，R2 的 DHCPv6 地址池的配置信息。

（3）在 R3 上使用【show ipv6 dhcp pool】命令查看 DHCPv6 地址池的配置信息。

```
R3#show ipv6 dhcp pool
DHCPv6 pool: Jan16-C
  Prefix pool: 2030::/64
            preferred lifetime 86400, valid lifetime 86400
```

可以看到，R3 的 DHCPv6 地址池的配置信息。

任务 13-2 配置 OSPFv3

➤ 任务描述

实施任务的目的是实现 A 栋楼、B 栋楼、C 栋楼的网络互联。本任务的配置包括以下内容。

在路由器上配置 OSPFv3。

➤ 任务操作

（1）在 R1 上创建 OSPFv3 进程，并将各个接口宣告到对应的 OSPFv3 区域中。

```
R1(config)#ipv6 router ospf 1                           // 创建进程号为 1 的 OSPFv3 进程
R1(config-router)# router-id 1.1.1.1                     // 配置 Router ID
R1(config-router)#exit                                   // 退出
R1(config)#int GigabitEthernet 0/1                       // 进入 G0/1 接口
R1(config-if-GigabitEthernet 0/1)# ipv6 ospf 1 area 1   // 将 G0/1 接口宣告到 Area 1 中
R1(config-if-GigabitEthernet 0/1)#exit                   // 退出
R1(config)#int GigabitEthernet 0/2                       // 进入 G0/2 接口
R1(config-if-GigabitEthernet 0/2)# ipv6 ospf 1 area 0   // 将 G0/2 接口宣告到骨干区域中
R1(config-if-GigabitEthernet 0/2)# exit                  // 退出
R1(config)#int GigabitEthernet 0/3                       // 进入 G0/3 接口
R1(config-if-GigabitEthernet 0/3)# ipv6 ospf 1 area 0   // 将 G0/3 接口宣告到骨干区域中
R1(config-if-GigabitEthernet 0/3)#exit                   // 退出
```

（2）在 R2 上创建 OSPFv3 进程，并将各个接口宣告到对应的 OSPFv3 区域中。

```
R2(config)#ipv6 router ospf 1                           // 创建进程号为 1 的 OSPFv3 进程
R2(config-router)# router-id 2.2.2.2                     // 配置 Router ID
R2(config-router)#exit                                   // 退出
R2(config)#int GigabitEthernet 0/1                       // 进入 G0/1 接口
R2(config-if-GigabitEthernet 0/1)# ipv6 ospf 1 area 2   // 将 G0/1 接口宣告到 Area 2 中
R2(config-if-GigabitEthernet 0/1)#exit                   // 退出
R2(config)#int GigabitEthernet 0/2                       // 进入 G0/2 接口
R2(config-if-GigabitEthernet 0/2)# ipv6 ospf 1 area 0   // 将 G0/2 接口宣告到骨干区域中
R2(config-if-GigabitEthernet 0/2)#exit                   // 退出
R2(config)#int GigabitEthernet 0/3                       // 进入 G0/3 接口
R2(config-if-GigabitEthernet 0/3)# ipv6 ospf 1 area 0   // 将 G0/3 接口宣告到骨干区域中
R2(config-if-GigabitEthernet 0/3)#exit                   // 退出
```

（3）在 R3 上创建 OSPFv3 进程，并将各个接口宣告到对应的 OSPFv3 区域中。

```
R3(config)#ipv6 router ospf 1                           // 创建进程号为 1 的 OSPFv3 进程
R3(config-router)# router-id 3.3.3.3                     // 配置 Router ID
```

```
R3(config-router)#exit                                    // 退出
R3(config)#int GigabitEthernet 0/1                        // 进入 G0/1 接口
R3(config-if-GigabitEthernet 0/1)# ipv6 ospf 1 area 3     // 将 G0/1 接口宣告到 Area 3 中
R3(config-if-GigabitEthernet 0/1)#exit                    // 退出
R3(config)#int GigabitEthernet 0/2                        // 进入 G0/2 接口
R3(config-if-GigabitEthernet 0/2)# ipv6 ospf 1 area 0     // 将 G0/2 接口宣告到骨干区域中
R3(config-if-GigabitEthernet 0/2)#exit                    // 退出
R3(config)#int GigabitEthernet 0/3                        // 进入 G0/3 接口
R3(config-if-GigabitEthernet 0/3)# ipv6 ospf 1 area 0     // 将 G0/3 接口宣告到骨干区域中
R3(config-if-GigabitEthernet 0/3)#exit                    // 退出
```

➢ 任务验证

（1）在 R1 上使用【show ipv6 ospf neighbor】命令查看 OSPFv3 邻居关系建立情况。

```
R1#show ipv6 ospf neighbor

OSPFv3 Process (1), 2 Neighbors, 2 is Full:
Neighbor ID    Pri   State       BFD State   Dead Time   Instance ID   Interface
2.2.2.2        1     Full/BDR    -           00:00:40    0             GigabitEthernet 0/2
3.3.3.3        1     Full/BDR    -           00:00:40    0             GigabitEthernet 0/3
```

可以看到，R1 与 R2、R3 成功建立邻居关系。

（2）在 R2 上使用【show ipv6 ospf neighbor】命令查看 OSPFv3 邻居关系建立情况。

```
R2#show ipv6 ospf neighbor

OSPFv3 Process (1), 2 Neighbors, 2 is Full:
Neighbor ID    Pri   State      BFD State   Dead Time   Instance ID   Interface
1.1.1.1        1     Full/DR    -           00:00:34    0             GigabitEthernet 0/2
3.3.3.3        1     Full/DR    -           00:00:36    0             GigabitEthernet 0/3
```

可以看到，R2 与 R1、R3 成功建立邻居关系。

（3）在 R3 上使用【show ipv6 ospf neighbor】命令查看 OSPFv3 邻居关系建立情况。

```
R3#show ipv6 ospf neighbor

OSPFv3 Process (1), 2 Neighbors, 2 is Full:
Neighbor ID    Pri   State       BFD State   Dead Time   Instance ID   Interface
2.2.2.2        1     Full/BDR    -           00:00:35    0             GigabitEthernet 0/2
1.1.1.1        1     Full/DR     -           00:00:36    0             GigabitEthernet 0/3
```

可以看到，R3 与 R1、R2 成功建立邻居关系。

（4）在 R1 上使用【show ipv6 route ospf】命令查看 OSPFv3 路由信息学习情况。

```
R1#show ipv6 route ospf

IPv6 routing table name - Default - 16 entries
```

```
Codes:   C - Connected, L - Local, S - Static
         R - RIP, O - OSPF, B - BGP, I - IS-IS, V - Overflow route
         N1 - OSPF NSSA external type 1, N2 - OSPF NSSA external type 2
         E1 - OSPF external type 1, E2 - OSPF external type 2
         SU - IS-IS summary, L1 - IS-IS level-1, L2 - IS-IS level-2
         IA - Inter area, EV - BGP EVPN, N - Nd to host


O   IA   2020::/64 [110/2] via FE80::5200:FF:FE02:8, GigabitEthernet 0/2
O   IA   2030::/64 [110/2] via FE80::5200:FF:FE03:9, GigabitEthernet 0/3
O        2052::/64 [110/2] via FE80::5200:FF:FE03:9, GigabitEthernet 0/3
                   [110/2] via FE80::5200:FF:FE02:8, GigabitEthernet 0/2
```

可以看到，R1 已经学习到 B 栋楼、C 栋楼的路由信息。

（5）在 R2 上使用【show ipv6 route ospf】命令查看 OSPFv3 路由信息学习情况。

```
R2#show ipv6 route ospf

IPv6 routing table name - Default - 16 entries
Codes:   C - Connected, L - Local, S - Static
         R - RIP, O - OSPF, B - BGP, I - IS-IS, V - Overflow route
         N1 - OSPF NSSA external type 1, N2 - OSPF NSSA external type 2
         E1 - OSPF external type 1, E2 - OSPF external type 2
         SU - IS-IS summary, L1 - IS-IS level-1, L2 - IS-IS level-2
         IA - Inter area, EV - BGP EVPN, N - Nd to host


O   IA   2010::/64 [110/2] via FE80::5200:FF:FE01:8, GigabitEthernet 0/2
O   IA   2030::/64 [110/2] via FE80::5200:FF:FE03:8, GigabitEthernet 0/3
O        2053::/64 [110/2] via FE80::5200:FF:FE03:8, GigabitEthernet 0/3
                   [110/2] via FE80::5200:FF:FE01:8, GigabitEthernet 0/2
```

可以看到，R2 已经学习到 A 栋楼、C 栋楼的路由信息。

（6）在 R3 上使用【show ipv6 route ospf】命令查看 OSPFv3 路由信息学习情况。

```
R3#show ipv6 route ospf

IPv6 routing table name - Default - 16 entries
Codes:   C - Connected, L - Local, S - Static
         R - RIP, O - OSPF, B - BGP, I - IS-IS, V - Overflow route
         N1 - OSPF NSSA external type 1, N2 - OSPF NSSA external type 2
         E1 - OSPF external type 1, E2 - OSPF external type 2
         SU - IS-IS summary, L1 - IS-IS level-1, L2 - IS-IS level-2
         IA - Inter area, EV - BGP EVPN, N - Nd to host


O   IA   2010::/64 [110/2] via FE80::5200:FF:FE01:9, GigabitEthernet 0/3
O   IA   2020::/64 [110/2] via FE80::5200:FF:FE02:9, GigabitEthernet 0/2
O        2051::/64 [110/2] via FE80::5200:FF:FE01:9, GigabitEthernet 0/3
```

[110/2] via FE80::5200:FF:FE02:9, GigabitEthernet 0/2

可以看到，R3 已经学习到 A 栋楼、B 栋楼的路由信息。

项目验证

（1）在 PC1 上使用【ipconfig】命令查看 IPv6 地址获取情况。

PC1>ipconfig

Windows IP 配置

以太网适配器 Ethernet0:

   连接特定的 DNS 后缀 . . . . :
   IPv6 地址 . . . . : 2010::5812:7b44:b59e:b3bf
   临时 IPv6 地址 . . . . : 2010::49f5:d5b7:484a:59b7
   本地链接 IPv6 地址 . . . . : fe80::5812:7b44:b59e:b3bf%4
   自动配置 IPv4 地址 . . . . . . : 169.254.179.191
   子网掩码 . . . . : 255.255.0.0
默认网关 . . . . : fe80::9e2b:a6ff:fede:9cd%4

可以看到，PC1 已自动获取 IPv6 地址。

（2）在 PC2 上使用【ipconfig】命令查看 IPv6 地址获取情况。

PC2>ipconfig

Windows IP 配置

以太网适配器 Ethernet0:

   连接特定的 DNS 后缀 . . . . :
   IPv6 地址 . . . . : 2020::5812:7b44:b59e:b3bf
   临时 IPv6 地址 . . . . : 2020::932:6a96:4bb5:a416
   本地链接 IPv6 地址 . . . . : fe80::5812:7b44:b59e:b3bf%4
   自动配置 IPv4 地址 . . . . . . : 169.254.179.191
   子网掩码 . . . . : 255.255.0.0
   默认网关 . . . . : fe80::9e2b:a6ff:fede:a44%4

可以看到，PC2 已自动获取 IPv6 地址。

（3）在 PC3 上使用【ipconfig】命令查看 IPv6 地址获取情况。

```
PC3>ipconfig

Windows IP 配置

以太网适配器 Ethernet0:

    连接特定的 DNS 后缀 . . . . . . . :
    IPv6 地址 . . . . . . . . . . . : 2030::5812:7b44:b59e:b3bf
    临时 IPv6 地址 . . . . . . . . . : 2030::9023:749f:2e79:aa69
    本地链接 IPv6 地址 . . . . . . . : fe80::5812:7b44:b59e:b3bf%4
    自动配置 IPv4 地址 . . . . . . . : 169.254.179.191
    子网掩码 . . . . . . . . . . . : 255.255.0.0
    默认网关. . . . . . . . . . . . : fe80::9e2b:a6ff:fede:9cd%4
```

可以看到，PC3 已自动获取 IPv6 地址。

（4）使用【ping】命令验证 PC1 与 PC2 能否正常通信（目的 IP 地址为 2020::5812:7b44:b59e:b3bf）。

```
PC1>ping 2020::5812:7b44:b59e:b3bf

正在 Ping 2020::5812:7b44:b59e:b3bf 具有 32 字节的数据：
来自 2020::5812:7b44:b59e:b3bf 的回复：字节 =32 时间 =2ms TTL=63
来自 2020::5812:7b44:b59e:b3bf 的回复：字节 =32 时间 =2ms TTL=63
来自 2020::5812:7b44:b59e:b3bf 的回复：字节 =32 时间 =2ms TTL=63
来自 2020::5812:7b44:b59e:b3bf 的回复：字节 =32 时间 =2ms TTL=63

2020::5812:7b44:b59e:b3bf 的 Ping 统计信息：
    数据包：已发送 = 4，已接收 = 4，丢失 = 0 (0% 丢失 )，
往返行程的估计时间 ( 以毫秒为单位 )：
    最短 = 2ms，最长 = 3ms，平均 = 2ms
```

可以看到，PC1 与 PC2 能正常通信。

（5）使用【ping】命令验证 PC1 与 PC3 能否正常通信（目的 IP 地址为 2030::5812:7b44:b59e:b3bf）。

```
PC1>ping 2030::5812:7b44:b59e:b3bf

正在 Ping 2030::5812:7b44:b59e:b3bf 具有 32 字节的数据：
来自 2030::5812:7b44:b59e:b3bf 的回复：字节 =32 时间 =2ms TTL=63
来自 2030::5812:7b44:b59e:b3bf 的回复：字节 =32 时间 =2ms TTL=63
来自 2030::5812:7b44:b59e:b3bf 的回复：字节 =32 时间 =2ms TTL=63
来自 2030::5812:7b44:b59e:b3bf 的回复：字节 =32 时间 =2ms TTL=63

2030::5812:7b44:b59e:b3bf 的 Ping 统计信息：
```

```
    数据包 : 已发送 = 4，已接收 = 4，丢失 = 0 (0% 丢失 )，
    往返行程的估计时间 ( 以毫秒为单位 )：
    最短 = 2ms，最长 = 3ms，平均 = 2ms
```

可以看到，PC1 与 PC3 能正常通信。

（6）使用【ping】命令验证 PC2 与 PC3 能否正常通信（目的 IP 地址为 2030::5812:7b44:b59e:b3bf）。

```
PC2>ping  2030::5812:7b44:b59e:b3bf


正在 Ping 2030::5812:7b44:b59e:b3bf 具有 32 字节的数据 :
来自 2030::5812:7b44:b59e:b3bf 的回复 : 字节 =32 时间 =2ms TTL=64
来自 2030::5812:7b44:b59e:b3bf 的回复 : 字节 =32 时间 =2ms TTL=63
来自 2030::5812:7b44:b59e:b3bf 的回复 : 字节 =32 时间 =2ms TTL=64
来自 2030::5812:7b44:b59e:b3bf 的回复 : 字节 =32 时间 =2ms TTL=63


2020::5812:7b44:b59e:b3bf 的 Ping 统计信息 :
    数据包 : 已发送 = 4，已接收 = 4，丢失 = 0 (0% 丢失 )，
    往返行程的估计时间 ( 以毫秒为单位 )：
    最短 = 2ms，最长 = 3ms，平均 = 2ms
```

可以看到，PC2 与 PC3 能正常通信。

项目拓展

一、理论题

（1）以下不是 IPv6 的优点的是（   ）。

    A．无穷的地址空间

    B．很高的安全性

    C．效率高，拓展灵活

    D．IPv6 地址过长，难以记忆

（2）IPv6 采用（   ）位的地址长度。

    A．32   B．64   C．96   D．128

（3）以下关于 OSPFv3 的说法不正确的是（   ）。

    A．OSPFv3 使用的是 IPv6 的链路本地地址

    B．OSPFv3 与 OSPFv2 都是基于网段运行的

    C．OSPFv3 的工作机制与 OSPFv2 的工作机制基本相同

    D．OSPFv3 重新定义了一些 LSA，以便携带 IPv6 地址和前缀

（4）以下关于 DHCPv6 的说法不正确的是（　　　）。

　　A．DHCPv6 可以分为有状态 DHCPv6 和无状态 DHCPv6

　　B．DHCPv6 以组播形式发送

　　C．DHCPv6 能通过 NS 报文提供地址检测功能，对获取的地址进行冲突检测

　　D．DHCPv6 使用的 UDP 端口与 DHCPv4 使用的 UDP 端口相同，都是 546、547

二、项目实训

1．实训背景

某企业网络由总部、分部 A 和分部 B 组成，现需要为分部 A 和分部 B 的主机自动分配 IPv6 地址，并使用 OSPFv3 维护路由信息。

实训拓扑结构如图 13-21 所示。

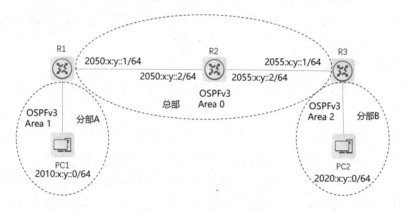

图 13-21　实训拓扑结构

2．实训规划表

根据实训背景，并参考本项目的项目规划设计，完成实训规划表。如表 13-10～表 13-13 所示。

表 13-10　Router ID 规划

设备	Router ID	用途

表 13-11　地址池规划

地址池	子网前缀	用途

表 13-12　端口规划

本端设备	本端端口	端口配置	对端设备	对端端口

表 13-13　IPv6 地址规划

设备	接口	IPv6 地址	用途

3．实训要求

（1）根据 IPv6 地址规划表完成各路由器接口 IPv6 地址的配置。

（2）在 R1 和 R3 上创建并运行 DHCPv6，为 PC1、PC2 自动分配 IPv6 地址。

（3）在 R1、R2、R3 上创建并运行 OSPFv3。

（4）按照以下要求操作并截图保存。

① 在 R1、R2、R3 上使用【show ipv6 interface brief】命令查看接口 IP 地址的配置情况。

② 在 PC1、PC2 上使用【ipconfig】命令查看 IPv6 地址获取情况。

③ 在 R1 上使用【show ipv6 dhcp pool】命令查看 DHCPv6 地址池的配置信息。

④ 在 R1 上使用【show ipv6 ospf neighbor】命令查看 OSPFv3 邻居关系建立情况。

⑤ 在 R1 上使用【show ipv6 route ospf】命令查看 OSPFv3 路由信息学习情况。

⑥ 使用【ping】命令验证 PC1 与 PC2 能否正常通信。

项目 14 基于组播的企业园区网络直播

项目描述

　　某园区在信息中心部署了一台高性能视频服务器，用于满足该园区内用户对网络直播的需求。为了确保数据传输的高效性和稳定性，信息中心已与该园区内的 1 号宿舍楼和 2 号宿舍楼分别建立了专用网络线路连接。另外，考虑到并非所有用户都观看或使用网络直播，为了避免服务器资源的浪费和对网络带宽产生巨大的压力，该园区决定引入组播，以提高对网络资源的利用率，为用户提供更加稳定、高效的直播体验。

　　项目拓扑结构如图 14-1 所示。

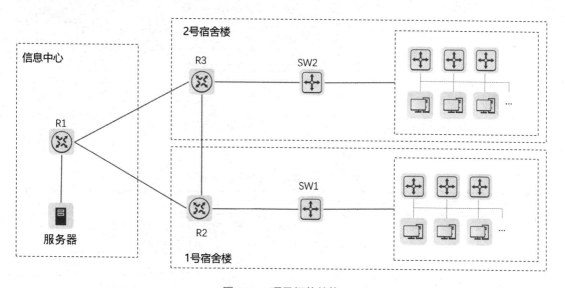

图 14-1　项目拓扑结构

项目相关知识

14.1　组播的基本概念

随着数据通信技术的不断发展，传统的数据通信业务已不能满足人们对信息的需求。视频点播、网络电视、视频会议等业务被广泛应用。要解决 P2MP 网络的通信，可以通过组播来实现。组播是一种高效的网络传输方式，通过允许一个数据源发送相同数据给多个接收者，有效降低了带宽和网络负载，尤其适用于流媒体传输、软件分发和更新等大规模组的通信场景。单播与组播数据传输的区别如图 14-2 所示。

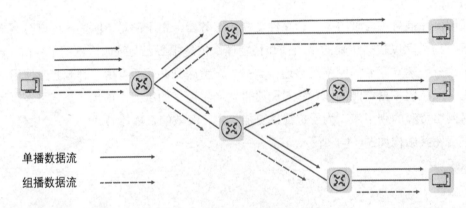

| 单播数据流 |
| 组播数据流 |

图 14-2　单播与组播数据传输的区别

组播地址是 IPv4 地址中的 D 类地址，前 4 位为 1110，组播地址的范围为224.0.0.0～239.255.255.255。组播地址的分类及用途如表 14-1 所示。常见的保留组播地址及其用途如表 14-2 所示。

表 14-1　组播地址的分类及用途

描述	组播地址的范围	用途
保留组播地址	224.0.0.0～224.0.0.255	为路由协议预留的 IP 地址，用于标识一组特定的网络设备，供路由协议等使用，不用于组播转发
用户组播地址	224.0.1.0～238.255.255.255	用户使用的组播地址，在全网范围内有效
本地管理组播地址	239.0.0.0～239.255.255.255	仅在本地管理域内有效，在不同的管理域内重复使用不会产生冲突

表 14-2　常见的保留组播地址及其用途

保留组播地址	用途
224.0.0.1	所有主机
224.0.0.2	所有路由器
224.0.0.4	DVMRP（Distance Vector Multicast Routing Protocol，距离向量多播路由协议）路由器
224.0.0.5	所有 OSPF 路由器
224.0.0.6	OSPF DR/BDR
224.0.0.9	RIPv2（Routing Information Protocol version 2，路由信息协议版本 2）路由器
224.0.0.10	EIGRP（Enhanced Interior Gateway Routing Protocol，增强型内部网关路由协议）路由器
224.0.0.13	PIMv2 路由器

14.2　IGMP 的基本概念

IGMP（Internet Group Management Protocol，互联网组管理协议）是 TCP/IP 簇中负责 IPv4 组播组成员管理的协议。

IGMP 的主要作用是在主机和直接相邻的组播路由器之间建立、维护组播组成员的关系。它通过在主机和组播路由器之间交互 IGMP 报文来实现组播组成员管理功能，这些报文会被封装在 IP 报文中。当组播组成员收到普遍组查询报文后，会随机延长一段时间（0～10 秒）后发送成员报告报文给组播路由器，以向组播路由器报告其组播组成员状态。IGMP 报文仅限于在本地网段内部转发，不能被组播路由器转发。因此，IGMP 的 TTL 字段的值永远是 1。

目前，IGMP 主要有 3 个版本，分别是 IGMPv1、IGMPv2 和 IGMPv3。

IGMPv1：最早的版本，由 RFC 1112 定义。它主要定义了基本的组成员查询和报告过程。当组播路由器想要知道哪些主机属于某个组播组时，会发送一个普遍组查询报文。主机收到该报文后，会回应一个成员报告报文，告知组播路由器自己属于该组。

IGMPv2：在 IGMPv1 的基础上添加了查询器选举机制和组播组成员离开机制。查询器选举机制用于确定哪台路由器负责发送组播组查询报文，而组播组成员离开机制则允许主机在不再需要组播流时通知组播路由器。

IGMPv3：相对于前两个版本，IGMPv3 有了更大的改进。它增加了成员可以指定接收或不接收某些组播源报文的功能，这使主机可以更精确地控制自己接收的组播流。此外，IGMPv3 还支持 SSM（Source-Specific Multicast，指定信源组播）模型，而 IGMPv1 和 IGMPv2 则只有结合使用 SSM-Mapping 技术才支持 SSM 模型。

14.3　IGMP Snooping 的基本概念

IGMP Snooping 是运行在二层设备上的组播协议，用于管理和控制组播组，能通过侦听三层组播设备与主机之间的协议报文来管理和控制组播数据在数据链路层的转发。在很多环境下，组播报文难免会经过一些二层设备，而使用 IGMP Snooping 能通过二层组播设备分析 IGMP 报文携带的信息，并将组播数据往需要接收的用户所在端口上转发，而不会影响其他用户。

IGMP Snooping 有两种工作模式，分别是 IVGL 模式、SVGL 模式。

IVGL 模式：在该模式下，各 VLAN 之间的组播流是互相独立的。主机只能朝与自己处于同一个 VLAN 的路由器请求组播。

SVGL 模式：在该模式下，主机可以跨 VLAN 申请组播流。指定一个组播 VLAN，在该 VLAN 中收到的组播流可以向其他 VLAN 的主机转发。

14.4　IGMP Proxy

使用 IGMP Proxy（IGMP 代理）可以实现在不需要 PIM 等更高级的协议时对 IGMP 帧进行转发。它通常被部署在 IGMP 查询器和成员主机之间的三层设备上，通过收集成员主机的 IGMP 报告报文或离开报文，将这些报文汇聚后由代理成员主机统一发送给 IGMP 查询器，以减少 IGMP 查询器接收 IGMP 报告报文或离开报文的数量，减轻 IGMP 查询器的压力。

IGMP Proxy 中定义了两种接口，分别是代理服务器接口和组播代理接口。

代理服务器接口：IGMP Proxy 设备上配置 IGMP 功能的接口，该接口一般面向组播组成员执行 IGMP Proxy 设备的路由器行为。

组播代理接口：IGMP Proxy 设备上配置 IGMP Proxy 功能的接口，该接口一般面向 IGMP 查询器，执行 IGMP Proxy 设备的主机行为。

14.5　PIM 的基本概念

PIM（Protocol Independent Multicasting，协议无关组播）是一种组播路由协议。它不依赖特定的单播路由协议，可以搭配任意单播路由协议进行 RPF（Reverse Path Forwarding，逆向路径转发）检查。与其他路由协议不同，由于 PIM 不在不同路由器之间发送和接收已更新的路由信息，因此使用 PIM 的开销较小。目前，常用的 PIM 的版本是 PIMv2。PIM 报文被直接封装到 IP 报文中，其中 UDP 端口为 103，组播地址为 224.0.0.13。

PIM 定义了两种工作模式，分别是 PIM-DM（协议无关组播 - 密集模式）和 PIM-SM

（协议无关组播－稀疏模式）。

1. PIM-DM

PIM-DM 使用推（Push）的方式将组播数据包扩散到网络中的每个角落。这种模式是一种使用蛮力将数据包传送给接收者的模式。如果网络中的每个子网都有接收者，那么使用这种模式是十分高效的。

2. PIM-SM

PIM-SM 使用拉（Pull）的方式传送组播数据包。只有包括活动接收者，且活动接收者直接发送数据接收请求的网段才会收到数据。

综上所述，PIM 适用于需要高效、可靠地进行组播通信的场景，如视频会议、在线教育、在线游戏等。在这些场景中，大量用户需要同时接收相同的数据流，通过 PIM 可以实现数据流的高效传输和分发，提高用户体验和网络性能。

项目规划设计

本项目计划使用 3 台路由器、4 台交换机、4 台主机连接 1 号宿舍楼（Office-A）与 2 号宿舍楼（Office-B）的网络。所有设备均需要启用组播路由信息转发功能，在交换机上部署 IGMP 对组播网络末梢的设备进行管理和维护。

其具体配置步骤如下。

（1）部署园区局域网，实现信息中心和两栋宿舍楼的网络互联。

（2）部署 PIM 组播，实现路由器和交换机组播网络的搭建。

（3）部署 IGMP，实现对园区内运行在组播网络末梢的设备的管理和维护。

项目实施拓扑结构如图 14-3 所示。

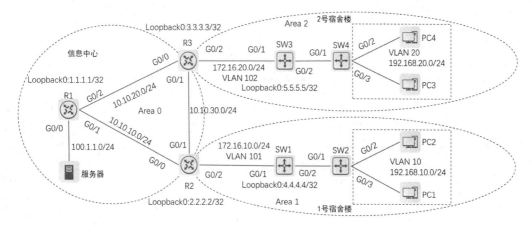

图 14-3　项目实施拓扑结构

根据图 14-3 进行项目 14 的所有规划。项目 14 的 VLAN 规划、端口规划、IP 地址规划如表 14-3～表 14-5 所示。

表 14-3　项目 14 的 VLAN 规划

VLAN ID	VLAN 名称	网段	用途
VLAN 10	Office-A	192.168.10.0/24	用户互联网段
VLAN 20	Office-B	192.168.20.0/24	用户互联网段
VLAN 101	GW-A	172.16.10.0/24	设备互联网段
VLAN 102	GW-B	172.16.20.0/24	设备互联网段

表 14-4　项目 14 的端口规划

本端设备	本端端口	端口配置	对端设备	对端端口
R1	G0/0	-	服务器	Eth1
R1	G0/1	-	R2	G0/0
R1	G0/2	-	R3	G0/0
R2	G0/0	-	R1	G0/1
R2	G0/1	-	R3	G0/1
R2	G0/2	-	SW1	G0/1
R3	G0/0	-	R1	G0/2
R3	G0/1	-	R2	G0/1
R3	G0/2	-	SW3	G0/1
SW1	G0/1	Trunk	R2	G0/2
SW1	G0/2	Trunk	SW2	G0/1
SW2	G0/1	Trunk	SW1	G0/2
SW2	G0/2-3	Access	PC1、PC2	Eth1
SW3	G0/1	Trunk	R3	G0/2
SW3	G0/2	Trunk	SW4	G0/1
SW4	G0/1	Trunk	SW3	G0/2
SW4	G0/2-3	Access	PC3、PC4	Eth1

表 14-5　项目 14 的 IP 地址规划

设备	接口	IP 地址	用途
R1	G0/0	100.1.1.1/24	互联网段地址
R1	G0/1	10.10.10.1/24	互联网段地址
R1	G0/2	10.10.20.1/24	互联网段地址
R1	Loopback 0	1.1.1.1/32	环回接口地址

设备	接口	IP 地址	用途
R2	G0/0	10.10.10.2/24	互联网段地址
	G0/1	10.10.30.1/24	互联网段地址
	G0/2	172.16.10.1/24	互联网段地址
	Loopback 0	2.2.2.2/32	环回接口地址
R3	G0/0	10.10.20.2/24	互联网段地址
	G0/1	10.10.30.2/24	互联网段地址
	G0/2	172.16.20.1/24	互联网段地址
	Loopback 0	3.3.3.3/32	环回接口地址
SW1	VLAN 10	192.168.10.254/24	1 号宿舍楼互联网段网关
	VLAN 101	172.16.10.2/24	互联网段地址
	Loopback 0	4.4.4.4/32	环回接口地址
SW3	VLAN 20	192.168.20.254/24	2 号宿舍楼互联网段网关
	VLAN 102	172.16.20.2/24	互联网段地址
	Loopback 0	5.5.5.5/32	环回接口地址
服务器	Eth1	100.1.1.2/24	服务器互联网段地址
PC1	Eth1	192.168.10.1/24	1 号宿舍楼地址
PC2	Eth1	192.168.10.2/24	1 号宿舍楼地址
PC3	Eth1	192.168.20.1/24	2 号宿舍楼地址
PC4	Eth1	192.168.20.2/24	2 号宿舍楼地址

项目实践

任务 14-1 部署园区局域网

➤ 任务描述

实施本任务的目的是实现信息中心和两栋宿舍楼的网络互联。本任务的配置包括以下内容。

（1）VLAN 配置：创建并配置 VLAN。

（2）IP 地址配置：为路由器和交换机配置 IP 地址。

（3）端口配置：在交换机上配置互联端口，并配置端口默认的 VLAN。

（4）OSPF 配置：在路由器上配置 OSPF，完成网络互联。

➢ 任务操作

1. VLAN 配置

（1）在 SW1 上创建并配置 VLAN。

```
Ruijie>enable                              // 进入特权模式
Ruijie#config terminal                     // 进入全局模式
Ruijie(config)#hostname SW1                // 将交换机名称更改为 SW1
SW1(config)#vlan 10                        // 创建 VLAN 10
SW1(config-vlan)#name Office-A             // 将 VLAN 命名为 Office-A
SW1(config-vlan)#exit                      // 退出
SW1(config)#vlan 101                       // 创建 VLAN 101
SW1(config-vlan)#name GW-A                 // 将 VLAN 命名为 GW-A
SW1(config-vlan)#exit                      // 退出
```

（2）在 SW2 上创建并配置 VLAN。

```
Ruijie>enable                              // 进入特权模式
Ruijie#config terminal                     // 进入全局模式
Ruijie(config)#hostname SW2                // 将交换机名称更改为 SW2
SW2(config)#vlan 10                        // 创建 VLAN 10
SW2(config-vlan)#name Office-A             // 将 VLAN 命名为 Office-A
SW2(config-vlan)#exit                      // 退出
```

（3）在 SW3 上创建并配置 VLAN。

```
Ruijie>enable                              // 进入特权模式
Ruijie#config terminal                     // 进入全局模式
Ruijie(config)#hostname SW3                // 将交换机名称更改为 SW3
SW3(config)#vlan 20                        // 创建 VLAN 20
SW3(config-vlan)#name Office-B             // 将 VLAN 命名为 Office-B
SW3(config-vlan)#exit                      // 退出
SW3(config)#vlan 102                       // 创建 VLAN 102
SW3(config-vlan)#name GW-B                 // 将 VLAN 命名为 GW-B
SW3(config-vlan)#exit                      // 退出
```

（4）在 SW4 上创建并配置 VLAN。

```
Ruijie>enable                              // 进入特权模式
Ruijie#config terminal                     // 进入全局模式
Ruijie(config)#hostname SW4                // 将交换机名称更改为 SW4
SW4(config)#vlan 20                        // 创建 VLAN 20
SW4(config-vlan)#name Office-B             // 将 VLAN 命名为 Office-B
SW4(config-vlan)#exit                      // 退出
```

2. IP 地址配置

（1）在 R1 上配置 IP 地址。

Ruijie>enable	// 进入特权模式
Ruijie#config terminal	// 进入全局模式
Ruijie(config)#hostname R1	// 将路由器名称更改为 R1
R1(config)#interface GigabitEthernet 0/0	// 进入 G0/0 接口
R1(config-if-GigabitEthernet 0/0)#ip address 100.1.1.1 255.255.255.0	// 配置 IP 地址
R1(config-if-GigabitEthernet 0/0)#exit	// 退出
R1(config)#interface GigabitEthernet 0/1	// 进入 G0/1 接口
R1(config-if-GigabitEthernet 0/1)#ip address 10.10.10.1 255.255.255.0	// 配置 IP 地址
R1(config-if-GigabitEthernet 0/1)#exit	// 退出
R1(config)#interface GigabitEthernet 0/2	// 进入 G0/2 接口
R1(config-if-GigabitEthernet 0/2)#ip address 10.10.20.1 255.255.255.0	// 配置 IP 地址
R1(config-if-GigabitEthernet 0/2)#exit	// 退出
R1(config)#int loopback 0	// 进入 Loopback 0 接口
R1(config-if-Loopback 0)#ip address 1.1.1.1 255.255.255.255	// 配置 IP 地址
R1(config-if-Loopback 0)#exit	// 退出

（2）在 R2 上配置 IP 地址。

Ruijie>enable	// 进入特权模式
Ruijie#config terminal	// 进入全局模式
Ruijie(config)#hostname R2	// 将路由器名称更改为 R2
R2(config)#interface GigabitEthernet 0/0	// 进入 G0/0 接口
R2(config-if-GigabitEthernet 0/0)#ip address 10.10.10.2 255.255.255.0	// 配置 IP 地址
R2(config-if-GigabitEthernet 0/0)#exit	// 退出
R2(config)#interface GigabitEthernet 0/1	// 进入 G0/1 接口
R2(config-if-GigabitEthernet 0/1)#ip address 10.10.30.1 255.255.255.0	// 配置 IP 地址
R2(config-if-GigabitEthernet 0/1)#exit	// 退出
R2(config)#interface GigabitEthernet 0/2	// 进入 G0/2 接口
R2(config-if-GigabitEthernet 0/2)#ip address 172.16.10.1 255.255.255.0	// 配置 IP 地址
R2(config-if-GigabitEthernet 0/2)#exit	// 退出
R2(config)#interface loopback 0	// 进入 Loopback 0 接口
R2(config-if-Loopback 0)#ip address 2.2.2.2 255.255.255.255	// 配置 IP 地址
R2(config-if-Loopback 0)#exit	// 退出

（3）在 R3 上配置 IP 地址。

Ruijie>enable	// 进入特权模式
Ruijie#config terminal	// 进入全局模式
Ruijie(config)#hostname R3	// 将路由器名称更改为 R3
R3(config)#interface GigabitEthernet 0/0	// 进入 G0/0 接口
R3(config-if-GigabitEthernet 0/0)#ip address 10.10.20.2 255.255.255.0	// 配置 IP 地址
R3(config-if-GigabitEthernet 0/0)#exit	// 退出
R3(config)#interface GigabitEthernet 0/1	// 进入 G0/1 接口

R3(config-if-GigabitEthernet 0/1)#ip address 10.10.30.2 255.255.255.0	// 配置 IP 地址
R3(config-if-GigabitEthernet 0/1)#exit	// 退出
R3(config)#interface GigabitEthernet 0/2	// 进入 G0/2 接口
R3(config-if-GigabitEthernet 0/2)#ip address 172.16.20.1 255.255.255.0	// 配置 IP 地址
R3(config-if-GigabitEthernet 0/2)#exit	// 退出
R3(config)#interface loopback 0	// 进入 Loopback 0 接口
R3(config-if-Loopback 0)#ip address 3.3.3.3 255.255.255.255	// 配置 IP 地址
R3(config-if-Loopback 0)#exit	// 退出

（4）在 SW1 上配置 IP 地址。

SW1(config)#interface vlan 10	// 进入 VLAN 10 接口
SW1(config-if-VLAN 10)#ip address 192.168.10.254 255.255.255.0	// 配置 IP 地址
SW1(config-if-VLAN 10)#exit	// 退出
SW1(config)#interface vlan 101	// 进入 VLAN 101 接口
SW1(config-if-VLAN 101)#ip address 172.16.10.2 255.255.255.0	// 配置 IP 地址
SW1(config-if-VLAN 101)#exit	// 退出
SW1(config)#interface loopback 0	// 进入 Loopback 0 接口
SW1(config-if-Loopback 0)#ip address 4.4.4.4 255.255.255.255	// 配置 IP 地址
SW1(config-if-Loopback 0)#exit	// 退出

（5）在 SW3 上配置 IP 地址。

SW3(config)#interface vlan 20	// 进入 VLAN 20 接口
SW3(config-if-VLAN 20)#ip address 192.168.20.254 255.255.255.0	// 配置 IP 地址
SW3(config-if-VLAN 20)#exit	// 退出
SW3(config)#interface vlan 102	// 进入 VLAN 102 接口
SW3(config-if-VLAN 102)#ip address 172.16.20.2 255.255.255.0	// 配置 IP 地址
SW3(config-if-VLAN 102)#exit	// 退出
SW3(config)#interface loopback 0	// 进入 Loopback 0 接口
SW3(config-if-Loopback 0)#ip address 5.5.5.5 255.255.255.255	// 配置 IP 地址
SW3(config-if-Loopback 0)#exit	// 退出

3. 端口配置

（1）在 SW1 上配置与路由器和交换机互联的端口，并配置端口默认的 VLAN。

SW1(config)#interface GigabitEthernet 0/1	// 进入 G0/1 端口
SW1(config-if-GigabitEthernet 0/1)#switchport mode trunk	// 修改端口模式为 Trunk
// 配置端口默认的 VLAN 为 VLAN 101	
SW1(config-if-GigabitEthernet 0/1)#switchport trunk native vlan 101	
SW1(config-if-GigabitEthernet 0/1)#exit	// 退出
SW1(config)#interface GigabitEthernet 0/2	// 进入 G0/2 端口
SW1(config-if-range)#switchport mode trunk	// 修改端口模式为 Trunk
SW1(config-if-range)#exit	// 退出

（2）在 SW2 上配置与交换机和主机互联的端口，并配置端口默认的 VLAN。

SW2(config)#interface GigabitEthernet 0/1	// 进入 G0/1 端口

SW2(config-if-GigabitEthernet 0/1)#switchport mode trunk	// 修改端口模式为 Trunk
SW2(config-if-GigabitEthernet 0/1)#exit	// 退出
SW2(config)#interface range GigabitEthernet 0/2-8	// 批量进入端口
SW2(config-if-range)#switchport mode access	// 修改端口模式为 Access
SW2(config-if-range)#switchport access vlan 10	// 配置端口默认的 VLAN 为 VLAN 10
SW2(config-if-range)#exit	// 退出

（3）在 SW3 上配置与路由器和交换机互联的端口，并配置端口默认的 VLAN。

SW3(config)#interface GigabitEthernet 0/1	// 进入 G0/1 端口
SW3(config-if-GigabitEthernet 0/1)#switchport mode trunk	// 修改端口模式为 Trunk
// 配置端口默认的 VLAN 为 VLAN 102	
SW3(config-if-GigabitEthernet 0/1)#switchport trunk native vlan 102	
SW3(config-if-GigabitEthernet 0/1)#exit	// 退出
SW3(config)#interface GigabitEthernet 0/2	// 进入 G0/2 端口
SW3(config-if-range)#switchport mode trunk	// 修改端口模式为 Trunk
SW3(config-if-range)#exit	// 退出

（4）在 SW4 上配置与交换机和主机互联的端口，并配置端口默认的 VLAN。

SW4(config)#interface GigabitEthernet 0/1	// 进入 G0/1 端口
SW4(config-if-GigabitEthernet 0/1)#switchport mode trunk	// 修改端口模式为 Trunk
SW4(config-if-GigabitEthernet 0/1)#exit	// 退出
SW4(config)#interface range GigabitEthernet 0/2-8	// 批量进入端口
SW4(config-if-range)#switchport mode access	// 修改端口模式为 Access
SW4(config-if-range)#switchport access vlan 20	// 配置端口默认的 VLAN 为 VLAN 20
SW4(config-if-range)#exit	// 退出

4. OSPF 配置

（1）在 R1 上配置 OSPF。

R1(config)# router ospf 1	// 创建进程号为 1 的 OSPF 进程
R1(config-router)# router-id 1.1.1.1	// 配置 OSPF 的 Router ID
R1(config-router)#network 10.10.10.0 0.0.0.255 area 0	// 宣告网段为 10.10.10.0/24，区域号为 0
R1(config-router)#network 10.10.20.0 0.0.0.255 area 0	// 宣告网段为 10.10.20.0/24，区域号为 0
R1(config-router)#network 100.1.1.0 0.0.0.255 area 0	// 宣告网段为 100.1.1.0/24，区域号为 0
R1(config-router)#exit	// 退出

（2）在 R2 上配置 OSPF。

R2(config)# router ospf 1	// 创建进程号为 1 的 OSPF 进程
R2(config-router)# router-id 2.2.2.2	// 配置 OSPF 的 Router ID
R2(config-router)#network 10.10.10.0 0.0.0.255 area 0	// 宣告网段为 10.10.10.0/24，区域号为 0
R2(config-router)#network 10.10.30.0 0.0.0.255 area 0	// 宣告网段为 10.10.30.0/24，区域号为 0
R2(config-router)#network 172.16.10.0 0.0.0.255 area 1	// 宣告网段为 172.16.10.0/24，区域号为 1
R2(config-router)#network 2.2.2.2 0.0.0.0 area 0	// 宣告网段为 2.2.2.2/32，区域号为 0
R2(config-router)#exit	// 退出

（3）在 R3 上配置 OSPF。

R3(config)# router ospf 1	// 创建进程号为 1 的 OSPF 进程
R3(config-router)# router-id 3.3.3.3	// 配置 OSPF 的 Router ID
R3(config-router)#network 10.10.20.0 0.0.0.255 area 0	// 宣告网段为 10.10.20.0/24，区域号为 0
R3(config-router)#network 10.10.30.0 0.0.0.255 area 0	// 宣告网段为 10.10.30.0/24，区域号为 0
R3(config-router)#network 172.16.20.0 0.0.0.255 area 2	// 宣告网段为 172.16.20.0/24，区域号为 2
R3(config-router)#exit	// 退出

（4）在 SW1 上配置 OSPF。

SW1(config)#router ospf 1	// 创建进程号为 1 的 OSPF 进程
SW1(config-router)#router-id 4.4.4.4	// 配置 OSPF 的 Router ID
SW1(config-router)#network 172.16.10.0 0.0.0.255 area 1	// 宣告网段为 172.16.10.0/24，区域号为 1
SW1(config-router)#network 192.168.10.0 0.0.0.255 area 1	// 宣告网段为 192.168.10.0/24，区域号为 1
SW1(config-router)#exit	// 退出

（5）在 SW3 上配置 OSPF。

SW3(config)#router ospf 1	// 创建进程号为 1 的 OSPF 进程
SW3(config-router)#router-id 5.5.5.5	// 配置 OSPF 的 Router ID
SW3(config-router)#network 172.16.20.0 0.0.0.255 area 2	// 宣告网段为 172.16.20.0/24，区域号为 2
SW3(config-router)#network 192.168.20.0 0.0.0.255 area 2	// 宣告网段为 192.168.20.0/24，区域号为 2
SW3(config-router)#exit	// 退出

➢ 任务验证

在 R1 上使用【show ip route】命令查看路由表。

```
R1#show ip route

Codes:  C - Connected, L - Local, S - Static
        R - RIP, O - OSPF, B - BGP, I - IS-IS, V - Overflow route
        N1 - OSPF NSSA external type 1, N2 - OSPF NSSA external type 2
        E1 - OSPF external type 1, E2 - OSPF external type 2
        SU - IS-IS summary, L1 - IS-IS level-1, L2 - IS-IS level-2
        IA - Inter area, EV - BGP EVPN, A - Arp to host
        LA - Local aggregate route
        * - candidate default

Gateway of last resort is no set
C      1.1.1.1/32 is local host.
O      2.2.2.2/32 [110/1] via 10.10.10.2, 01:02:02, GigabitEthernet 0/1
C      10.10.10.0/24 is directly connected, GigabitEthernet 0/1
C      10.10.10.1/32 is local host.
C      10.10.20.0/24 is directly connected, GigabitEthernet 0/2
C      10.10.20.1/32 is local host.
O      10.10.30.0/24 [110/2] via 10.10.20.2, 01:02:28, GigabitEthernet 0/2
```

```
                    [110/2] via 10.10.10.2, 01:02:28, GigabitEthernet 0/1
C     100.1.1.0/24 is directly connected, GigabitEthernet 0/0
C     100.1.1.1/32 is local host.
O     172.16.10.0/24 [110/2] via 10.10.10.2, 01:02:02, GigabitEthernet 0/1
O     172.16.20.0/24 [110/2] via 10.10.20.2, 01:02:02, GigabitEthernet 0/2
O     192.168.10.0/24 [110/3] via 10.10.10.2, 01:02:02, GigabitEthernet 0/1
O     192.168.20.0/24 [110/3] via 10.10.20.2, 01:01:23, GigabitEthernet 0/2
```

可以看到，路由表中的详细路由信息。

任务 14-2　部署 PIM 组播

➤ 任务描述

实施本任务的目的是实现路由器和交换机组播网络的搭建。本任务的配置包括以下内容。

在路由器和交换机上配置 PIM-SM 模式，并配置静态 RP（Rendezvous Point，汇聚点）和 BSR（Boot Strap Router，自举路由器）。

➤ 任务操作

（1）在 R1 上配置 PIM-SM 模式。

```
R1(config)#ip multicast-routing                        // 启用 IPv4 组播路由功能
R1(config)#interface GigabitEthernet 0/0               // 进入 G0/0 接口
R1(config-if-GigabitEthernet 0/0)#ip pim sparse-mode   // 启用 PIM-SM 模式
R1(config-if-GigabitEthernet 0/0)#exit                 // 退出
R1(config)#interface GigabitEthernet 0/1               // 进入 G0/1 接口
R1(config-if-GigabitEthernet 0/1)#ip pim sparse-mode   // 启用 PIM-SM 模式
R1(config-if-GigabitEthernet 0/1)#exit                 // 退出
R1(config)#interface GigabitEthernet 0/2               // 进入 G0/2 接口
R1(config-if-GigabitEthernet 0/2)#ip pim sparse-mode   // 启用 PIM-SM 模式
R1(config-if-GigabitEthernet 0/2)#exit                 // 退出
R1(config)#int loopback 0                              // 进入 Loopback 0 接口
R1(config-if-Loopback 0)#ip pim sparse-mode            // 启用 PIM-SM 模式
R1(config-if-Loopback 0)#exit                          // 退出
```

（2）在 R2 上配置 PIM-SM 模式。

```
R2(config)#ip multicast-routing                        // 启用 IPv4 组播路由功能
R2(config)#interface GigabitEthernet 0/0               // 进入 G0/0 接口
R2(config-if-GigabitEthernet 0/0)#ip pim sparse-mode   // 启用 PIM-SM 模式
R2(config-if-GigabitEthernet 0/0)#exit                 // 退出
R2(config)#interface GigabitEthernet 0/1               // 进入 G0/1 接口
```

```
R2(config-if-GigabitEthernet 0/1)#ip pim sparse-mode   // 启用 PIM-SM 模式
R2(config-if-GigabitEthernet 0/1)#exit                 // 退出
R2(config)#interface GigabitEthernet 0/2               // 进入 G0/2 接口
R2(config-if-GigabitEthernet 0/2)#ip pim sparse-mode   // 启用 PIM-SM 模式
R2(config-if-GigabitEthernet 0/2)#exit                 // 退出
R2(config)#int loopback 0                              // 进入 Loopback 0 接口
R2(config-if-Loopback 0)#ip pim sparse-mode            // 启用 PIM-SM 模式
R2(config-if-Loopback 0)#exit                          // 退出
```

（3）在 R3 上配置 PIM-SM 模式。

```
R3(config)#ip multicast-routing                        // 启用 IPv4 组播路由功能
R3(config)#interface GigabitEthernet 0/0               // 进入 G0/0 接口
R3(config-if-GigabitEthernet 0/0)#ip pim sparse-mode   // 启用 PIM-SM 模式
R3(config-if-GigabitEthernet 0/0)#exit                 // 退出
R3(config)#interface GigabitEthernet 0/1               // 进入 G0/1 接口
R3(config-if-GigabitEthernet 0/1)#ip pim sparse-mode   // 启用 PIM-SM 模式
R3(config-if-GigabitEthernet 0/1)#exit                 // 退出
R3(config)#interface GigabitEthernet 0/2               // 进入 G0/2 接口
R3(config-if-GigabitEthernet 0/2)#ip pim sparse-mode   // 启用 PIM-SM 模式
R3(config-if-GigabitEthernet 0/2)#exit                 // 退出
R3(config)#int loopback 0                              // 进入 Loopback 0 接口
R3(config-if-Loopback 0)#ip pim sparse-mode            // 启用 PIM-SM 模式
R3(config-if-Loopback 0)#exit                          // 退出
```

（4）在 SW1 上配置 PIM-SM 模式。

```
SW1(config)#ip multicast-routing                       // 启用 IPv4 组播路由功能
SW1(config)#interface vlan 10                          // 进入 VLAN 10 接口
SW1(config-VLAN 10)#ip pim sparse-mode                 // 启用 PIM-SM 模式
SW1(config-VLAN 10)#exit                               // 退出
SW1(config)#interface vlan 101                         // 进入 VLAN 101 接口
SW1(config-VLAN 101)#ip pim sparse-mode                // 启用 PIM-SM 模式
SW1(config-VLAN 101)#exit                              // 退出
SW1(config)#int loopback 0                             // 进入 Loopback 0 接口
SW1(config-Loopback 0)#ip pim sparse-mode              // 启用 PIM-SM 模式
SW1(config-Loopback 0)#exit                            // 退出
```

（5）在 SW3 上配置 PIM-SM 模式。

```
SW3(config)#ip multicast-routing                       // 启用 IPv4 组播路由功能
SW3(config)#interface vlan 20                          // 进入 VLAN 20 接口
SW3(config-if-VLAN 20)#ip pim dense-mode               // 启用 PIM-SM 模式
SW3(config-if-VLAN 20)#exit                            // 退出
SW3(config)#interface vlan 102                         // 进入 VLAN 102 接口
SW3(config-if-VLAN 102)#ip pim dense-mode              // 启用 PIM-SM 模式
SW3(config-if-VLAN 102)#exit                           // 退出
```

```
SW3(config)#interface  loopback  0                    // 进入 Loopback 0 接口
SW3(config-if-Loopback 0)#ip  pim  sparse-mode        // 启用 PIM-SM 模式
SW3(config-if-Loopback 0)#exit                        // 退出
```

（6）在 R1 上配置静态 RP。

```
R1(config)#ip  pim  rp-address  2.2.2.2              // 配置 RP 地址为 2.2.2.2
```

（7）在 R2 上配置静态 RP 和 BSR。

```
R2(config)# ip  pim  rp-candidate  loopback  0       // 配置 RP 为 Loopback 0 接口
R2(config)#ip  pim  bsr-candidate  loopback  0       // 配置 BSR 为 Loopback 0 接口
```

（8）在 R3 上配置静态 RP。

```
R3(config)#ip  pim  rp-address  2.2.2.2              // 配置 RP 地址为 2.2.2.2
```

（9）在 SW1 上配置静态 RP。

```
SW1(config)#ip  pim  rp-address  2.2.2.2             // 配置 RP 地址为 2.2.2.2
```

（10）在 SW3 上配置静态 RP。

```
SW3(config)#ip  pim  rp-address  2.2.2.2             // 配置 RP 地址为 2.2.2.2
```

➢ 任务验证

（1）在 R2 上使用【show ip pim sparse-mode interface】命令查看接口上 PIM-SM 模式的运行情况。

```
R2#show ip pim sparse-mode interface
Address          Interface            VIFindex  Ver/Mode  Nbr-Count  DR-Prior    DR
172.16.10.1      GigabitEthernet 0/2  2         v2/S      1          1           172.16.10.2
10.10.10.2       GigabitEthernet 0/0  1         v2/S      1          1           10.10.10.2
2.2.2.2          Loopback 0           3         v2/S      0          1           2.2.2.2
```

可以看到，PIM-SM 模式的运行情况。

（2）在 R2 上使用【show ip pim sparse-mode bsr-router】命令查看 BSR 的选举信息。

```
R2#show ip pim sparse-mode bsr-router
PIMv2 Bootstrap information
This system is the Bootstrap Router (BSR)
  BSR address: 2.2.2.2
  Uptime:        00:22:33, BSR Priority: 64, Hash mask length: 10
  Next bootstrap message in 00:00:44
  Role: Candidate BSR    Priority: 64, Hash mask length: 10
  State: Elected BSR

  Candidate RP: 2.2.2.2(Loopback 0)
    Advertisement interval 60 seconds
    Next Cand_RP_advertisement in 00:00:34
```

可以看到，BSR 的选举信息。

（3）在 R2 上使用【show ip pim sparse-mode rp mapping】命令查看组播设备上 RP 的信息。

```
R2#show ip pim sparse-mode rp mapping
PIM Group-to-RP Mappings
This system is the Bootstrap Router (v2)
Group(s): 224.0.0.0/4
  RP: 2.2.2.2(Self)
    Info source: 2.2.2.2, via bootstrap, priority 192
          Uptime: 00:24:01, expires: 00:02:29
```

可以看到，组播设备上 RP 的信息。

任务 14-3　部署 IGMP

➤ 任务描述

实施本任务的目的是实现对园区内运行在组播网络末梢的设备的管理和维护。本任务的配置包括以下内容。

在交换机上配置 IGMP。

➤ 任务操作

（1）在 SW2 上配置 IGMP。

```
SW2(config)#interface vlan 10                    // 进入 VLAN 10 接口
SW2(config-VLAN 10)#ip igmp enable               // 启动 IGMP 进程
SW2(config-VLAN 10)#exit                         // 退出
SW2(config)#ip igmp snooping ivgl                // 将工作模式配置为 IVGL
// 配置 G0/1 为 VLAN 10 的路由信息端口
SW2(config)#ip igmp snooping vlan 10 mrouter interface GigabitEthernet 0/1
```

（2）在 SW4 上配置 IGMP。

```
SW4(config)#interface vlan 20                    // 进入 VLAN 20 接口
SW4(config-VLAN 20)#ip igmp enable               // 启动 IGMP 进程
SW4(config-VLAN 20)#exit                         // 退出
SW4(config)#ip igmp snooping ivgl                // 将工作模式配置为 IVGL
// 配置 G0/1 为 VLAN 20 的路由信息端口
SW4(config)#ip igmp snooping vlan 20 mrouter interface GigabitEthernet 0/1
```

➢ 任务验证

（1）在 SW2 上使用【show ip igmp snooping gda-table】命令查看组播路由表中 IGMP Snooping 的信息。

```
SW2#show ip igmp snooping gda-table
Abbr:M - mrouter
     D - dynamic
     S - static
VLAN      Address             Member ports
-----     ----------          ---------------------------------------
10        224.0.1.10          Fa0/1(M) Fa0/2(D)
10        239.255.255.250     Fa0/1(M) Fa0/2(D)
```

可以看到，组播路由表中 IGMP Snooping 的信息。

（2）在 SW2 上使用【show ip igmp snooping statistics】命令查看 IGMP Snooping 的统计信息。

```
SW2#show ip igmp snooping statistics

Current number of Gda-table entries: 2
Configured Statistics database limit: 256
Current number of IGMP Query packet received : 13
Current number of IGMPv1/v2 Report packet received: 58
Current number of IGMPv3 Report packet received: 0
Current number of IGMP Leave packet received: 4

GROUP            Interface        Last          Last         Report  Leave
                                  report time   reporter     pkts    pkts
---------------  -------------  ---------------  -------  ------  ------
224.0.1.10       VL10:Fa0/2     0d:0h:1m:44s     192.168.10.2    13      0

239.255.255.250  VL10:Fa0/2     0d:0h:1m:40s     192.168.10.201  13      0
```

可以看到，IGMP Snooping 的统计信息。

（3）在 SW2 上使用【show ip igmp snooping mrouter】命令查看路由信息接口。

```
SW2#show ip igmp snooping mrouter
VLAN          Interface             State
-----     -------------------------   -------
10            GigabitEthernet 0/1      static
```

可以看到，路由信息接口只有 G0/1。

项目验证

在 R1 上使用【show ip pim sparse-mode mroute】命令查看 PIM-SM 模式下的组播路由表。

```
R1#show ip pim sparse-mode mroute
IP Multicast Routing Table

(*,*,RP) Entries: 0
(*,G) Entries: 1
(S,G) Entries: 1
(S,G,rpt) Entries: 1
FCR Entries: 0
REG Entries: 1


(100.1.1.2, 224.0.1.10)
RPF nbr: 0.0.0.0
RPF idx: GigabitEthernet 0/0
SPT bit: 1
Upstream State: JOINED
kat expires in 206 seconds
    00 01 02 03 04 05 06 07 08 09 10 11 12 13 14 15 16 17 18 19 20 21 22 23 24 25 26 27
28 29 30 31
  Local
  0 . . . . . . . . . . . . . . . . . . . . . . . . . . . . . . . . . . . .
  Joined
  0 . . j . . . . . . . . . . . . . . . . . . . . . . . . . . . . . . . .
  Asserted
  0 . . . . . . . . . . . . . . . . . . . . . . . . . . . . . . . . . . . .
  Outgoing
  0 . . o . . . . . . . . . . . . . . . . . . . . . . . . . . . . . . . .


(100.1.1.2, 224.0.1.10, rpt)
RP: 2.2.2.2
RPF nbr: 10.10.10.2
RPF idx: GigabitEthernet 0/1
Upstream State: RPT NOT JOINED
    00 01 02 03 04 05 06 07 08 09 10 11 12 13 14 15 16 17 18 19 20 21 22 23 24 25 26 27
28 29 30 31
  Local
  0 . . . . . . . . . . . . . . . . . . . . . . . . . . . . . . . . . . . .
  Pruned
```

```
0 . . . . . . . . . . . . . . . . . . . . . . . . . . . . . . . .
Outgoing
0 . . . . . . . . . . . . . . . . . . . . . . . . . . . . . . . .

(*, 239.255.255.250)
RP: 2.2.2.2
RPF nbr: 10.10.10.2
RPF idx: GigabitEthernet 0/1
Upstream State: JOINED
jt_timer expires in 11 seconds
     00 01 02 03 04 05 06 07 08 09 10 11 12 13 14 15 16 17 18 19 20 21 22 23 24 25 26 27
28 29 30 31
Local
0 . i . . . . . . . . . . . . . . . . . . . . . . . . . . . . .
Joined
0 . . . . . . . . . . . . . . . . . . . . . . . . . . . . . . . .
Asserted
0 . . . . . . . . . . . . . . . . . . . . . . . . . . . . . . . .
FCR:
```

可 以 看 到，RPT 为 100.1.1.2，RP 为 2.2.2.2，RPF nbr 为 10.10.10.2，RPF idx 为 GigabitEthernet 0/1 等信息。

项目拓展

一、理论题

（1）组播地址的范围为（　　）。

  A．224.0.0.0～239.255.255.255   B．224.0.0.0～224.0.0.255

  C．239.0.0.0～239.255.255.255   D．24.0.1.0～138.255.255.255

（2）以下关于 IGMP 的说法不正确的是（　　）。

  A．用于主机与路由器之间交互信息的一种协议

  B．不能被路由器转发，只能限制在本地网段中

  C．目前有 v1、v2、v3 三种版本

  D．所有要加入组播组的主机和所有连接到有组播主机的子网中的路由器不一定都要使用 IGMP

（3）以下 UDP 端口中，（　　）是 PIM 使用的。

  A．22   B．80   C．103   D．101

二、项目实训

1. 实训背景

某校在信息中心部署了一台多媒体点播服务器，平时用于播放新闻、视频、音频等。该校希望单播业务和组播业务分离，以减少数据链路的负担。

实训拓扑结构如图 14-4 所示。

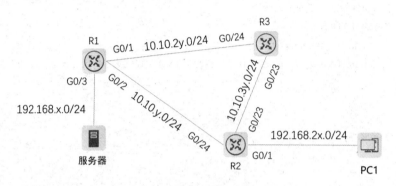

图 14-4　实训拓扑结构

2. 实训规划表

根据实训背景，并参考本项目的项目规划设计，完成实训规划表，如表 14-6 和表 14-7 所示。

表 14-6　端口规划

本端设备	本端端口	端口配置	对端设备	对端端口

表 14-7　IP 地址规划

设备	接口	IP 地址	用途

3. 实训要求

（1）根据 IP 地址规划表配置 IP 地址。

（2）在路由器上通过路由协议实现网络互联。

（3）在组播设备相连的接口、连接用户主机和组播源的接口上启用 PIM-SM 模式。

（4）在 R2 上配置 RPF 路由信息。

（5）按照以下要求操作并截图保存。

① 在 R1 上使用【show ip mroute】命令查看组播路由表。

② 在 R2 上使用【show ip igmp groups】命令查看组播组的情况。

③ 在 R2 上使用【show ip igmp interface GigabitEthernet 0/1】命令查看接口信息。

④ 在 R2 上使用【show ip pim sparse-mode rp mapping】命令查看组播设备上 RP 的信息。